"十三五"国家重点出版物出版规划项目·重大出版工程

高超声速出版工程

高超声速飞行器
近壁典型流场精细结构

王登攀　罗振兵　赵玉新　夏智勋　刘　强　侯　淋　著

科学出版社

北　京

内 容 简 介

本书介绍了高超声速飞行器近壁典型流场精细结构的研究进展,选取超声速附壁三角翼、超声速附壁有限高圆柱、超声速附壁半球结构及超声速湍流边界层为对象,结合 NPLS、PIV、DNS 等手段,探讨了近壁区典型流动结构的时空演化特征与动力学特性。

本书可作为航空航天相关专业科研人员和工程技术人员的参考书,也可作为湍流研究领域和流动控制领域的学者及研究生的参考书。

图书在版编目(CIP)数据

高超声速飞行器近壁典型流场精细结构 / 王登攀等著.
—北京:科学出版社,2021.9
  (高超声速出版工程)
  "十三五"国家重点出版物出版规划项目.重大出版
工程
  ISBN 978-7-03-069300-6

Ⅰ.①高… Ⅱ.①王… Ⅲ.①高超音速飞行器-飞行
控制 Ⅳ.①V47

中国版本图书馆 CIP 数据核字(2021)第 128801 号

责任编辑:徐杨峰 / 责任校对:谭宏宇
责任印制:黄晓鸣 / 封面设计:殷 靓

科 学 出 版 社 出版
北京东黄城根北街 16 号
邮政编码:100717
http://www.sciencep.com
南京展望文化发展有限公司排版
广东虎彩云印刷有限公司印刷
科学出版社发行 各地新华书店经销

*

2021 年 9 月第 一 版 开本:B5(720×1000)
2024 年 3 月第三次印刷 印张:17
字数:295 000
定价:160.00 元
(如有印装质量问题,我社负责调换)

丛书序

飞得更快一直是人类飞行发展的主旋律。

1903年12月17日，莱特兄弟发明的飞机腾空而起，虽然飞得摇摇晃晃，犹如蹒跚学步的婴儿，但拉开了人类翱翔天空的华丽大幕；1949年2月24日，Bumper-WAC从美国新墨西哥州白沙发射场发射升空，上面级飞行马赫数超过5，实现人类历史上第一次高超声速飞行。从学会飞行，到跨入高超声速，人类用了不到五十年，蹒跚学步的婴儿似乎长成了大人，但实际上，迄今人类还没有实现真正意义的商业高超声速飞行，我们还不得不忍受洲际旅行需要十多个小时甚至更长飞行时间的煎熬。试想一下，如果我们将来可以在两小时内抵达全球任意城市，这个世界将会变成什么样？这并不是遥不可及的梦！

今天，人类进入高超声速领域已经快70年了，无数科研人员为之奋斗了终生。从空气动力学、控制、材料、防隔热到动力、测控、系统集成等，在众多与高超声速飞行相关的学术和工程领域内，一代又一代科研和工程技术人员传承创新，为人类的进步努力奋斗，共同致力于达成人类飞得更快这一目标。量变导致质变，仿佛是天亮前的那一瞬，又好像是蝶即将破茧而出，几代人的奋斗把高超声速推到了嬗变前的临界点上，相信高超声速飞行的商业应用已为期不远！

高超声速飞行的应用和普及必将颠覆人类现在的生活方式，极大地拓展人类文明，并有力地促进人类社会、经济、科技和文化的发展。这一伟大的事业，需要更多的同行者和参与者！

书是人类进步的阶梯。

实现可靠的长时间高超声速飞行堪称人类在求知探索的路上最为艰苦卓绝的一次前行，将披荆斩棘走过的路夯实、巩固成阶梯，以便于后来者跟进、攀登，意义深远。

以一套丛书,将高超声速基础研究和工程技术方面取得的阶段性成果和宝贵经验固化下来,建立基础研究与高超声速技术应用之间的桥梁,为广大研究人员和工程技术人员提供一套科学、系统、全面的高超声速技术参考书,可以起到为人类文明探索、前进构建阶梯的作用。

2016 年,科学出版社就精心策划并着手启动了"高超声速出版工程"这一非常符合时宜的事业。我们围绕"高超声速"这一主题,邀请国内优势高校和主要科研院所,组织国内各领域知名专家,结合基础研究的学术成果和工程研究实践,系统梳理和总结,共同编写了"高超声速出版工程"丛书,丛书突出高超声速特色,体现学科交叉融合,确保丛书具有系统性、前瞻性、原创性、专业性、学术性、实用性和创新性。

这套丛书记载和传承了我国半个多世纪尤其是近十几年高超声速技术发展的科技成果,凝结了航天航空领域众多专家学者的智慧,既可供相关专业人员学习和参考,又可作为案头工具书。期望本套丛书能够为高超声速领域的人才培养、工程研制和基础研究提供有益的指导和帮助,更期望本套丛书能够吸引更多的新生力量关注高超声速技术的发展,并投身于这一领域,为我国高超声速事业的蓬勃发展做出力所能及的贡献。

是为序!

2017 年 10 月

前　言

　　更高、更快、更远一直是人类不懈的追求,高超声速飞行器的出现与发展,契合了人类的这一目标。高超声速飞行器近壁复杂流动结构对高超声速飞行器的气动、动力和控制等性能具有十分重要的影响,其认知是高超声速飞行器研究和研制的基础。高超声速飞行器近壁复杂流动结构包括边界层转捩与湍流、复杂激波干扰、激波/边界层干扰、突起物/射流诱导边界层流动分离等。随着流场高精度测量技术和数值仿真技术的发展,对高超声速飞行器近壁典型流场结构精细测量和模拟成为现实。作者将团队十年来在高超声速飞行器近壁典型流场精细结构的研究工作总结成书,希望能够为从事这方面研究的人员提供有益参考。

　　本书共七章。第 1 章由王登攀、夏智勋、罗振兵完成,主要对高超声速飞行器近壁典型结构流场精细结构的研究背景与研究进展进行了综述;第 2 章由王登攀、夏智勋、罗振兵完成,主要介绍了本书研究中用到的实验平台与实验测量手段;第 3 章由王登攀、夏智勋、赵玉新完成,针对超声速壁面三角翼结构进行了实验研究,建立了尾流区的流动结构模型;第 4 章由王登攀、夏智勋、赵玉新、侯淋完成,对有限高圆柱的超声速绕流流场进行了精细测量和分析;第 5 章由王登攀、夏智勋、赵玉新完成,研究了超声速半球绕流流场的精细结构和运动特征;第 6 章由罗振兵、刘强完成,开展了超声速流场中自持合成射流的精细结构及其边界层转捩与流动分离控制研究;第 7 章由刘强、罗振兵完成,主要针对超声速湍流边界层及其壁面吹气控制进行了直接数值模拟研究。全书的修改和统稿工作由王登攀、罗振兵完成。

　　本书的研究工作得到了国家自然科学基金、全国优秀博士论文作者专项、国家高技术研究发展计划(863 计划)、国家重点基础研究发展计划(973 计划)、国家重大科技工程、军委科技委国防科技创新特区(163 计划)等项目的支持。本书出版得到了科学出版社重大项目"高超声速出版工程"和国防科技大学"双一流""双重"建设的支持。在此一并表示衷心的感谢!

由于作者学识水平有限,书中的不足与疏漏之处在所难免,恳请专家与读者批评指正。

作 者

2021 年 3 月 26 日

高超声速出版工程

目 录

第3章　附壁三角翼结构超声速流场精细结构

42

第6章　超声速流场自持合成射流精细结构与控制

第7章　超声速湍流边界层精细结构与控制

第 1 章

绪　　论

高超声速飞行器内、外流场涉及多种复杂的流动现象,如边界层转捩、复杂激波干扰、激波诱导边界层分离、再附激波与尾迹的相互作用等。基于壁面突起物的流动控制技术可有效控制相关流场,对飞行器的气动、动力和控制等性能具有十分重要的影响。因此,开展高超声速飞行器近壁典型流场精细结构研究,不但可以为现代高超声速飞行器设计提供基础性技术支撑,还可以带动相关领域的研究工作,具有重要的理论研究价值和广泛的工程应用价值。

1.1　研究背景及意义

近年来,高超声速飞行器日益成为各国研究发展的热点,为保证高超声速飞行器能够正常工作,通常在其表面安装突起部件,如尾翼、控制舵、电缆罩、天线窗等,由此导致局部流场结构的改变,不可避免会出现激波、激波与边界层干扰、边界层转捩、湍流边界层、分离涡等复杂的流场结构,图 1.1 所示为高超声速飞行器部件之间相互干扰的典型结构[1,2]。同时这些复杂流动还会导致流动出现较强的非定常性及局部区域的强热传导,这些都会对飞行器的性能产生较大影响,若能对其实施合适的控制则可以很好地改善飞行器的性能[3,4]。虽然自 20世纪 40 年代人们注意到高速气流中激波/边界层相互作用的问题以来,从理论、计算和实验方面对这些复杂流动结构进行了广泛深入的研究,取得了一定的进展,但在高超声速飞行器的研究过程中,超声速/高超声速条件下边界层转捩、湍流、非定常流动分离导致的复杂流场及其控制等方面仍面临诸多挑战。

计算流体力学(computational fluid dynamics, CFD)技术虽然发展很快,技术日趋成熟,但仍未建立具有普适性的湍流模型,且计算所得结果的可靠性需要进

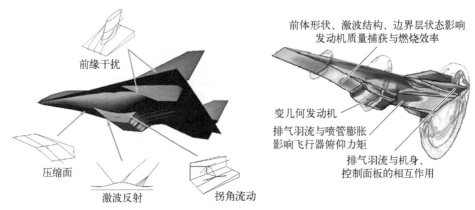

前缘干扰

压缩面

激波反射

拐角流动

前体形状、激波结构、边界层状态影响
发动机质量捕获与燃烧效率

变几何发动机

排气羽流与喷管膨胀
影响飞行器俯仰力矩

排气羽流与机身、
控制面板的相互作用

图 1.1　高超声速飞行器部件之间相互干扰的典型结构

行实验验证。在超声速/高超声速环境中,上述复杂流场结构具有速度快、结构尺度宽和三维的明显特征,与低速不可压绕流流场相比,高超声速飞行器近壁典型流场存在较大的密度梯度和速度梯度,导致流场的密度、速度、压力和温度等出现较大的脉动,这就要求流场精细结构测量技术具有较高的时间和空间分辨率,由此也给实验研究带来较大的困难。

由于高超声速飞行器机翼、控制舵、机身及发动机等部件之间的干扰非常复杂,在可压缩剪切层中也有复杂的激波和波涡干扰等现象;飞行器表面和超燃冲压发动机内壁面可能同时存在可压缩湍流甚至是超声速湍流与转捩。随着超声速/高超声速飞行器研究的不断深入,对研究此类更加复杂的流动现象(包括热化学反应流动、湍流、转捩、激波、旋涡及这些现象的相互作用)提出了更高要求。

目前,实现流动控制是当前超声速流动研究中的热点和难点问题,利用壁面典型结构对超声速流动进行控制,主要是通过尾流区低速、低能拟序结构与高速、高能主流进行质量、动量和能量交换,从而增加边界层内部低速区能量,提高边界层抵抗逆压梯度的能力,降低近壁区域激波前后压差,避免或延迟边界层分离;同时,促进边界层上方高速高能气流与底层低速低能气流之间的掺混,对超声速燃烧中起到混合增强的作用。

超声速平板边界层及其与附壁涡流发生器的相互作用具有广泛的应用背景和重要的科学意义,不同构型的涡流发生器与超声速来流相互作用产生复杂的流场结构,这些流场结构可能包括三维激波、分离区、壁面三维拓扑结构、回流区、再附激波、尾迹、展向涡及流向涡等,是新一代航天飞行器发展面临的较为重大的关键问题[5]。这些复杂流场结构体现了典型的壁面突起物绕流特征,典型构型的涡流发生器可作为壁面突起物绕流的典型机制研究模型,以之考察若干至今存在争议的基本问题,如三维曲面激波与边界层的相互作用,横向压力梯度对壁面流谱的影响,超声速涡结构及其诱导激波结构的动力学特性等。因此,超声速壁面涡流发生器流场精细结构与动力学特性研究,具有重要的理论研究价值和广泛的工程应用价值。

1.2　附壁典型结构流场

20 世纪 40 年代后期,美国联合航空公司的 Bmynes 和 Taylor 首次概念性地提出了涡流发生器,涡流发生器以一定安装角垂直地安装在机体表面上,相当于小展弦比的小机翼,在迎面气流中产生流向后缘涡,流向涡促进上层高能量气流传递至壁面边界层,从而消除边界层分离[6]。由于边界层的分离导致较大的能量损失,流动分离控制在流体力学的诸多技术领域得到广泛应用和研究[7-28],可以有效地提高系统性能[29-37],降低能耗,并有助于减轻质量和节约空间。流动控制具有十分广阔的应用前景,已成为航空航天和空气动力学领域的研究热点,在国内外开展了广泛的研究和发展[38-63],在航空航天技术发展和需求的推动下流动控制技术得到长足的发展和创新[5,64,65],目前已成为航空航天领域发展研究的热点和难点问题[66-72]。

1.2.1　壁面典型结构分类

高超声速飞行器在飞行包络范围内,若飞行器壁面出现不利的气流分离,将给飞行器带来许多不良后果,如增加阻力、降低升力、失速、进气道无法起动等问题。通过在飞行器壁面设置典型结构,即涡流发生器,使处于逆压梯度中的边界层流场获得附加能量后能够继续贴附在飞行器壁面,以有效阻止以上各种气流的过早分离。

流动控制技术可分为主动流动控制、被动流动控制和自适应控制三大类[73],常见的被动控制方式包括涡流发生器[74-77]、边界层强制转捩[78]、回流控制装置[79-83]等。

根据被动式涡流发生器的尺寸大小不同可分为两类:普通涡流发生器(conventional vortex generators,CVGs),其高度 h 相当于或略高于边界层厚度 δ,通过将外部高能量气流向近壁面边界层的低能量流动区域传递能量,使近壁面区域流场的动能增加,主要用于延迟边界层分离[84,85]、提高飞行器机翼升力[86,87]、降低机身的后体阻力[88]及消减在跨声速机翼的振动特性[87];第二类涡流发生器的尺寸相对较小,其高度 h 与边界层厚度 δ 的关系为 $0.1 \leqslant h/\delta \leqslant 0.5$,该类涡流发生器有多种名称,亚边界涡流发生器(sub-boundary-layer vortex generators, SBVGs)[20,21,26,32,33,89,90]、微涡流发生器(micro-vortex generators, MVGs)[19,91-93]和浸入式涡流发生器(submerged vortex generators, SVGs)[94-97]。相比较而言,普通型涡流发生器尺寸较大,其高度等于或大于边界层的厚度,易受到边界层外部气流的影响,产生相对较大额外阻力[98]。第二类涡流发生器由于其尺寸较小,与普通型涡流发生器相比,具有较低的形阻,能够产生与普通涡流发生器相当或更优越的控制效果,具有更好的发展潜力[98,99]。

1.2.2　附壁三角翼结构流场

MVGs 控制低速流动分离得到了比较广泛的研究和应用。20 世纪 70 年代早期,开发和验证了波浪形涡流发生器(wave-type VGs)[17]能够有效抑制卡门涡街(Karman vortex street)的形成及缩小速度亏损区域,并成功降低了尾流区声波的干扰强度。20 世纪 80 年代后期,对控制流动分离进行了探索性研究[99],结果表明浸入式涡流发生器($h/\delta \leqslant 0.625$)具有较低的形阻,能够产生比普通涡流发生器更好的控制效果;同期,Lin 等[94-96,100]通过实验研究了不同构型 2D(two-dimensional)后向曲面装置对低速流动分离的控制效果,$h/\delta = 0 \sim 0.2$,其作用效果与传统涡流发生器相似,能够有效地延缓边界层分离。20 世纪 90 年代以来,研究者分别采用实验手段[94,96,100,101]、流场测量技术[32,33,102]和数值模拟技术[103]对不同构型的 MVGs 对低速流动分离的控制效果进行了研究。MVGs 在飞行器的增升减阻中也得到广泛的应用,采用油流显示技术[20,21,26,89],利用 MVGs 缩小低雷诺数舵面的分离区[17,19-21,26,89,90,97]、降低舵面阻力[19,97,104]、提高升力[19,32,33,102,104]和降低噪声[90],使飞行器性能得到改善。图 1.2 所示为不同构型 VGs 流动分离的控制效率示意图,图 1.3 所示为无 VGs 控制和有 VGs 控制下后向斜面绕流流场的油流显示图。

MVGs 对超声速/高超声速环境中实现边界层强制转捩、控制流动分离和激波/边界层干扰等方面具有较好的应用前景。随着超声速/高超声速技术的不断发展,各项研究工作的不断深入,飞行器在超声速/高超声速飞行过程中所面临的各种气动问题愈发突出。针对超声速/高超声速环境中飞行器所面临的环境特点,国内外通过实验和数值模拟等手段在拟序结构[105-119]、激波/边界层干扰[120-140]、边界层转捩[141-149]等方面开展了广泛深入的研究。由于

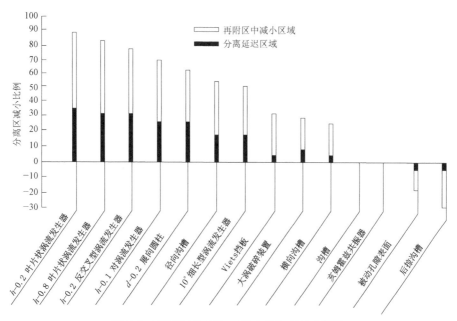

图 1.2 不同构型 VGs 对分离的控制效率[100]

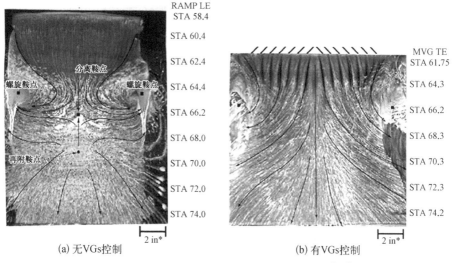

(a) 无VGs控制   (b) 有VGs控制

图 1.3 3D 后向斜面绕流流场油流显示顶视图[101]

*   1 in = 2.54 cm。

激波/边界层相互作用与来流马赫数、边界层特性、激波角及其产生方式等因素密切相关,对超声速/高超声速飞行器的性能产生比较严重的影响。由此,国外多个研究机构利用涡流发生器对激波诱导边界层分离控制开展了大量的研究工作,分别采用 PIV[150,151]、纹影[151,152]、油流[151-153]、壁面压力测量[152]、LDA[152] 及数值模拟[154-157] 等技术手段对 MVGs 构型参数[152,156] 及其作用下的流场结构[150-152,157,158] 和流动分离控制效果[150-152,154,156,157,159] 进行了研究。

Charles 等[152] 和 Thomas 等[151] 采用不同尺寸单个和阵列式亚边界层涡流发生器对超声速条件下激波与湍流边界层干扰进行流动控制开展实验研究,采用 PIV、纹影、油流、壁面压力测量及 LDA 等手段对流场结构进行显示和测量,实验结果表明,超声速气流绕过不同尺寸的 MVG 产生相似的流场结构,产生反向旋转的流向涡对并夹带着高动量气流进入边界层,增加了近壁面流场的速度,改善了边界层的性能,促进了高能量气流与低能量气流之间的交换,具有掺混增强的作用;与无 MVGs 控制相比,激波与边界层干扰在 MVGs 的作用下,降低了边界层和动量厚度及形状因子,但增加了壁面摩擦系数,不能消除激波诱导的分离区;激波与边界层相互作用的长度变小,作用区域的压力梯度增大。图 1.4 所示

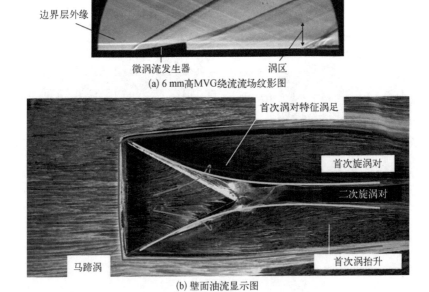

(a) 6 mm高MVG绕流流场纹影图

(b) 壁面油流显示图

图 1.4   超声速 MVG 绕流流场纹影和油流显示图[152]

为实验所得纹影和油流显示图。

1.2.3　附壁圆柱结构流场

超声速/高超声速飞行器由于不能保证其型面的完全光滑性和流线型体,在其正常飞行状态下,激波诱导引起的流动分离和气流再附是较为常见的现象。通常情况下,流动分离会给飞行器系统带来负面影响,如降低飞行器的操纵性、增大局部壁面热传导、增大阻力、增加噪声和结构动力载荷等。因此,国内外在超声速圆柱绕流和钝舵绕流[160-184]方面开展了大量的研究工作,并根据平板壁面显示的流场结构和测量结果得到了流线谱[161,162]、圆柱和钝舵在其上游的作用范围[161,163]、壁面和舵前缘的压力分布[161-163]、后掠角影响[160,163]及壁面和前缘的热流率[160,164]。在超声速环境中,钝舵和圆柱产生较强的弓形激波与平板层流或湍流边界层相互干扰,导致在其上游和横向产生大面积的三维流动分离区,在钝舵和圆柱体的对称面产生“λ”型激波结构,分离区内较强的涡流在向下游运动过程中向两侧扩散。图 1.5(a)和(b)分别为典型的超声速湍流边界层圆柱和钝舵绕流流场流动显示及流谱图。

Price 和 Stallings[163]、Westkaemper[181]、Young 等[182]分别对不同马赫数超声速层流和湍流条件下钝舵前缘上游分离距离进行了测量,测量结果表明,在钝舵作用下超声层流分离区的距离要大于湍流条件下的分离距离。Price 和 Stallings[163]、Beckwith[183]、Bushnell[184]还对超声速湍流条件下后掠舵和圆柱对激波与边界层作用区域压力分布和热流率的影响进行了研究,在相互作用区圆柱底部产生更高的压力和热流。超声速层流[182]和超声速湍流[161,163,182]条件下的中心线压力沿流向分布表现出相同的变化规律,均出现双峰状急剧变化(急剧上升→急剧下降→急剧上升),在舵的根部达到第二个峰值。Murphree 等[168]利用平面激光散射技术(planar laser scattering, PLS)和粒子图像测速技术(particle image velocimetry, PIV)对基于平板的超声速圆柱绕流转捩边界层与激波相互作用进行了实验研究,转捩条件下边界层与激波相互作用产生的流动分离区的尺寸和形状均与湍流条件下产生的分离区存在较大的差别,在圆柱上游产生层流激波和湍流激波的双激波结构,圆柱的安装位置不同,其所处位置的湍流度也不同,由此导致双激波结构发生变化。Özcan 和 Holt[165]采用油流显示、纹影、静压测量和激光风速测定法等手段对超声速层流圆柱绕流进行了实验研究和测量。

李素循等[170]于 1992 年在高超声速风洞($Ma=5$)对高超声速三维凸台绕流

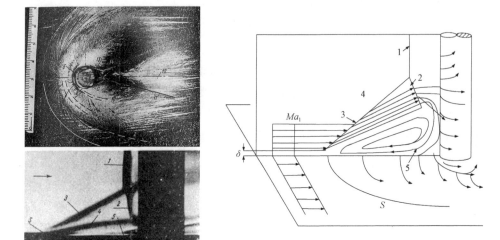

(a) 超声速湍流边界层圆柱绕流流场油流显示及流谱示意图[161]

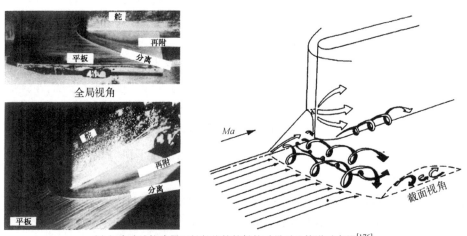

(b) 超声速湍流边界层钝舵绕流流场流动显示及流谱示意图[176]

图 1.5   超声速湍流边界层圆柱和钝舵绕流流场流动显示及流谱图

流动特性进行了实验研究,凸台高度与边界层厚度之比为 0.5~0.8,并利用纹影和表面流动显示技术研究激波与边界层干扰的流场特性及分离区的变化。马汉东、李素循等[169,171]采用数值模拟方法对基于平板的超声速钝舵绕流、高超声速圆柱和钝舵绕流特性及变高度圆柱诱导的激波与边界层干扰进行了研究,在圆柱上游均产生弓形激波、分离激波和二次分离激波,并在分离区产生马蹄涡结构;圆柱上游平板壁面压力呈双峰状分布,且与马蹄涡的形态相干,数值模拟结果表明,激波碰撞和涡结构的运动均可能导致飞行器表面局部气动载荷的增加;

钝舵脱体激波与分离激波相互干扰,在舵前缘上游靠近激波相交位置产生压力峰值。

1.2.4　附壁锥体、方台等结构流场

Avduevskii 和 Medvedev 对超声速锥形体绕流边界层三维分离进行了实验研究[185,186],利用常微分方程和实验确定了分离线的位置,对一定攻角不同状态的超声速锥形体绕流边界层分离进行了分析,并得到分离线与攻角、锥顶角和马赫数之间的关系;随后 Avduevskii 和 Gretsov 又对基于平面的超声速半锥体绕流三维分离进行了实验研究[187],实验结果表明黏性对半锥体周围的超声速气流产生一定的影响,得到了壁面上湍流边界层分离区的几何特征,并确定了半锥体表面上分离线和扩散线的位置。

Glagolev 等对安装于二面角边缘对称面上的超声速柱形体绕流进行了研究[188],采用纹影和压力测量设备对绕流流场进行研究分析,实验前在模型表面涂铺一层含碳的油流(carbon-oil),由此可以显示模型表面的流动结构,并对柱体模型附近的流动分离进行测量。

Bookey 等通过实验对不同压缩角的超声速($Ma=3$)湍流边界层斜劈绕流流场进行了研究[189],采用壁面流动显示技术和滤波瑞利散射法(filtered Rayleigh scattering,FRS)对流场结构进行显示和测量,超声速气流绕过附于平板上的斜劈产生复杂的波系结构,激波与湍流边界层产生强烈的相互作用,并对平均流量、壁面压力分布进行了测量。

李素循、蔡罕龙、张卫民等分别采用实验方法和数值模拟方法对超声速方台和裙后向台阶绕流及高超声速三维斜劈和方台绕流进行了研究和分析[190-193],描述了各模型绕流流场的复杂结构特征,测量了特征位置的表面压力分布,并利用纹影照片和表面油流显示了流场中的波系结构、流动分离和流动再附等特性。

汪健生等[194,195]、温娟等[196]采用数值方法分别对半椭圆和斜截椭圆柱式涡流发生器强化换热进行了研究,计算分析结果表明:涡流发生器可以诱导出展向涡和流向涡,拟序结构促进了强化传热,流向涡对强化传热起主要作用。

1.3　高超声速飞行器典型结构流场研究面临的问题

由于高超声速飞行器壁面典型结构的流场具有较强的三维特征和非定常

性,且随时间和空间的变化较大,具有比较复杂的空间结构特征,存在较大的速度梯度和密度脉动梯度。因此,对涡系干扰与控制、边界层转捩与控制、湍流减阻及激波/边界层干扰与控制等流场结构进行机制研究和实现流动控制都存在较大的难度,了解这些复杂的流动现象,探索其形成机制,并对流动实现控制,需要借助必要的流动显示技术和实验测量手段。

目前用于超声速流场测量较为常见的方法包括:热线法[197],基于阴影、纹影、干涉等技术的非接触测量方法[198,199],粒子成像测速技术(PIV)[200,201]和基于分子示踪的成像方法 PLIF[202],但由于这些测量方法在对超声速壁面涡流发生器绕流流场进行测量时,存在干扰流场、空间分辨率低、信噪比低、粒子跟随性等问题,很难实现对超声速绕流流场的三维流动结构的精细测量。三维 PIV 技术和全息 PIV 技术[203]可用于测量具有三维特征的超声速流场,但目前相关技术还不成熟。

另外,高超声速飞行器典型结构流场精细结构的实验研究及其动力学特性分析,对风洞实验段来流品质提出较高要求,要保证实验段流场具有较好均匀性、较低的湍流度和较低的噪声,需要抑制喷管上游的扰动,最终实现喷管出口流场的层流化。而传统风洞的实验段通常具有较大的噪声和较高的湍流度,实现风洞喷管的层流化需要采用有别于传统风洞的设计方法,同时对喷管型面设计、加工工艺及安装精度均提出了更高的要求。否则,在风洞实验段将无法得到实验所需的超声速层流流场。

因此,基于高品质超声速流动机制研究平台,通过先进的实验测量技术,测量超声速壁面涡流发生器绕流流场特征参数、捕获绕流流场精细结构及研究其运动规律和动力学特性,将对流动控制技术的发展及相关领域的理论研究具有重要的科学意义。

1.4　小结

高超声速飞行器典型结构流场的复杂结构,代表了超声速/高超声速壁面突起物绕流流场的典型结构,具有重要的理论研究价值和广泛的工程应用价值。本书利用 NPLS 系统对高超声速飞行器近壁典型结构流场精细结构进行了研究。全书共分 7 章,主要研究内容如下。

第 1 章基于当前国内外研究进展,对高超声速飞行器近壁典型结构流场精细结构的研究背景与意义进行了综述;基于边界层厚度定义的涡流发生器的无量纲高度,由此界定本书研究涡流发生器所属类型;调研了不同构型壁面涡流发生器在低速流、超声速流、高超声速流及强化传热等领域的研究进展及主要和潜在工程应用;分析了目前测量超声速流场常用的实验测量技术,着重讨论了相关设备在超声速复杂绕流流场测量中所存在的不足。

第 2 章根据高超声速飞行器近壁典型结构流场实验研究对来流品质的要求,对超声速静风洞气动和结构参数进行了针对性设计,实现了来流的层流化运行;根据本书使用的 NPLS 系统组成及工作原理,分析了 NPLS 技术在附壁典型结构流场测量中的误差及其来源,研究了 NPLS 系统所用示踪粒子的跟随性,特别针对高超声速飞行器近壁典型结构流场的特征,提出了基于 NPLS 典型结构流场的密度场测量方法。

第 3 章利用 NPLS 技术对超声速壁面三角翼结构流场进行了实验研究,成功再现了该绕流流场的复杂结构特征。本章对绕流流场的波系结构及其成因进行了细致分析;着重研究了绕流流场尾流区拟序结构沿流向和展向切面的空间结构特征和时间演化特征;定量测量了速度场和密度场,并根据尾流区流场的密度脉动特征进行了频谱分析,为进一步的流动控制研究提供了重要的定量数据;综合利用涡结构、密度场和速度场实验数据,建立了超声速三角翼结构尾流区的流动结构模型。

第 4 章对有限高圆柱的超声速绕流流场进行了精细测量和分析。根据高分辨率粒子图像、速度场和密度场等实验数据,本章对圆柱绕流中的激波结构、激波/边界层相互作用、复杂波-涡相互干扰及尾流区拟序结构的时空演化特征进行了深入研究,建立了超声速圆柱绕流流场的波系结构模型。由于流场结构十分复杂,某些重要信息难以通过实验手段获得,结合数值模拟结果,对相应流场与实验数据进行了研究。

第 5 章研究了超声速半球绕流流场的精细结构和运动特征。本章利用具有高动态响应的 NPLS 技术和高品质超声速流动机理研究平台,研究了超声速半球绕流流场的精细结构和运动特征。与圆柱绕流相比,半球体对超声速流场的干扰偏弱,在运动规律上有明显的区别,特别对半球壁面曲率影响下的边界层分离、附着、爬升、横流、再分离和再附的全过程及其与超声速主流的相互作用进行了详细分析。

第 6 章对自持合成射流及其超声速边界层转捩与前台阶流动分离控制的精细结构进行了研究。基于高分辨率 NPLS 技术获得的流场图像,深入分析了自持合成射流的超声速流场复杂波系结构与旋涡特征,基于经验关系式对射流的动量比进行拟合。通过精细的流场结构与频率分析等,阐明了自持合成射流超声速边界层转捩控制机制与超声速前台阶流动分离控制机制。

第7章对高超声速飞行器近壁湍流边界层的精细结构与控制进行了数值模拟研究。基于高精度直接数值模拟,深入分析了超声速湍流边界层的湍流结构特性、湍流统计特以及壁面摩阻特性等。在此基础上,分别开展了基于壁面吹气控制和速度-温度耦合控制下的超声速湍流边界层减阻研究,基于湍流统计、湍流结构、摩阻分解等,对比分析了不同减阻控制方式的优缺点。

参考文献

[1] Bowcut K G. A perspective on the future of aerospace vehicle design[C]. Norfolk: 12th AIAA International Space Planes and Hypersonic Systems and Technologies, AIAA 2003 – 6957, 2003.

[2] Cockrell C E, Auslender A H, Guy R W, et al. Technology roadmap for dual-mode scramjet propulsion to support space-access vision vehicle development[C]. Orléans: 11th AIAA/AAAF International Space Planes and Hypersonic Systems and Technologies Conference, AIAA 2002 – 5188, 2002.

[3] Gad-el-Hak M, Pollard A, Bonnet J P. Flow control: fundamentals and practices[M]. Berlin: Springer, 1998.

[4] Gad-el-Hak M, Tsai H M. Transition and turbulence control[M]. Singapore: World Scientific Publishing Company, 2006.

[5] 崔尔杰.空天技术发展与现代空气动力学[J].力学进展,2005,35(2): 145 – 152.

[6] Taylor H D. The elimination of diffuser separation by vortex generators[R]. United Aircraft Corporation Report No. R – 4012 – 3, 1947.

[7] Haines A B. Know your flow: the key to better prediction and successful innovation[C]. Reno: 36th AIAA Aerospace Sciences Meeting and Exhibit, AIAA Paper 98 – 0221, 1998.

[8] Gad-el-Hak M, Bushnell D M. Separation control: review[J]. Journal of Fluids Engineering, 1991, 113(1): 5 – 30.

[9] Squire L C. Control of flow separation[J]. International Journal of Heat and Mass Transfer, 1977, 20(10): 1095 – 1105.

[10] Lee C, Hong G, Ha Q. A piezoelectrically actuated micro synthetic jet for active flow control [J]. Sensors and Actuators A: Physical, 2003, 108: 168 – 174.

[11] Gilarranz J L. Development of high-power, compact synthetic jet actuators for flow separation control[D]. College Station: Texas A&M University, 2001.

[12] Gilarranz J L, Rediniotis O K. Compact, high-power synthetic jet actuators for flow separation control[C]. AIAA Paper 2001 – 0737, 2001.

[13] Gilarranz J L, Traub L W, Rediniotis O K. A new class of synthetic jet actuators part II: application to flow separation control[J]. Journal of Fluids Engineering, 2005, 127(2):

377 - 387.

[14] Gilarranz J L, Yue X, Rediniotis O K. Compact, high-power synthetic jets for flow separation control[C]. Thessaloniki: Proceedings of the 6th National Congress on Mechanics, 2001.

[15] Amitay M, Glezer A. Role of actuation frequency in controlled flow reattachment over a stalled airfoil[J]. AIAA Journal, 2002, 40(2): 209 - 216.

[16] Mittal R, Rampunggoon P. On the virtual aeroshaping effect of synthetic jets[J]. Physics of Fluids, 2002, 14(4): 1533 - 1536.

[17] Kuethe A M. Effect of stream wise vortices on wake properties associated with sound generation[J]. Journal of Aircraft, 1972, 9(10): 715 - 719.

[18] Kerho M, Hutcherson S, Blackwelder R F, et al. Vortex generators used to control laminar separation bubbles[J]. Journal of Aircraft, 1993, 30(3): 315 - 719.

[19] Lin J C, Robinson S K, McGhee R J, et al. Separation control on high-lift airfoils via micro-vortex generators[J]. Journal of Aircraft, 1994, 31(6): 1317 - 1723.

[20] Ashill P R, Riddle G L. Control of leading-edge separation on a cambered delta wing[J]. AGARD CP - 548, p 11 - 1 - 11 - 13, 1994.

[21] Ashill P R, Fulker J L. A review of flow control research at DERA. Mechanics of passive and active flow control[R]. Gottingen: IUTAM Symposium, 1998.

[22] Hong G, Lee C, Ha Q. Effectiveness of synthetic jets enhanced by instability of T-S waves[C]. AIAA Paper 2002 - 2832, 2002.

[23] 郑新前,侯安平,周盛.二维扩压叶栅非定常分离流控制途径探索[J].力学学报,2003,35(5): 599 - 605.

[24] 郑新前,侯安平,周盛.利用合成射流控制轴流压气机中的非定常分离[C].南京:第十届全国分离流、旋涡和流动控制会议,2004.

[25] Rediniotis O K, Jo K, Yue X, et al. Synthetic jets, their reduced order modeling and applications to flow control[C]. AIAA Paper 99 - 1000, 1999.

[26] Ashill P R, Riddle G L, Stanley M J. Control of three-dimensional separation on highly swept wings[C]. Anaheim: Proceedings of 19th Congress of the ICAS, 1994, 3: 2012 - 2026.

[27] Ashill P R, Riddle G L, Stanley M J. Separation control on highly swept wings with fixed or variable camber[J]. Aeronautical Journal, 1995, 99(988): 317 - 327.

[28] Holmes A E, Hickey P K, Murphy W R, et al. The application of sub-boundary layer vortex generators to reduce canopy Mach rumble interior noise on the Gulf-stream III[C]. Reno: AIAA 25th Aerospace Sciences Meeting, AIAA Paper 87 - 0084, 1987.

[29] Hassan A. Numerical simulation enhanced rotorcraft aerodynamic performance[C]. AIAA Paper 98 - 0211, 1998.

[30] Ahmed A, Hassan R D. Effects of zero-mass "synthetic" jets on the NACA - 0012 airfoil[C]. AIAA Paper 97 - 2326, 1997.

[31] Catalin N. Synthetic jets influence on NACA - 0012 airfoil at high angles of attack[C]. AIAA Paper 98 - 4523, 1998.

[32] Ashill P R, Fulker J L, Hackett K C. Research at DERA on sub boundary layer vortex generators (SBVGs)[C]. Reno: 39th AIAA Aerospace Sciences Meeting and Exhibit, AIAA

Paper 2001 - 0887, 2001.

[33] Ashill P R, Fulker J L, Hackett K C. Studies of flows induced by sub boundary layer vortex generators (SBVGs)[C]. Reno: 40th AIAA Aerospace Sciences Meeting and Exhibit, AIAA Paper 2002 - 0968, 2002.

[34] Chen F J, Yao C, Beeler G B. Virtual shaping of a two-dimensional NACA 0015 airfoil using synthetic jet actuator[C]. AIAA Paper 2002 - 3273, 2002.

[35] Cain A B, Kral L D. Numerical simulation of compressible synthetic jet flows[C]. AIAA Paper 98 - 0105, 1999.

[36] Seifert A, Pack L G. Oscillatory excitation of unsteady compressible flows over airfoils at flight Reynolds numbers[C]. AIAA Paper 99 - 0925, 1999.

[37] Yao C S, Lin J C, Allan B G. Flow field measurement of device-induced embedded stream wise vortex on a flat plate[C]. City of Saint Louis: 1st AIAA Flow Control Conference, AIAA Paper 2002 - 3162, 2002.

[38] Cattafesta L, Garg S, Shukla D. Development of piezoelectric actuators for active flow control [J]. AIAA Journal, 39(8): 1562 - 1568, 2001.

[39] Gad-el-Hak M. Flow control: passive, active, and reactive flow control[M]. Cambridge: Cambridge University Press, 2000.

[40] Jones G, Washburn A, Jenkins L, et al. An active flow circulation controlled flap concept for general aviation aircraft applications[C]. AIAA Paper 2002 - 3157, 2002.

[41] Amitay M, Smith B L, Glezer A. Aerodynamic flow control using synthetic jet technology[C]. AIAA Paper 98 - 0208, 1998.

[42] Pack L G, Joslin R D. Overview of active flow control at nasa langley research center[R]. San Diego: SPIE 5th International Symposium on Smart Structures and Materials, 1998.

[43] Washburn A, Althoff G S, Anders A. A snapshot of active flow control research at NASA Langley[C]. AIAA Paper 2002 - 3155, 2002.

[44] Gad-el-Hak M, Pollard A, Bonnet J. Flow control: fundamentals and practices[M]. Berlin: Springer, 1998.

[45] Pack L, Schaeffler N W, Yao C, et al. Active control of flow separation from the slat shoulder of a supercritical airfoil[C]. AIAA Paper 2002 - 3156, 2002.

[46] Joslin R D. Using DNS for active flow control[C]. AIAA Paper 2001 - 2544, 2001.

[47] Joslin R D, Gunzburger M D, Nicolaides R A, et al. Self-contained automated methodology for optimal flow control[J]. AIAA, 1997, 35(5): 816 - 824.

[48] Jenkins L, Althoff G S, Anders A. Flow control device evaluation for an internal flow with an adverse pressure gradient[C]. AIAA Paper 2002 - 0266, 2002.

[49] Chang Y, Collis S S, Ramakrishnan S. Viscous effects in control of near-wall turbulence[J]. Physics of Fluids, 2002, 14(11): 4069 - 4080.

[50] Abergel F, Temam R. On some control problems in fluid mechanics[J]. Theoretical and Computational Fluid Dynamics, 1990, 1(6): 303 - 325.

[51] Gunzburger M D. Flow control[M]. New York: Springer, 1995.

[52] Halfon E, Nishri B, Seifert A, et al. Effects of elevated free-stream turbulence on active

control of a transitional separation bubble[C]. AIAA Paper 2002 – 3169, 2002.

[53] 罗振兵,夏智勋.合成射流技术及其在流动控制中应用的进展[J].力学进展,2005,35 (2): 221 – 234.

[54] 赵宏,杨治国,娄慧娟.合成射流流动特性实验研究及在燃烧中的应用探讨[J].航空动 力学报,2004,19(4): 512 – 519.

[55] 郝礼书,乔志德.合成射流用于翼型分离流动控制的研究[J].西北工业大学学报,2006, 26(4): 528 – 531.

[56] 邵传平,王建明.较高雷诺数圆柱尾流的控制[J].力学学报,2006,38(2): 153 – 161.

[57] 邵传平.钝体尾流控制机理及方法研究进展[J].力学进展,2008,38(3): 314 – 328.

[58] 张堃元,李念,董玥,等.零质量自耦合射流控制喷流矢量实验[J].推进技术,25(3): 224 – 226,2004.

[59] 罗小兵,李志信,过增元.合成喷形成的机理分析[J].清华大学学报(自然科学版), 2000,40(12): 24 – 28.

[60] 罗小兵,李志信,过增元.不可压缩合成喷流场的数值模拟[J].工程热物理学报,2001,22 (增刊): 56 – 58.

[61] 张攀峰,王晋军,冯立好.零质量合成射流技术及其应用研究进展[J].中国科学 E 辑: 技 术科学,2008,38(3): 321 – 349.

[62] Ravindran S S. Active control of flow separation over an airfoil[R]. Technical report TM – 1999 – 209838, NASA, 1999.

[63] Greenblatt D, Wygnanski I J. The control of flow separation by periodic excitation[J]. Progress in Aerospace Sciences, 2000, 36(7): 487 – 545.

[64] 庄逢甘,黄志澄.未来高技术战争对空气动力学传创新发展的需求[C].空气动力学前沿 研究论文集,2003: 73 – 80.

[65] Lockheed-Martin. Future aircraft technology enhancement, FATE 1 Phase 1, Final Report [EB/OL]. http://www.fas.org/man/dod101/sys/ac/docs/fate.report/index.htm [1997 – 09 – 24].

[66] Allen M G, Alvi F, Anhalt C, et al. Active control technology for enhanced performance operational capabilities of military aircraft, land vehicles and sea vehicles[R]. ADA395700, 1 – 1032, 2001.

[67] 邓学蓥.前体非对称涡流动及其主动控制[C].空气动力学前沿研究论文集,2003: 8 – 17.

[68] 明晓.钝体尾流的特性及其控制[D].南京: 南京航空学院,1988.

[69] 方昌德.流动控制技术在航空涡轮推进系统上的应用[J].燃气涡轮试验与研究,2003,16 (2): 1 – 6.

[70] 张汝麟.飞行控制及飞机发展[J].北京航空航天大学学报,2003,29(12): 1077 – 1082.

[71] 吴锤结,王亮.完全消除圆柱绕流振荡尾迹的动波浪壁流动控制[C].南京: 第十届全国 分离流、旋涡和流动控制会议,2004.

[72] Jacot D, Mabe J. Boeing active flow control system for the V – 22[C]. AIAA Paper 2000 – 2473, 2000.

[73] 范杰川.空气动力学发展中值得关注的一些问题[J].气动研究与实验,2003,20(1):

1 – 16.

[74] Mounts J S, Barber T J. Numerical analysis of shock-induced separation alleviation using vortex generators[C]. AIAA 92 – 0751, 1992.

[75] McCormick D C. Shock-boundary layer interaction control with low profile vortex generators and passive cavity[C]. AIAA 92 – 0064, 1992.

[76] Rozario D, Zouaoui Z. Computational fluid dynamics analysis of scramjet inlet[C]. AIAA 2007 – 30, 2007.

[77] Holden H A, Babinsky H. Vortex generators near shock/boundary layer interactions[C]. AIAA 2004 – 1242, 2004.

[78] Kanda T, Hiraiwa T, Izumikawa M, et al. Measurement of mass capture ratio of scramjet inlet models[C]. AIAA 2003 – 0011, 2003.

[79] Srinivasan K R, Roth E, Dutton J C. Aerodynamics of recirculating flow control devices for normal shock/boundary layer interactions[C]. AIAA 2004 – 426, 2004.

[80] Loth E. Smart mesoflaps for control of shock boundary layer interactions[C]. AIAA 2000 – 2476, 2000.

[81] Couldrick J S, Gai S L, Holden H A, et al. Active control of normal shockwave/turbulent boundary layer interaction using "smart" piezoelectric flap actuators[C]. AIAA 2004 – 2701, 2004.

[82] Holden H A, Babinsky H. Shock/boundary layer interaction control using 3D devices[C]. AIAA 2003 – 447, 2003.

[83] Lee Y, Hafenrichter E S. Skin friction measurements in normal shock wave/turbulent boundary-layer interaction control with aeroelastic mesoflaps[C]. AIAA 2002 – 0979, 2002.

[84] Schubauer G B, Spangenber W G. Forced mixing in boundary layers[J]. Journal of Fluid Mechanics, 1960, 8(1): 10 – 32.

[85] Brown A C, Nawrocki H F, Paley P N. Subsonic diffusers designed integrally with vortex generators[J]. Journal of Aircraft, 1968, 5(3): 221 – 229.

[86] Bragg M B, Gregorek G M. Experimental study of airfoil performance with vortex generators [J]. Journal of Aircraft, 1987, 24(5): 305 – 309.

[87] Pearcey H H. Introduction to shock induced separation and its prevention by design and boundary layer control[J]. Boundary Layer and Flow Control, 1961, 2: 1166 – 1344.

[88] Calarese W, Crisler W P, Gustsfson G L. After body drag reduction by vortex generators[C]. AIAA Paper 85 – 0354, 1985.

[89] Ashill P R, Riddle G L. Control of leading-edge separationon a cambered delta wing[J]. AGARD CP – 548, 1994: 1 – 13.

[90] Holmes A E, Hickey P K, Murphy W R, et al. The application of sub-boundary layer vortex generators to reduce canopy Mach rumble interior noise on the gulf-stream III[C]. AIAA 87 – 0084, 1987.

[91] Lin J C. Control of turbulent boundary-layer separation using micro-vortex generators[C]. AIAA 99 – 3404, 1999.

[92] Jenkins L, Gorton S A, Anders S. Flow control device evaluation for an internal flow with an

adverse pressure gradient[R]. AIAA 2002 - 0266, 2002.

[93] Tai T C. Effect of micro-vortex generators on V - 22 aircraft forward-flight aerodynamics[C]. AIAA 2002 - 0553, 2002.

[94] Lin J C, Howard F G, Bushnell D M, et al. Investigation of several passive and active methods for turbulent flow separation control[C]. AIAA 90 - 1598, 1990.

[95] Lin J C, Howard F G, Selby G V. Small submerged vortex generators for turbulent flow separation control[J]. Journal of Spacecraft and Rockets, 1990, 27(5): 503 - 507.

[96] Lin J C, Selby G V, Howard F G. Exploratory study of vortex-generating devices for turbulent flow separation control[C]. AIAA 91 - 0042, 1991.

[97] Kerho M, Hutcherson S, Blackwelder R F, et al. Vortex generators used to control laminar separation bubbles[J]. Journal of Aircraft, 1993, 30(3): 315 - 319.

[98] Lin J C. Review of research on low-profile vortex generators to control boundary-layer separation[J]. Progress in Aerospace Science, 2002, 38(4 - 5): 389 - 420.

[99] Rao D M, Kariya T T. Boundary-layer submerged vortex generators for separation control - An exploratory study[C]. AIAA 88 - 3546 - CP, 1988.

[100] Lin J C. Control of turbulent boundary-layer separation using micro-vortex generators[C]. AIAA 99 - 3404, 1999.

[101] Jenkins L, Gorton S A, Anders S. Flow control device evaluation for an internal flow with an adverse pressure gradient[C]. AIAA 2002 - 0266, 2002.

[102] Yao C S, Lin J C, Allan B G. Flow-field measurement ofdevice-induced embedded streamwise vortexon a flatplate[C]. AIAA 2002 - 3162, 2002.

[103] Allan B G, Yao C S, Lin J C. Numerical simulation of vortex generator vanes and jets[C]. AIAA 2002 - 3160, 2002.

[104] Valarezo W O. Topics in high-lift aerodynamics[C]. AIAA93 - 3136, 1993.

[105] Ringuette M J, Wu M, Martin M P. Coherent structures in direct numerical simulation of turbulent boundary layers at Mach 3[J]. Journal of Fluid Mechanics, 2008, 594: 59 - 69.

[106] Rai M M, Gatski T B, Erlebacher G. Direct simulation of spatially evolving compressible turbulent boundary layers[C]. AIAA Paper 95 - 0583, 1995.

[107] Rempfer D. On the structure of dynamical systems describing the evolution of coherent structures in a convective boundary layer[J]. Physics of Fluids, 1994, 6(3): 1402 - 1404.

[108] Holmes P, Lumley J L, Berkooz G. Turbulence, coherent structures, dynamical systems and symmetry[M]. Cambridge: Cambridge University Press, 1996.

[109] Guarini S E, Moser R D, Shariff K, et al. Direct numerical simulation of a supersonic turbulent boundary layer at Mach 2.5[J]. Journal of Fluid Mechanics, 2000, 414: 1 - 33.

[110] Pirozzoli S, Grasso F, Gatski T B. Direct numerical simulation and analysis of a spatially evolving supersonic turbulent boundary layer at M = 2. 25[J]. Physics of Fluids, 2004, 16 (3): 530 - 545.

[111] Aubry N, Holmes P, Lumley J, et al. The dynamics of coherent structures in the wall region of a turbulent boundary layer[J]. Journal of Fluid Mechanics, 1988, 192: 115 - 173.

[112] Huang Z F, Cao W, Zhou H. The mechanism of breakdown in laminar-turbulent transition of

a supersonic boundary layer on a flat plate-temporal mode[J]. Science in China Series G Physics Mechanics and Astronomy, 2005, 48(5): 614 – 625.

[113] Spyropoulos E T, Blaisdell G A. Large-eddy simulation of a spatially evolving supersonic turbulent boundary-layer flow[J]. AIAA Journal, 1998, 36(11): 1983 – 1990.

[114] Gao H, Fu D X, Ma Y W, et al. Direct numerical simulation of supersonic turbulent boundary layer flow[J]. Chinese Physics Letters, 2005, 22(7): 1709 – 1712.

[115] Zhou X, Sirovich L. Coherence and chaos in a model of turbulent boundary layer [J]. Physics of Fluids A, 1992, 4(12): 2855 – 2874.

[116] Martin M P. DNS of hypersonic turbulent boundary layers [C]. AIAA Paper 04 – 2337, 2004.

[117] Maeder T, Adams N A, Kleiser L. Direct simulation of turbulent supersonic boundary layers by an extended temporal approach[J]. Journal of Fluid Mechanics, 2001, 429: 187 – 216.

[118] Pan H L, Ma H D, Wang Q. Large eddy simulation of transition coherent structures in a supersonic boundary layer[J]. Journal of Astronautics, 2006, 27: 498 – 502.

[119] Dubos S, Hadjadj A. Large-eddy simulation of a supersonic boundary layer at M = 2.25 [C]. Munchen: Proceedings of the 15th International Symposium on Turbulence and Shear Flow Phenomena, 2007.

[120] Fage A, Sargent R F. Shock wave and boundary layer phenomena near a flat surface[J]. Proceedings of the Royal Society A, 1947, 190: 1 – 20.

[121] Ackeret J, Feldmann F, Rott N. Investigations of compression shocks and boundary layers in gasses moving at high speed[R]. NACA TM 1113, 1947.

[122] Kuehn D M. Experimental investigation of the pressure rise required for the incipient separation of turbulent boundary layers in two-dimensional supersonic flow [R]. NASA Memorandum, 1 – 21 – 59A, 1959.

[123] Tanner L H, Gai S L. Effects of suction on the interaction between shock wave and boundary layer at a compression corner[R]. ARC CP 1087, 1970.

[124] Hubbart J E, Bangert L H. Turbulent boundary layer control by a wall jet[C]. AIAA Paper 70 – 107, 1970.

[125] Rose W C. The behaviour of a compressible turbulent boundary layer in a shock-wave induced adverse pressure gradient[R]. NASA TN D – 7092, 1973.

[126] Grande E, Oates G C. Unsteady flow generated by shock-turbulent boundary layer interactions[C]. AIAA Paper 73 – 168, 1973.

[127] Horstmann C C, Hung C M. Computation of three-dimensional turbulent separated flows at supersonic speeds[C]. AIAA Paper 79 – 002, 1979.

[128] Sawyer W G, East L F, Nash C R. A preliminary study of normal shock wave turbulent boundary layer interaction, RAE Tech[R]. Memo Aero, 1714, 1977.

[129] Delcry J M. Investigation of strong shock-turbulent boundary layer interaction in 2-D transonic flows with emphasis on turbulence phenomena[C]. AIAA Paper 81 – 1245, 1981.

[130] Inger G R. Transonic shock/turbulent boundary layer interaction and incipient separation on curved surfaces[C]. AIAA Paper 81 – 1244, 1981.

[131] Dolling D S, Or C T. Unsteadiness of shock-wave structure in attached and separated compression corner ramp flow fields[C]. AIAA Paper 83 - 1715, 1983.

[132] Bahi L, Ross J M, Nagamatsu H T. Passive shock-wave/boundary layer interaction control for transonic airfoil drag reduction[C]. AIAA Paper 83 - 037, 1983.

[133] Delery J, Marvin J G. Shock-wave boundary layer interactions [R]. AGARD - AG - 280, 1986.

[134] Rempfer D, Fasel H. Evolution of three-dimensional structures in a flat-plate boundary layer [J]. Journal of Fluid Mechanics, 1994, 260: 351 - 375.

[135] Dolling D S. Fifty years of shock wave/boundary layer interaction research: what next? [J]. AIAA, 2001, 39(8): 1517 - 1531.

[136] Dussauge J P, Dupont P, Debieve J F. Unsteadiness in shock wave boundary layer interactions with separation[J]. Aerospace Science and Technology, 2006, 10(2): 85 - 91.

[137] Pirozzoli S, Grasso F. Direct numerical simulation of impinging shockwave/turbulent boundary layer interaction at M = 2. 25[J]. Physics of Fluids, 2006, 18: 065113.

[138] Dupont P, Haddad C, Debieve J F. Space and time organization in a shock-induced separated boundary layer[J]. Journal of Fluid Mechanics, 2006, 559: 255 - 277.

[139] Wu M, Martin M P. Analysis of shock motion in shockwave and turbulent boundary layer interaction using direct numerical simulation data[J]. Journal of Fluid Mechanics, 2008, 594: 71 - 83.

[140] 赵玉新,易仕和,何霖,等.激波与湍流相互作用的实验研究[J].科学通报,2007,52(2): 140 - 143.

[141] Schubauer G B, Skramstad H K. Laminar boundary layer oscillations and transitions on a flat plate[J]. Aerospace Science, 1947, 14: 69 - 79.

[142] Head M R, Bandyopadhyay P R. New aspects of turbulent boundary-layer structure[J]. Journal of Fluid Mechanics, 1981, 107(1): 297 - 338.

[143] Laurien E, Kleiser L. Numerical simulation of boundary layer transition and transition control [J]. Journal of Fluid Mechanics, 1989, 199(1): 403 - 440.

[144] Lumley J, Blossey P. Control of turbulence[J]. Annual Review of Fluid Mechanics, 1998, 30(1): 311 - 327.

[145] Kachanov Y S. Physical mechanism of laminar boundary-layer transition[J]. Annual Review of Fluid Mechanics, 1994, 26: 411 - 482.

[146] Herbert T. Analysis of subharmonic route to transition in boundary layer[C]. AIAA 84 - 0009, 1984.

[147] Lasseigne D G, Joslin R D, Jackson T L, et al. The transient period of boundary layer disturbances[J]. Journal of Fluid Mechanics, 1999, 381: 89 - 119.

[148] Schmid P, Henningson D. Stability and transition in shear flows [M]. Berlin: Springer, 2001.

[149] He L, Yi S H, Zhao Y X, et al. Experimental study of a supersonic turbulent boundary layer using PIV[J]. Science China(Physics, Mechanics & Astronomy), 2011, 54(9): 1702 - 1709.

[150] Blinde P L, Humble R A, van B W, et al. Effects of micro-ramps on a shock wave/turbulent boundary layer interaction[J]. Shock Wave, 2009, 19(6): 507-520.

[151] Thomas H, Erik K, Greg E, et al. Micro-ramp flow control of normal shock/boundary-layer interactions[C]. AIAA 2009-920, 2009.

[152] Charles. W, Ford P, Babinsky H. Micro-ramp control for oblique shock wave/boundary-layer interactions[C]. AIAA 2007-4115, 2007.

[153] Babinsky H. Understanding of micro-ramp control of supersonic shock wave boundary-layer interactions[R]. FA9550-06-1-0387, 2007.

[154] Lee S, Loth E, Wang C. LES of supersonic turbulent boundary layers with μVG's[C]. AIAA 2007-3916, 2007.

[155] Lin J C. Review of research on low-profile vortex generators to control boundary-layer separation[J]. Progress in Aerospace Science, 2002, 38(4-5): 389-420.

[156] Anderson B H, Tinapple J, Surber L. Optimal control of shock wave turbulent boundary layer interactions using micro-array actuation[C]. AIAA 2006-3197, 2006.

[157] Galbraith M C, Orkwis P D, Benek J A. Multi-row micro-ramp actuators for shock wave boundary-layer interaction control[C]. AIAA 2009-321, 2009.

[158] Li Q, Liu C. LES for supersonic ramp control flow using MVG at M=2.5 and Re=1440[C]. AIAA 2010-592, 2010.

[159] Babinsky H, Makinson N J, Morgan C E. Micro-vortex generator flow control for supersonic engine inlets[C]. AIAA 2007-521, 2007.

[160] Burbank P B, Newlander R A, Collins I K. Heat transfer and pressure measurements on a flat plate surface and heat transfer measurement on attached protuberances in a supersonic turbulent boundary layer at Mach numbers of 2.65, 3.51, and 4.4[R]. NASA TN D-1372, 1962.

[161] Voitenko D M, Zubkov A I, Panov Y A. Supersonic gas flow past a cylindrical obstacle on a plate[J]. Academy of Science Bulletin, USSR, Fluid and Mechanics, 1966, 1: 121-125.

[162] Thomas J P. Flow investigation about a fin plate model at a Mach number of 11.26[R]. ARL 67-0188, 1967.

[163] Price E A, Stallings R L. Investigation of turbulent separated flows in the vicinity of fin-type protuberances at supersonic Mach numbers[R]. NASA TN D-3804, 1967.

[164] Hiers R S, Loubsky W F. Effects of shock-wave impingement on the heat transfer on a cylindrical leading edge[R]. NASA TN D-3859, 1967.

[165] Özcan O, Holt M. Supersonic separated flow past a cylindrical obstacle on a flat plate[J]. AIAA Journal, 1984, 22(5): 611-617.

[166] Bashkin V A, Egorov I V, Egorova M V, et al. Supersonic laminar-turbulent gas flow past a circular cylinder[J]. Fluid Dynamics, 2000, 35(5): 652-662.

[167] Dolling D S, Clemens N C, Hood E. Exploratory experimental study of transitional shock wave boundary layer interactions[R]. AFRL-SR-AR-TR-03, 2003.

[168] Murphree Z R, Yüceil K B, Clemens N T, et al. Experimental studies of transitional boundary layer shock wave interactions[R]. AIAA Paper 2007-1139, 2007.

[169] 马汉东,李素循,陈永康.变高度圆柱诱导的激波边界层干扰[J].力学学报,2000,32(4):486-490.

[170] 李素循,施岳定,蔡罕龙.绕凸台的高超声速分离流动研究[J].空气动力学报,1992,10(1):31-37.

[171] 马汉东,李素循,吴礼义.高超声速绕平板上直立圆柱流动特性研究[J].宇航学报,2000,21(1):1-5.

[172] Dolling D S, Cosad C D, Bogdonoff S M. An examination of blunt-fin induced shock wave turbulent boundary layer interactions[C]. AIAA Paper 79-0068, 1979.

[173] Washburn A E, Jenkins L N, Ferman M A. Experimental investigation of vortex-fin interaction[C]. AIAA Paper 93-0050, 1993.

[174] Gerhold T, Krogmann P. Investigation of the hypersonic turbulent flow past a blunt fin/wedge configuration[C]. AIAA Paper 93-5026, 1993.

[175] Yamamoto S, Takasu N. Numerical study of unsteady shock/boundary-layer interaction induced by a blunt fin[C]. Albuquerque: 29th AIAA, Fluid Dynamics Conference, 1998.

[176] Kaufman L G, Korkegi R H, Morton L C. Shock impingement caused by boundary layer separation ahead of blunt fins[C]. AIAA Paper 73-236, 1973.

[177] Hung C M, Buning P G. Simulation of blunt-fin induced shock wave and turbulent boundary layer interaction[C]. AIAA Paper 84-0457, 1984.

[178] 马汉东,李素循,吴礼义.钝舵绕流不同湍流模型数值模拟比较研究[J].数值计算与计算机应用,1993,20(1):28-34.

[179] 李艳丽,李素循.高超声速绕钝舵层流干扰流场特性研究[J].宇航学报,2007,28(6):1472-1477.

[180] 马汉东,李素循,吴礼义.高分辨率格式与钝舵绕流数值模拟[J].航空学报,1997,18(4):390-394.

[181] Westkaemper J C. Turbulent boundary-layer separation ahead of cylinders[J]. AIAA Journal, 1968, 6(7):1352-1355.

[182] Young F L, Kaufman L G H, Korkegi R H. Experimental investigation of interactions between blunt fin shock waves and adjacent boundary layers at Mach numbers 3 and 5[R]. ARL 68-0214, 1968.

[183] Beckwith I E. Experimental investigation of heat transfer and pressures on a swept cylinder in the vicinity of its intersection with a wedge and flat plate at Mach number 4.15 and hight Reynolds numbers[R]. NASA TN D-2020, 1964.

[184] Bushnell D M. Interference heating on a swept cylinder in the region of its intersection with a wedge in hypersonic flow[R]. NASA TN D-3094, 1965.

[185] Avduevskii V S, Medvedev K I. Study of laminar boundary layer separation on a cone at an angle of attack[J]. Fluid Dynamics, 1966, 1(3):78-80.

[186] Avduevskii V S, Medvedev K I. Separation of a three-dimensional boundary layer[J]. Fluid Dynamics, 1966, 1(2):19-26.

[187] Avduevskii V S, Gretsov V K. Investigation of the three-dimensional separation flow around half-coneson a flat plate[J]. Fluid Dynamics, 1970, 5(6):1001-1004.

[188] Glagolev A I, Zubkov A I, Lyagushin B E, et al. Supersonic flow past obstacles on the edges of dihedrals[J]. Fluid Dynamics, 1989, 24(5): 811-813.

[189] Bookey P, Wyckham C, Smits A. Experimental investigations of Mach 3 shock-wave turbulent boundary layer interactions[C]. AIAA 2005-4899, 2005.

[190] 李素循, 倪招勇. 高超声速层流干扰流场研究[J]. 宇航学报, 2003, 24(6): 547-552.

[191] 蔡罕龙, 李素循. 激波绕射方台的非定常流场研究[J]. 空气动力学学报, 1994, 12(2): 139-143.

[192] 张卫民, 李素循. 裙后向台阶超声速绕流特性数值研究[J]. 空气动力学学报, 1994, 12(3): 332-337.

[193] 李素循, 陈永康, 倪招勇. 绕方柱类凸起物分离流研究[J]. 空气动力学学报, 2000, 18: 60-66.

[194] 汪健生, 汤俊洁, 张金凤. 半椭圆涡流发生器强化换热机理[J]. 机械工程学报, 2006, 42(5): 160-164.

[195] 汪健生, 刘志毅, 张金凤, 等. 斜截椭圆柱式涡流发生器强化传热的大涡模拟[J]. 机械工程学报, 2007, 43(10): 55-61.

[196] 温娟, 丁京伟, 齐承英, 等. 壁面扰流影响边界层湍流拟序结构及强化传热机理的研究[J]. 河北工业大学学报, 2009, 38(3): 5-12.

[197] Elena M, Lacharme J P, Gaviglio J. Comparison of hot-wire and laser Doppler anemometry methods in supersonic turbulent boundary layers[R]. International Symposium on Laser Anemometry, ASME, 1985.

[198] Settles G S. Schlieren and shadowgraph techniques[M]. Berlin: Springer, 2001.

[199] Garg S, Settles G S. Measurements of a supersonic turbulent boundary layer by focusing schlieren deflectometry[J]. Experiments in Fluids, 1998, 25(3): 254-264.

[200] Schrijer F F, Scarano F, van Oudheusden B W. Application of PIV in a Mach 7 double-ramp flow[J]. Experiments in Fluids, 2006, 41(2): 353-363.

[201] 田立丰, 易仕和, 赵玉新, 等. 超声速光学头罩流场的 PIV 研究[J]. 实验流体力学, 2010, 24(1): 26-29.

[202] Bathel B F, Danely P M, Inman J A, et al. PLIF visualization of active control of hypersonic boundary layers using blowing[C]. AIAA Paper 2008-4266, 2008.

[203] Hutchins N, Hambleton W T, Marusic I. Inclined cross-stream stereo particle image velocimetry measurements in turbulent boundary layers[J]. Experiments in Fluids, 2005, 541(1): 21-54.

第 2 章

实 验 系 统

2.1 引言

高品质的流场与高性能的测试设备是超声速/高超声速流动机制研究的基础,前者将非预期的因素尽可能地消除,后者则尽可能地获得高水平的实验数据。

本章主要针对典型壁面突起物的实际情况,围绕这两大基础问题开展研究。根据来流品质要求,对超声速静风洞气动和结构参数进行针对性设计,实现来流的层流化运行;根据 NPLS 系统组成及工作原理,分析 NPLS 技术在涡流发生器流场测量中的误差及其来源;特别针对超声速壁面涡流发生器绕流流场的特征,提出基于 NPLS 的高超声速飞行器典型结构绕流流场的密度场、速度场测量方法。

2.2 超声速静风洞

本章超声速流场中附壁三角翼、圆柱和半球等典型结构绕流流场的相关实验,均在国防科技大学高超声速冲压发动机技术重点实验室的超声速流动机理研究平台上进行。图 2.1 为 KD‑02 超声速静风洞子系统的结构示意图,图 2.2 为实验系统现场照片。

2.2.1 超声速静风洞气动及结构设计

KD‑02 超声速静风洞主要由过渡段、稳定段、一体化喷管/实验段、扩压段

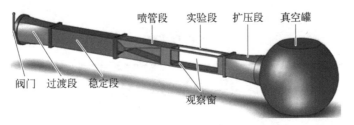

图 2.1   KD‒02 超声速静风洞结构示意图

图 2.2   KD‒02 超声速静风洞实验系统现场照片

及真空罐组成。风洞采用吸气方式运行,通过在其上游口径较大的过渡段直接从大气中收集气体,从而避免了下吹式风洞所需复杂的供气系统,使来流的均匀性更好,且有效降低了湍流度;稳定段可以有效降低来流中的湍流度,提高实验段的流场品质;喷管为实验段提供均匀的来流,其型面设计采用基于 B‒样条曲线的设计方法[1],充分考虑了喷管和试验段的消波处理及非接触光学的实际需求,极大改善了喷管出口的流场品质;实验段尺寸为 200 mm(宽)×200 mm(高)×400 mm(长),并在实验段设置四个大尺寸观察窗,便于从各个方向对流场结构进行观测;实验段下游通过扩压段与真空罐相连。

静风洞运行马赫数为 2.68,气源为大气,下游接真空球,是典型的吸气式风洞。为保证实验正常进行,必须对风洞实验段气流参数及风洞运行时间等进行估算,避免实验段内空气凝结及风洞运行时间过短造成风洞流场无法正常建立,影响对绕流流场的正常测试。

由来流总压和总温可得到喷管出口的气流参数,静压 p 和静温 T 表示为

$$\frac{p_0}{p} = \left(1 + \frac{\gamma - 1}{2} Ma^2 \right)^{\frac{\gamma}{\gamma - 1}} \tag{2.1}$$

$$\frac{T_0}{T} = 1 + \frac{\gamma - 1}{2} Ma^2 \tag{2.2}$$

式中, $p_0 = 1 \text{ atm} = 1 \times 10^5 \text{ Pa}$; $T_0 = 300 \text{ K}$; 比热比 $\gamma = 1.4$ 。 由此可得到在该设计马赫数下实验段对应的静压 $p = 2\,722 \text{ Pa}$ 和静温 $T = 107 \text{ K}$ 。 在该条件下氧气和氮气均未发生冷凝。

吸气式超声速静风洞的运行时间 t 是真空罐容积 V 、喷管喉部截面积 A_{cr} 、马赫数及来流总温的函数。

$$t = \frac{V}{KA_{\text{cr}}R\sqrt{T_0}} \left(1 + \frac{\gamma - 1}{2} Ma^2 \right)^{\frac{-\gamma}{\gamma - 1}} \tag{2.3}$$

式中, 真空罐容积 $V = 1\,000 \text{ m}^3$; K 为与气体常数有关的量, 对于空气为 0.040 42, 静风洞喷管出口尺寸为 200 mm×200 mm。 由式(2.3)算出该超声速静风洞的运行时间大于 17 s, 若考虑扩压器内激波串的隔离作用, 运行时间还可大大延长, 实验表明其实际运行时间可达 30 s 以上。 该运行时间足以消除风洞启动和关闭时产生的瞬态扰动对超声速层流流场的影响。 因此, 超声速静风洞实验段的气流参数及其运行时间满足对绕流流场的实验测量要求。 具体参数见表 2.1。

表 2.1 超声速静风洞实验段来流参数

物 理 量	数 值
马赫数 Ma	2.68
总压 p_0/atm	1
总温 T_0/K	300
静压 p/Pa	4 429
静温 T/K	123
声速 $a/(\text{m/s})$	222
密度 $\rho/(\text{kg/m}^3)$	0.123
黏性系数 $\mu/(\text{N} \cdot \text{s/m}^2)$	8.61×10^{-6}
单位雷诺数 Re/m^{-1}	9.12×10^6

2.2.2 流场校测

为验证超声速静风洞的流场品质, 并确保实验的准确性, 在实验之前通过纹影和压力测量实验对该风洞的马赫数及流场的均匀性进行了校测。图2.3为基于斜劈激波进行风洞马赫数校测的纹影图,从图中可以看出,在斜劈上方产生较强的斜激波,说明实验段为超声速流场;在斜激波上游没有波系结构出现,说明喷管出口流场均匀。根据理想气体斜激波关系式可计算得到实验段来流马赫数为2.68。

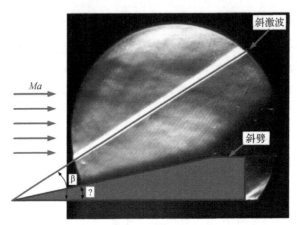

图 2.3 超声速静风洞流场内斜劈激波的纹影图[2]

图2.4所示为超声速静风洞层流流场NPLS图像(未安装涡流发生器的流场图像),图中Ⅰ区为实验段主流流场区,Ⅱ区带为玻璃平板,Ⅰ区与Ⅱ区之间的灰色窄条带为层流边界层,图像对应实际流场长度为120 mm,图像左端距离平板前缘140 mm。由NPLS实验图像可以看出,超声速静风洞具有良好的流场品质,沿流向距玻璃平板前缘260 mm的范围内流场一直保持较好的层流性,能够满足超声速层流附壁三角翼、圆柱和半球绕流流场实验研究对来流品质的要求。

图 2.4 超声速静风洞层流流场 NPLS 图像

2.3 实验模型

2.3.1 附壁三角翼模型

附壁三角翼结构模型由玻璃平板和三角翼四面体构成,玻璃平板与来流平行,三角翼形涡流发生器对称面与玻璃平板流向对称面共面。实验模型尺寸如下:玻璃平板 500 mm(长)×196 mm(宽);三角翼形涡流发生器前缘长 32 mm,侧边长 27 mm,后缘高 6 mm;三角翼形涡流发生器前缘距玻璃平板前缘 115 mm。模型坐标系如图 2.5(a)所示,坐标原点取为涡流发生器前缘中点;x 轴与对称线重合,方向代表流向;y 轴沿涡流发生器前缘,方向代表展向;z 方向垂直平板竖直向上;在三维空间内,定义 x-y 平面为展向平面,x-z 平面为流向平面。实验段模型示意图如图 2.5(b)所示;$h/\delta =$ 1.5,δ 为涡流发生器安装位置对应的边界层厚度。图 2.6(a)和(b)分别为从流向平面和展向平面观测超声速流场中三角翼结构绕流流场的实验布局示意图。

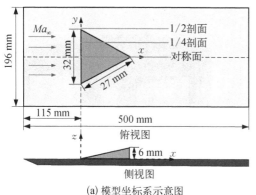

(a) 模型坐标系示意图

(b) 实验段模型示意图

图 2.5　模型坐标系及实验段模型示意图(①②③代表实验观察窗)

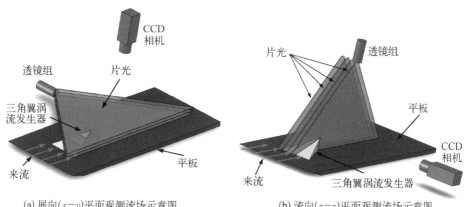

(a) 展向(x-y)平面观测流场示意图　　　　(b) 流向(x-z)平面观测流场示意图

图 2.6　三角翼模型流向和展向平面观测流场示意图

2.3.2 附壁有限高圆柱模型

附壁有限高圆柱模型由玻璃平板和圆柱体构成,玻璃平板与来流平行,圆柱体流向对称面与玻璃平板流向对称面共面。实验模型尺寸如下:玻璃平板500 mm(长)×196 mm(宽);圆柱体底面直径为 15 mm,圆柱高度与底面直径相等;圆柱底面直径距玻璃平板前缘 132 mm。模型坐标系如图 2.7(a)所示,坐标原点为圆柱底面圆心;x 轴与流向直径重合,方向代表流向;y 轴沿圆柱展向直径,方向代表展向;z 方向垂直平板竖直向上;在三维空间内,定义 $x-y$ 平面为展向平面,$x-z$ 平面为流向平面。实验段模型示意图如图 2.7(b)所示;$h/\delta =$ 3.75,h 为圆柱高度,δ 为圆柱体安装位置对应的边界层厚度。图 2.8(a)和(b)分别为从流向平面和展向平面观测超声速流场中圆柱结构绕流流场的实验布局示意图。

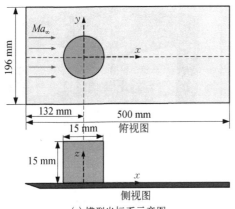

(a) 模型坐标系示意图

(b) 实验段模型示意图

图 2.7   模型坐标系及实验段模型示意图(①②③代表实验观察窗)

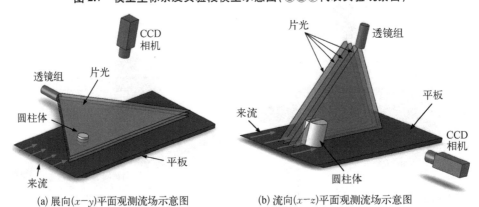

(a) 展向($x-y$)平面观测流场示意图

(b) 流向($x-z$)平面观测流场示意图

图 2.8   圆柱模型流向和展向平面观测流场示意图

2.3.3 附壁半球结构模型

附壁半球结构模型由玻璃平板和半球体构成,玻璃平板与来流平行,半球体安装于流向玻璃平板对称面位置。实验模型尺寸如下:玻璃平板 500 mm(长)× 196 mm(宽);半球的半径 $R=10$ mm,半球球心距平板前缘距离 132 mm。模型坐标系如图 2.9(a)所示,坐标原点为半球球心;x 轴与流向直径重合,方向代表流向;y 轴沿半球展向直径,方向代表展向;z 方向垂直平板竖直向上;在三维空间内,定义 $x-y$ 平面为展向平面,$x-z$ 平面为流向平面。实验段模型示意图如图 2.9(b)所示;$D/\delta = 5$,D 为半球直径,δ 为半球体安装位置对应的边界层厚度。图 2.10(a)和(b)分别为从流向平面和展向平面观测超声速流场中半球结构绕流流场的实验布局示意图。

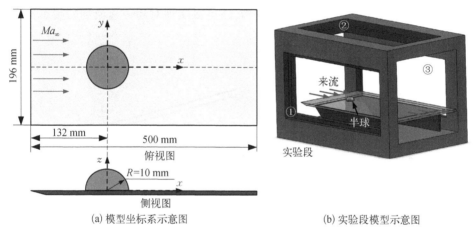

(a) 模型坐标系示意图   (b) 实验段模型示意图

图 2.9 模型坐标系及实验段模型示意图(①②③代表实验观察窗)

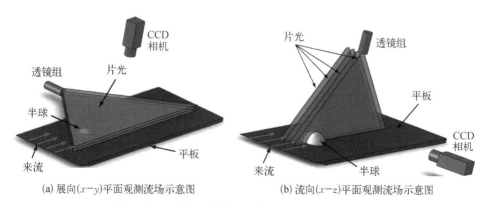

(a) 展向($x-y$)平面观测流场示意图   (b) 流向($x-z$)平面观测流场示意图

图 2.10 半球模型流向和展向平面观测流场示意图

2.4 流场 NPLS 测量系统

2.4.1 NPLS 系统组成及工作原理

NPLS 技术是赵玉新等开发的[3],以纳米粒子作为示踪粒子、以脉冲平面激光作为光源,通过 CCD 相机记录流场中的粒子图像实现超声速流动的高分辨率成像技术,NPLS 系统主要由光源系统、同步控制器、图像采集与处理系统及纳米粒子发生器四部分组成,图 2.11 所示为 NPLS 系统组成示意图。该技术以现代激光技术、成像技术、图像处理技术和纳米材料技术为基础,具有高时空分辨率、高信噪比的特点,不仅能够再现超声速流场中激波、膨胀波、混合层、马赫盘、滑移线及绕流尾迹等复杂流场的精细结构,还可以实现对超声速流场的瞬态密度场进行高时空分辨率测量[4]。

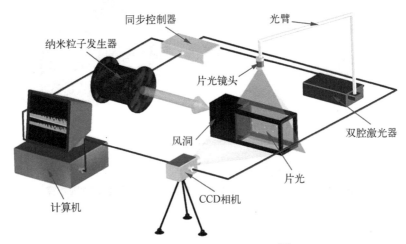

图 2.11　NPLS 系统组成示意图[3]

NPLS 系统采用双腔 Nd：YAG 激光器作为照明光源,经过导光臂和片光源系统,产生照明流场的脉冲片光源。输出波长 532 nm,光强 350 mJ,脉宽 6 ns,由于有滤光装置,相机的实际曝光时间和激光脉冲相同,均为纳秒量级,所拍摄的流场是瞬态超声速流场结构,超声速流场本身可以看成是冻结的。成像器件是美国 IMPERX - 11M 数字相机,配备 NIKON - 105 mm 微距镜头,CCD 分辨率为 4 096 像素×2 600 像素,镜头放大率最大可达 1：1。通过外部触发捕捉两帧图像,同时捕捉到的一系列图像数据通过图像采集板实时地传输到计算机内存中。

触发信号由同步控制器提供,其时间精度为 0.25 ns,从而保持与脉冲激光器的完全同步。纳米粒子示踪是 NPLS 技术的核心,本书使用的是国防科技大学自行研制的 KD-5 纳米粒子发生器,校准实验表明,该粒子发生器生成的纳米粒子平均直径为 45 nm,具有良好的跟随性,流场内速度和密度变化会直接影响纳米粒子的浓度变化,进而产生粒子图像的光强变化。

实现 NPLS 系统对超声速流场的跨帧测量,必须保证激光器发出脉冲激光的时间与 CCD 相机两次曝光的时间同步,脉冲激光与 CCD 相机同步的时序如图 2.12 所示。时序工作过程为:同步控制器发出信号,CCD 相机第一次曝光,在该曝光时间内脉冲激光器根据发出激光 A;CCD 相机第二次曝光,在该曝光时间内,脉冲激光器经过设定的时间间隔 Δt 后发出第二道激光 B,同时完成第一帧图像的存储;CCD 相机第二次曝光后完成第二帧图像的存储。由此可以获得具有时间相关性(时间间隔为 Δt)的两帧 NPLS 图像。

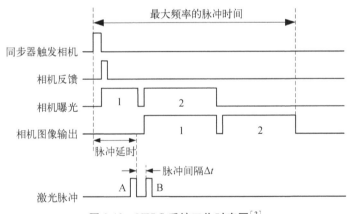

图 2.12　NPLS 系统工作时序图[3]

2.4.2　NPLS 系统性能分析

由于超声速绕流流场具有速度高、梯度大、可压缩效应强等特征,导致流场密度发生较大变化。因此,超声速绕流流场可能会出现密度比较低的区域,低密度流场将严重影响示踪物的性能,将导致示踪物散射的光信号比较弱,影响成像信号的强度,降低信噪比,由此直接造成难以辨识小尺度结构,无法实现较高的空间分辨率。这种情况对于分子示踪物来说是致命的。若示踪物采用粒子示踪,则可以通过增加粒子的直径来增加散射光的强度。但是,增加粒子直径将降低其跟随性能,粒子跟随性降低将直接导致无法反映流场的小尺度脉动,同样对成像的空间分辨率产生较大的影响。由于在超声速绕流流场中存在复杂的激波结构和拟序涡结构,激波前后及主流与绕流尾流之间通常会产生速度突变,若要捕捉该区域内的流场结构特征,则示踪物必须在尽量短的距离内跟随流体运动,否则将严重影响成像效果,无法得到高质量的流场结构特征。因此,选择合适的示踪粒子以准确反映流场真实结构特征,是研究超声速流场的关键。

NPLS 系统选用纳米级 TiO_2 粒子作为示踪粒子,由于纳米粒子尺寸极小、浓度较低,且与主流之间不发生质量交换,因此在对示踪粒子进行动力学分析时,只考虑其受力特性。则单个纳米粒子的运动方程为

$$m_p \frac{\mathrm{d}V_p}{\mathrm{d}t} = -3\pi\mu d_p k V_p \left[1 + 0.15 (k \cdot Re)^{0.687} \right] \xi(Kn_d) C \tag{2.4}$$

Tedeschi 等在 1999 年通过理论分析和实验验证等手段详细研究了超声速流场中影响纳米粒子运动的因素,并给出了适用于稀薄流与连续流粒子阻力系数的公式为[5]

$$C_D = \frac{24}{Re_p} \cdot k \cdot \left[1 + 0.15 \cdot (k \cdot Re_p)^{0.687} \right] \cdot \xi \cdot Kn_d \cdot C \tag{2.5}$$

有

$$\xi(Kn_d) = 1.777 + 0.177 \cdot \frac{0.851 \cdot Kn_d^{1.16} - 1}{0.851 \cdot Kn_d^{1.16} + 1} \tag{2.6}$$

$$C = 1 + \frac{Re_p^2}{Re_p^2 + 100} \cdot \mathrm{e}^{-0.225/Ma^{2.5}} \tag{2.7}$$

$$Re_p = \frac{\rho_f \cdot |V_f - V_p| \cdot d_p}{\mu} \tag{2.8}$$

式中,下标"p"代表粒子;下标"f"代表流体; Re 为粒子的雷诺数; μ 为流体的黏性系数; d_p 为粒子的直径; V_f 为流体运动速度; V_p 为粒子运动速度; $Kn_d = \lambda/d_p$ 为粒子的克努森(Knudson)数。通过求解下列方程可得到滑移系数 k:

$$\begin{cases} a_1 \cdot k^{1.678} + a_2 \cdot k - 1 = 0 \\ a_1 = \frac{9}{4} \cdot 0.15 \cdot \frac{L}{a} \cdot \frac{Kn_d}{\varepsilon'} \cdot \left(\frac{2a}{L} \cdot \frac{S \cdot \sqrt{\pi}}{Kn_d} \right)^{0.687} \\ a_2 = 1 + \frac{9}{4} \cdot \frac{L}{a} \cdot \frac{Kn_d}{\varepsilon'} \end{cases} \tag{2.9}$$

由式(2.5)~式(2.8)可将单个纳米粒子方程变换为如下形式:

$$\frac{\mathrm{d}V_\mathrm{p}}{\mathrm{d}t} = \frac{(V_\mathrm{f} - V_\mathrm{p})}{\tau_\mathrm{p}} \tag{2.10}$$

其中,τ_p 为粒子响应时间:

$$\tau_\mathrm{p} = \frac{\rho_\mathrm{p} \cdot d_\mathrm{p}^2}{18 \cdot \mu \cdot [1 + 0.15 \cdot (k \cdot Re_\mathrm{p})^{0.687}] \xi \cdot (Kn_\mathrm{p}) \cdot C} \tag{2.11}$$

由式(2.11)可以看出,粒子响应时间是粒子直径、密度和流体特征的函数,得到 τ_p 便可以求出粒子的直径 d_p。若粒子不跟随流体一起运动,则将引起测量速度的相对误差 V_d,可采用如下公式描述粒子跟随流体的动力学特性:

$$V_\mathrm{p} = V_\mathrm{f}(1 - \mathrm{e}^{-t/T}) \tag{2.12}$$

$$T = \tau_\mathrm{p} \tag{2.13}$$

由式(2.13)可知,随着时间的增加,粒子响应时间 τ_p 的值愈小,则粒子的速度趋近于流体的速度越快,粒子的跟随性越好;否则,粒子的位移和运动与流体之间存在较大误差,不能代表流体的真实流动。τ_p 与 d_p^2 呈正比,所以粒子越小就能越快的跟随流体一起运动。这里引入斯托克斯数 $St = \tau_\mathrm{p}/\tau_\mathrm{f}$ 以更好的定量衡量粒子的跟随性,其中 τ_f 为流动的特征时间。当斯托克斯数很小时,粒子将有足够的时间响应流场的突变,可以更准确地反映流场结构。流动显示技术示踪粒子跟随性较好要求 $St<0.05$[6]。

采用 TiO_2 纳米粒子,其最大直径为 40.8 nm,通过斜激波响应实验及数据验证了该粒子在超声速流场中具有良好的跟随性,图 2.13 为斜激波 NPLS 图像及激波前后对应的灰度分布[3]。超声速流场中速度梯度和密度梯度的变化将直接关系到纳米粒子浓度的变化,而纳米粒子浓度与散射光强度密切相关,其浓度越高散射光强度越大;反之,则散射光强度越弱。因此,超声速流场中纳米粒子浓度的变化直接导致纳米粒子散射光强度的变化,即图像光强的变化。由此可知,对所获得 NPLS 实验图像通过调整对比度、边缘检测及图像处理等手段可以获取超声速流场中拟序涡结构的时间和空间演化特征。

由于超声速绕流流场运动速度快、结构比较复杂,NPLS 实验系统的时间和空间分辨率也是衡量其测量性能的关键因素。湍流[7-9]中的涡尺度分为积分尺度、Kolmogorov 尺度(动能耗散尺度)和 Batchelor 尺度,Kolmogorov 尺度可表示为

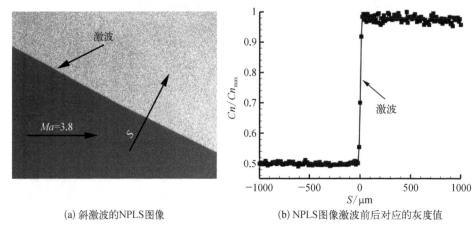

(a) 斜激波的NPLS图像　　　　　　　(b) NPLS图像激波前后对应的灰度值

图 2.13　斜激波 NPLS 图像及激波前后对应的灰度分布[3]

$$\eta = \left(\frac{\nu^3}{\varepsilon}\right)^{1/4} \tag{2.14}$$

式中,ν 为运动黏性系数;ε 为湍动能耗散速度;Batchelor 尺度可表示为

$$\lambda_{\mathrm{B}} = \delta Re^{-0.75} Sc^{-0.5} \tag{2.15}$$

式中,δ 为流动宏观尺度(取超声速绕流流场尾流边界层平均厚度)。尾流边界层平均厚度分别为:超声速三角翼绕流流场边界层平均厚度约为 13.8 mm,超声速圆柱绕流流场边界层平均厚度约为 14.4 mm,超声速半球绕流流场边界层平均厚度约为 12.5 mm;Re 是以 δ 为特征长度和大尺度结构运动速度为特征速度的雷诺数,$Re \approx 1.1 \times 10^5$;$Sc$ 为施密特数,对于气体其值为 0.2~3。本书超声速绕流流场的 Kolmogorov 尺度约为 38 μm;Batchelor 尺度最小约为 1.19 μm,最大约为 5.29 μm。在实验测量中,测量尺度与测量范围之间存在矛盾,若满足最小尺度测量要求则无法捕捉到完整的大尺度拟序结构;反之,则无法捕捉到小尺度结构。在本书研究中主要关注超声速绕流流场尾流整体拟序结构的时间和空间演化特征,相应的 NPLS 图像的分辨率相对稍微偏低。

　　图 2.14 分别为超声速三角翼、圆柱和半球绕流 x - z($y=0$)平面(流向)流场的 NPLS 图像,NPLS 图像对应的空间分辨率分别为 0.028 5 mm/pixel、0.022 5 mm/pixel 和 0.021 5 mm/pixel,对应的测量范围分别为 $x = -25 \sim 91$ mm、$x = -32 \sim 58$ mm 和 $x = -32 \sim 54$ mm,各模型两幅 NPLS 图像的时间间隔均为 5 μs,流动方向由左向右,图中用椭圆标识出不同模型绕流流场上游和下游特征拟序

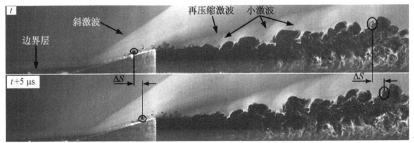

(a) 超声速三角翼绕流流场NPLS图像

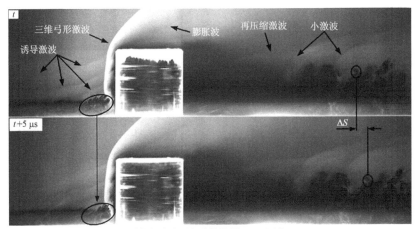

(b) 超声速圆柱绕流流场NPLS图像

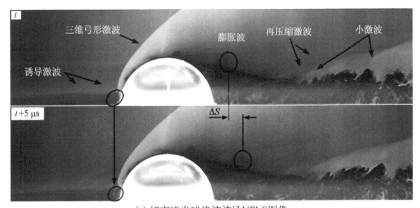

(c) 超声速半球绕流流场NPLS图像

图 2.14　不同模型超声速绕流流场 NPLS 图像

结构的位置变化。由图可知图像具有较高的信噪比,可以清晰观察到超声速气流绕过模型体产生复杂的波系(斜激波、三维弓形激波、再压缩激波和小激波结构及膨胀波等)结构、模型上游流场转捩/分离区及模型尾流拟序结构,再现了超声速绕流流场的复杂结构,由此可以辨别超声速绕流流场的流动结构。比较时间相关的两幅 NPLS 图像,在 5 μs 的时间间隔内,尾流特征流场结构(图中椭圆标识涡结构)表现出以水平移动为主,其几何形状变化较小。由此可知,NPLS系统完全能够满足测量超声速三角翼、圆柱及半球绕流流场研究的需要。

2.5　流场 PIV 测量系统

　　PIV 技术采用脉冲激光片光光源照亮布撒在待测流场区域的示踪粒子,通过连续两次或多次曝光,利用 CCD 相机记录下粒子的图像,采用互相关法逐点处理 CCD 相机记录的图像,便可获得流场的速度分布[10]。由于超声速绕流流场结构具有非定常性,流场结构比较复杂,存在运动速度高、速度梯度大、强剪切作用等特点,传统 PIV 系统示踪粒子的跟随性无法满足超声速绕流流场的要求。基于 NPLS 系统的超声速 PIV 系统采用纳米粒子作为示踪粒子,具有良好的跟随性,能够满足超声速绕流流场速度场测量的要求。

2.5.1　超声速 PIV 系统的组成及工作原理

　　超声速 PIV 系统由光源系统、成像系统、同步控制器、粒子发生器及数据采集系统组成,其系统组成及工作时序与 NPLS 系统相同,如图 2.11 和图 2.12 所示。图 2.15 所示为超声速 PIV 系统的工作原理图。运行超声速 PIV 系统,通过纳米粒子发生器将示踪粒子均匀的布撒到风洞来流中,激光片光两次照亮实验段测量流场区域,时间间隔为 Δt,同时采用跨帧 CCD 分别将粒子图像记录在相继的两帧上,得到具有相关性的粒子图像,然后根据互相关算法[10]计算粒子在该时间间隔内的位移,由此可获得 Δt 时间间隔内粒子的平均运动速度。由于纳米示踪粒子具有良好的跟随性,因此所得纳米粒子的平均运动速度即流体的运动速度,从而实现对超声速绕流流场速度场的测量。

2.5.2　超声速 PIV 技术的测量误差分析

　　由超声速 PIV 技术的工作原理可以知道,PIV 测量超声速流场所得到的流

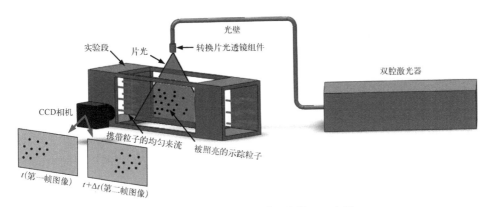

图 2.15　超声速 PIV 系统工作原理示意图

体运动速度即实验段测量流场区纳米示踪粒子的运动速度。因此,示踪粒子跟随性直接决定了超声速 PIV 系统测量结果的真实性,若示踪粒子能够完全跟随流体运动,则测量得到的粒子运动速度即为超声速流场流体运动的速度;否则,测量得到的粒子运动速度将不能如实反映流体的运动速度,由此将产生误差。同时信噪比、粒子密度、测量中粒子丢失等因素也会产生不同程度的测量误差。

　　由于超声速流场中三角翼、圆柱和半球模型绕流流场存在运动速度高、速度梯度大、剪切作用强等特点,同时绕流流场具有明显的三维运动特征和复杂的波系结构,因此,对绕流流场进行速度场测量可能引起如下误差。

　　1. 粒子跟随性带来的误差

　　尽管实验所用纳米示踪粒子具有较好的跟随性,但由于绕流流场结构复杂,存在速度梯度较大的区域,由此导致粒子运动速度与流体速度存在一定的差别。针对粒子跟随性所引起的误差,可通过使用密度尽可能低、粒径尽可能小的纳米粒子,但粒子粒径较小将导致散射光的强度减弱,使信噪比降低。因此,实验中在保证纳米示踪粒子具有足够高散射光强度的前提下,使用粒径尽量小的纳米示踪粒子。

　　2. 由信噪比引起的测量误差

　　在超声速 PIV 测量中,待测图像的信噪比高低也会对超声速 PIV 的测量精度产生一定的影响。若待测图像的信噪比较低,相应背景噪声的影响将比较明显,由此导致测量精度的降低。在超声速绕流流场中存在低密度区域(如在圆柱和半球后缘近壁面附近流场为低压低密度区域),低密度流场区域相应的纳米示踪粒子浓度较低,由此导致该区域的散射光强度较弱,所得待测图像较暗,信噪比较低。待测图像为流向($x-z$ 平面)流场时,片光平行于实验段来流方向由上向下垂直照射流场[图2.6(b)、2.8(b)和2.10(b)],激光片光在壁面产生反射,使近壁面流场区域的噪声信号增强,导致待测图像在该区域的信噪比降低。

3. 纳米示踪粒子"丢失"引起的误差

由于超声速绕流流场具有非常显著的三维流动特征,若粒子在垂直片光平面方向的速度分量较大或片光厚度较小,第一帧图像中捕捉到的粒子在第二帧图像中已经消失,这样由于示踪粒子的偏离引起粒子对的丢失,从而使相关平面位移峰值减小,由此导致粒子位移判读误差。针对由于粒子对的丢失而引起的误差,可以根据实验段流场参数设定适当时间间隔(第一帧和第二帧图像之间的时间间隔),在进行超声速PIV测量中跨帧时间(时间间隔)设定为$0.3~\mu s$,片光光厚度约为$0.5~mm$,从而避免由于垂直片光平面方向的速度分量较大而引起示踪粒子对的丢失。

2.6 超声速密度场测量方法

根据NPLS技术性能及其工作原理可知,纳米示踪粒子具有较好的跟随性,且布撒在流场中粒子的均匀性较好,纳米粒子的浓度直接反映实验段测试流场的密度;粒子的浓度直接关系到散射光的强度,浓度越高,其散射光强度越强,反之,则散射光强度越低;不同流场区域散射光强度与实验所得NPLS图像的灰度值相对应,散射光强度越高对应的灰度值越高。因此,实验所得NPLS图像是未校准密度场的反映,通过校准NPLS实验图像可得到超声速流场中附壁结构模型绕流流流场的密度场分布。

2.6.1 NPLS实验图像校准

NPLS图像的灰度值主要与实验段测量流场区域的纳米示踪粒子浓度和入射光的强度分布有关。大量实验结果表明,KD-5纳米粒子发生器可以有效控制布撒于流场中的纳米粒子浓度和均匀性。NPLS实验系统采用激光光源,激光束通过片光转换镜头转换成片光,而片光是发散的,其能量的分布存在一定的不均匀性。因此,NPLS图像校准主要是校准入射光强度分布的不均匀性。采用数字图像处理技术对所得NPLS实验图像进行均值滤波以平滑图像,可以在不改变图像所需空间分辨率的条件下,得到滤波后粒子图像灰度分布与激光片光强度分布的关系,由此可以校准由入射光强度分布不均对超声速密度场测量带来的影响。图 2.16(a)、(b)为超声速绕流流场原始 NPLS 图像及其校准图像。从图中可以看出,原始 NPLS 图像光强分布不均,图像两端较暗中间较亮,校准后图像的光强分布比较均匀。图 2.16(c)所示为光强分布不均匀对应的修正曲线,修正曲线较好地反映了光强沿绕流流场流向分布的变化规律。

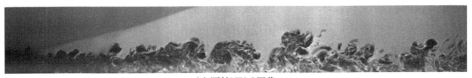

(a) 原始NPLS图像

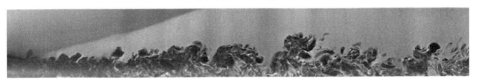

(b) 校准后图像

(c) 对应原始NPLS图像光强分布均匀的修正曲线

图 2.16　超声速绕流流场原始 NPLS 图像及其校准图像

2.6.2　测量方法

基于原始 NPLS 图像的校准图像,NPLS 系统超声速密度场的测量可根据如下几个步骤进行:

(1) 利用 NPLS 技术所得流场粒子图像的灰度变化对应的是当地流场密度的变化,则 NPLS 图像灰度和当地的流场密度之间存在着一定的对应关系,$\rho = f(I)$,根据超声速流场中斜激波前后的灰度分布、激波角和来流马赫数确定激波前后的密度和灰度对应关系;

(2) 调整斜激波角度,可以得到不同的波后密度及其对应的图像灰度,由此可以得到一组密度与灰度的对应数据,拟合出密度和灰度的关系曲线;

(3) 根据绕流流场 NPLS 图像,由拟合关系式 $\rho_{\mathrm{exp}} = \rho_{\mathrm{ref}} + C_{\mathrm{dg}} I_{\mathrm{exp}}$ 可计算出流

场的密度分布,式中 ρ_{exp} 为待测流场区域的密度,ρ_{ref} 为流场参考密度,C_{dg} 为拟合曲线的斜率,I_{exp} 为待求流场区对应的灰度值。

由拟合关系式可知,利用 NPLS 技术进行密度场测量,其测量精度主要取决于流场的参考密度 ρ_{exp}、拟合曲线的斜率 C_{dg} 和待测流场对应的灰度值 I_{exp} 三个参数。根据流场校测结果可知,超声速静风洞喷管出口马赫数精度较高,相对误差小于 1%;出口压力可采用压力扫描阀测量得到;出口温度可根据来流总温,利用等熵关系式计算得到;由此可以获得喷管出口的密度值,以此密度值作为 ρ_{ref}。由以上测量和计算过程可知,基于 NPLS 系统的超声速密度场测量技术具有较高的精度。

2.7   小结

本章主要针对超声速流场中附壁典型结构模型的实际情况,围绕超声速流动机制的两大基础问题开展研究。根据来流品质要求,对超声速静风洞气动和结构参数进行了针对性设计,实现来流的层流化运行;根据 NPLS 系统组成及工作原理,分析了 NPLS 技术在涡流发生器流场测量中的误差及其来源;特别针对超声速壁面涡流发生器绕流流场的特征,提出了基于 NPLS 的超声速流场附壁结构模型绕流密度场、速度场的测量方法。结果表明:

(1)根据绕流实验研究对来流品质对特殊要求,对流场进行了精细校测,数据表明,该风洞实验段能保持较好的层流性,具有较高的流场品质,能为超声速层流绕流实验研究提供低噪声、低湍流度、高品质的超声速来流,满足实验要求;

(2)针对超声速绕流流场结构的复杂流场结构,对 NPLS 系统性能进行了深入分析。纳米粒子 TiO_2 作为 NPLS 系统的示踪粒子,具有较好的跟随性和光散射特性,满足复杂激波干扰和激波-涡的相互作用等大梯度、大离心力、多尺度流场的测量要求;

(3)根据超声速流场中附壁典型结构模型绕流流场的速度场和密度场的特殊性,基于现有 PIV 算法和图像处理技术,提出了超声速典型结构绕流流场的密度和速度分布测量方案。

参考文献

[1] 赵玉新.超声速混合层时空结构的实验研究[D].长沙:国防科学技术大学,2008.

［ 2 ］王博.基于微型涡流发生器的激波/边界层干扰控制研究［D］.长沙：国防科学技术大学,2010.

［ 3 ］Zhao Y X, Yi S H, Tian L F, et al. Supersonic flow imaging via nanoparticles［J］. Science in China Series E：Technological Sciences, 2009, 52(12)：3640－3648.

［ 4 ］Tian L F, Yi S H, Zhao Y X, et al. Study of density field measurement based on NPLS technique in supersonic flow［J］. Science in China Series G：Physics, Mechanics and Astronomy, 2009, 52(9)：1357－1363.

［ 5 ］Tedeschi G, Gouin H, Elena M. Motion of tracer particles in supersonic flows［J］. Experiments in Fluids, 1999, 26(4)：288－296.

［ 6 ］Samimy M, Lele S. Motion of particles with inertia in a compressible free shear layer［J］. Physics of Fluids A, 1991, 3(8)：1915－1923.

［ 7 ］张兆顺.湍流［M］.北京：国防工业出版社,2002.

［ 8 ］Tennekes H, Lumley J L. A first course in turbulence［M］. Cambridge：MIT Press, 1972.

［ 9 ］Rossmann T. An experimental investigation of high compressibility mixing layers［M］. Palo Alto：Stanford University Press, 2001.

［10］范洁川.近代流动显示技术［M］.北京：国防工业出版社,2002.

第 3 章

附壁三角翼结构超声速流场精细结构

高超声速/超声速飞行器飞行过程中,涉及激波/边界层干扰、复杂激波干扰、再附激波与尾迹的相互作用等多种复杂的流动现象,不仅影响飞行器外流场局部压力和热载荷变化,同时还会导致进气道喉道附近流场畸变、总压恢复下降、发动机不起动等问题[1-5]。早在 20 世纪,经研究人员大量的试验研究,提出了微型涡流发生器概念,可有效增加边界层底层的流场能量,延缓边界层流体分离[6]。基于附壁三角翼型流动控制器件,已在低速、高速流动控制和掺混增强等领域得到广泛应用,但由于实验技术、流场测量手段及精度等方面的限制,目前对超声速三角翼结构绕流流场的研究还有待深入,特别是在流向涡结构及可压缩性影响方面,仍存在一定分歧。

3.1　激波结构

图 3.1 所示为不同展向片光位置 $x-z$ 平面流场结构的 NPLS 图像,片光(拍摄流场)位置分别为平面 $y=0$、5 mm、8 mm 和 16 mm,图像对应的实际流场长度分别为图 3.1(a)114 mm,(b)、(c)和(d)均为 108 mm;实际流场高度分别为图 3.1(a)18 mm,(b)、(c)和(d)均为 14 mm;空间分辨率分别为图 3.1(a)0.028 5 mm/pixel,(b)、(c)和(d)均为 0.027 mm/pixel;测量范围分别为图 3.1(a)$x=-24\sim90$ mm,(b)和(c)$x=-18\sim90$ mm,(d)$x=-8\sim100$ mm;流动方向均为从左向右。

由图 3.1 可以看出,超声速气流遇到三角翼涡流发生器,在涡流发生器前缘超声速气流被压缩,产生一道前缘压缩激波,图 3.1 中①所示;超声速气流穿过前缘压缩激波流动方向发生偏转,沿三角翼涡流发生器上表面向下游运

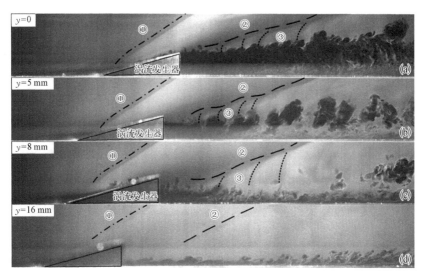

图 3.1　不同展向位置 x–z 平面流场激波结构 NPLS 图像(y 值表示片光所在平面)

动;超声速气流运动到涡流发生器两后缘时,发生后向台阶运动,超声速气流发生膨胀并向平板壁面运动,在涡流发生器两后缘下游再附,由此产生再压缩激波,如图 3.1 中②所示。超声速气流穿过前缘激波其密度、压力、温度迅速升高,由此导致超声速气流在涡流发生器后缘附近产生剧烈的变化,促进涡流发生器后缘拟序涡结构的产生、发展和演化,随着涡流发生器上表面附近气流在其后缘的不断脱落,并持续不断地被卷入下游气流,形成不断演化的拟序涡结构;由于涡流发生器后缘附近的涡结构处于发展演化的初期,其沿流向的运动速度要远低于主流的运动速度,这样当地主流的运动将受到低速拟序结构的阻碍,从而产生一系列不断演化的小激波,如图 3.1 中③所示。对比观察不同展向位置 x–z 平面流场激波结构 NPLS 图像可以发现,随着片光平面(观测两场)由对称面 $y=0$ 沿 y 轴向边缘平行移动,前缘压缩激波、下游再压缩激波及小激波的强度逐渐减弱,在观测流场面处于平面 $y=16$ mm 时,小波结构已经消失。

图 3.2 所示为不同流向位置 y–z 平面流场激波结构的 NPLS 图像,(a)、(b)和(c)所示测量流场所在平面分别为 $x=22$ mm、32 mm 和 88 mm,超声速气流流动方向为沿 x 轴正方向。图 3.2 中①和②分别对应图 3.1 中的①和②,分别表示前缘压缩激波和下游再压缩激波。从图中可以看出,前缘压缩激波①越靠近上游,其与 y–z 平面交线的中间段越近似直线,如图 3.2(a)所示;超声速气流绕过

三角翼涡流发生器后激波形状发生非常明显的变化,激波与 $y-z(x=32\text{ mm})$ 平面交线变成比较规整的圆弧状,并维持该形状向下游的发展,如图 3.2(c)所示。再附压缩激波②沿流向的形状变化表现出与前缘压缩激波相反的趋势,在上游再压缩激波②与 $y-z$ 平面的交线接近规整的圆弧,如图 3.2(b)所示($x=$ 32 mm);随着向下游的发展,其与 $y-z$ 平面的交线形状变成中间段近似为直线,两端部分向下弯曲,如图 3.2(c)所示($x=88\text{ mm}$)。

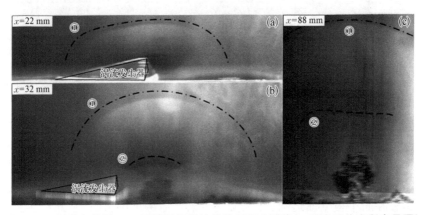

图 3.2　不同流向位置 $y-z$ 平面流场激波结构 NPLS 图像(x 值表示片光所在平面)

　　综合观察和分析图 3.1 和图 3.2,可推断超声速气流绕过三角翼涡流发生器所形成的激波结构,前缘压缩激波和下游再压缩激波具有明显的三维特征。前缘压缩激波三维构型沿流向的变化特征为:三维前缘压缩激波形成初期其形状近似为平面激波,在涡流发生器后缘附近其形状发生明显变化,变成较为规整的圆弧面,并维持该形状向下游发展;造成三维前缘激波形面发生较大改变的原因可能在于,超声速气流分别在涡流发生器两侧边发生膨胀,在两侧缘附近产生低压、低密度区,在周围高压气流及该区域涡结构卷吸携带的综合作用下,使前缘三维激波面形状在发生显著变化。

　　从图 3.2 可以看出,再压缩激波主要位于下游拟序涡结构的上方弓形区,上游拟序涡结构沿流向的运动速度较低,与高速主流之间速度差较大,主流和拟序结构之间产生较强的剪切作用,并发生较为剧烈的质量、动量和能量的交换,具有较强的卷吸和携带作用,从而使下游三维再压缩激波面在开始端呈圆弧形。三维再压缩激波面在向下游的发展过程中,涡流发生器尾流区拟序结构沿流向逐渐加速,其运动速度逐渐接近主流速度,从而使主流与拟序结构之间的剪切作用变弱,两者之间的质量、动量和能量的交换也随之减弱,卷吸和携带作用降低;同时,由于拟序结构沿流向(x 方向)和展向(y 方向)也在不断发展演化,其尺度不断变大;在多种因素的综合作用下,三维再压缩激波面在沿流向发展过程中,出现两边逐渐向外拉伸中间段变平的变化趋势。

3.2　拟序涡结构高分辨率成像

本节采用 NPLS 实验系统再现了三角翼型涡流发生器超声速绕流流场的拟序结构,根据所得不同展向位置 x-z 平面、不同高度 x-y 平面和不同流向位置 y-z 平面流场的流动显示图像及其随时间演化的相关性,对该绕流流场拟序结构在流向平面和展向平面的时空演化特征进行了较为深入的研究。

3.2.1　流向切面拟序涡结构时空特征

1. 空间结构层析

图 3.3 所示为不同展向位置超声三角翼涡流发生器 x-z 平面流场 NPSL 图像,(a)、(b)、(c)、(d)和(e)对应片光平面(测量流场)位置分别为平面 $y=0$、5 mm、8 mm、12 mm 和 15 mm;图像对应实际流场长度 108 mm,高度 18 mm,空间分辨率 0.027 mm/pixel;测量范围分别为:(a)和(b)$x=-19\sim89$ mm,(c)$x=-16\sim92$ mm,(d)$x=-10\sim98$ mm,(e)$x=-14\sim94$ mm;流动方向均为从左往右,各图之间不具有时间相关性。

NPLS 图像清晰再现了三角翼涡流发生器的复杂流场结构(包括波系结构、层流边界层、边界层转捩和尾流区拟序结构),图中底部黑色条带代表玻璃平板,涡流发生器上游灰度值较低的薄层为超声速层流边界层,涡流发生器下游灰度值较低的流场结构为尾流区拟序结构,灰度值较高区域为主流区。

由图 3.3 可以看出,超声速气流绕过三角翼涡流发生器,在涡流发生器上游仍然保持着较好的层流特性,没有发生转捩和分离现象,在前缘压缩激波作用下,产生一定的逆压梯度,波后高压通过涡流发生器表面较薄的边界层前传,从而引起上游层流边界层沿流向逐渐变厚;超声速气流沿涡流发生器表面运动过程中,层流边界层厚度变薄,在来流扰动及激波/边界层相互作用的共同影响下,边界层开始失稳,在涡流发生器上表面中间位置发生转捩并产生小尺度涡结构,小尺度结构沿涡流发生器表面的演化过程中其尺度逐渐增加,且在涡流发生器

图 3.3   不同展向位置 x - z 平面流场 NPLS 图像(y 值表示片光所在平面)

后缘附近流场保持其结构形状向前平移,而没有迅速被卷入到涡流发生器的尾流拟序结构中,该现象在下文流向切面流向涡结构时间演化特征分析中得到更清晰的体现;超声速气流绕过涡流发生器,在其尾流区形成复杂的拟序结构,且不同展向位置 x - z 平面流场的拟序结构存在较大差异。

由图 3.3(a)可以看出,超声速气流绕过涡流发生器,在其后缘附近首先形成一段较厚的平直段边界层(约为上游边界层厚度的 4 倍),上表面小尺度结构脱离涡流发生器后,沿该段边界层上表面沿流向平移,随着上游扰动及不稳定性的进一步增长,边界层内逐渐形成三维拟序涡结构,且其尺度沿流向迅速增加,呈现出明显的上升趋势,同时边界层上表面的小尺度结构被卷入到三维拟序涡结构中。

由图 3.3(b)可以看出,流场前半段表现出与图 3.3(a)相似的演化趋势,超声速层流边界层仍然保持着较好的层流特性,涡流发生器上表面边界层变薄且没有发生转捩现象,超声速气流脱离涡流发生器后,在后缘附近形成一段比较平滑的边界层,边界层厚度变厚(约为上游边界层厚度的 3 倍),且在上表面产生小尺度结构,在边界层下游迅速演化成叠加于小尺度涡结构背景之上的具有一定孤立性的充分发展湍流流场的拟序涡结构,且拟序涡结构沿流向演化过程中尺度不断增大且逐渐向上腾起;下方小尺度结构呈现出类似边界层流动中最普遍的发卡涡结构,从图中可以看出,该结构具有呈顺时针旋转的黑色圆形结构特征的头部,涡结构与主流之间存在沿流向倾斜的分界面,产生倾斜分界面的原因在于发卡涡结构与主流之间的剪切作用,且倾斜面越靠近下游其倾斜角度越大。

由图 3.3(c)可以看出,气流绕过涡流发生器在图像的前半段呈现出与图 3.3(a)和(b)相似的流场结构,涡流发生器后缘附近的边界层厚度有所减小(约为上游边界层厚度的 2 倍);在该段边界层下游出现大量小尺度拟序结构,流动显现出明显的湍流结构,在该测量段下游小尺度拟序涡结构的上方出现大尺度的涡结构。

观察图 3.3(d)可以发现,涡流发生器表面及其上游均保持着较好的层流特性,超声速气流绕过涡流发生器以后,边界层厚度突然变得很薄,且出现一段(中间段)较长的层流流场区域,在该区域下游逐渐出现不断演化(沿流向尺度逐渐变大)的小尺度拟序涡结构,没有大尺度结构的产生。图 3.3(e)显示出涡流发生器上游超声速边界层厚度没发生明显变化,绕过涡流发生器后,形成沿流向尺度不断增大和结构形状不断变化的小尺度拟序涡结构,并存在类似发卡涡的特征结构。

为更好地研究超声速三角翼涡流发生器流场结构的空间演化特征,对尾流区不同区域流向($x-z$ 平面)流场的空间结构特征进行了研究。

图 3.4(a)、(b)和(c)所示为不同区域超声三角翼涡流发生器 $x-z(y=0)$ 平面流场 NPLS 图像,片光平面(测量流场)所在位置为平面 $y=0$;图 3.4(a)对应实际流场长度 196 mm,高度 30 mm,空间分辨率 0.049 mm/pixel,$x=20\sim216$ mm;图 3.4(b)对应实际流场长度 92 mm,高度 20 mm,$x=20\sim112$ mm,空间分辨率 0.023 mm/pixel;图 3.4(c)对应实际流场长度 92 mm,高度 28 mm,空间分辨率 0.023 mm/pixel,测量范围为 $x=116\sim208$ mm;流动方向均为从左往右,各图之间不具时间相关性;图中底部黑色条带代表玻璃平板所在位置,由于壁面反光在近壁面流场区域形成一条亮条带。

NPLS 图像清晰显示出超声速三角翼涡流发生器绕流流场的瞬态结构,根据尾流区拟序结构沿流向切面的发展演化特征,将尾流区拟序结构分成三个区进行研究,如图 3.4(a)所示。观察图 3.4(a)可以发现,①区(涡流发生器后缘附近流场)灰度值最低(较暗),该区为尾流拟序结构稳定发展区,该区域处于尾流区拟序结构发展演化的初期,边界层较厚且上表面相对比较平滑,在边界层上表面显示出由涡流发生器上表面脱落下来的小尺度涡结构,边界层内部没有发现比较复杂的流动结构。②区为尾流拟序结构迅速发展区,该区经历层流区①区稳

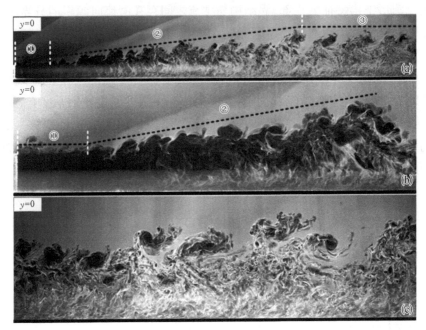

图 3.4　不同区域 x - $z(y=0)$ 平面流场 NPLS 图像(y 值表示片光所在平面)

定发展之后,迅速产生大尺度的拟序涡结构,形成充分发展的湍流流场,拟序结构沿流向演化过程中呈线性上升趋势,其尺度沿 x 向和 z 向得到比较充分的拉伸,从大尺度拟序结构沿流向演化过程中的结构形状可以看出,大尺度拟序结构与主流区之间出现明显的向流向倾斜的分界面,且分界面离涡流发生器越远(越靠下游),其向流向的倾斜角度越大(倾斜面与平板壁面的夹角越小),其原因主要在于随着大尺度涡结构的发展演化其流动的三维特性增强,同时与主流之间产生较大的剪切作用;从图中还可以看出,大尺度拟序结构的尺度及涡结构之间的距离在不断增大,从中可以判断大尺度结构在沿流向演化过程中不断被加速。③区为尾流区拟序结构充分发展区,从图中可以看出,该区域内大尺度拟序结构沿 z 向的尺度变化不大,得到较为充分的发展;大尺度涡结构与主流之间交界面的倾斜度进一步增大,涡结构顶部分界面几乎与平板壁面平行,说明该区域内大尺度涡结构沿流向的运动速度仍然小于主流的速度,它们之间仍然存在着较强的剪切作用。根据图 3.4(a)拟序涡结构沿流向的演化特征,尾流区拟序结构展现出一定的周期性和几何结构的相似性,且拟序结构表现出顺时针旋转的大尺度展向涡结构的特征。

本节研究中同时采用了分区测量提高分辨率的方法。图 3.4(b)为图

3.4(a)的上游区的测量流场区间,从图3.4(b)中可以更加清晰地看出该区域流场拟序结构的演化情况,涡流发生器后缘附近区域对应图3.4(a)中的稳定发展区①,图中清晰显示出较厚的平滑边界层表面上漂移着由涡流发生器表面脱落的小尺度结构;在层流区下游小尺度涡结构沿 x 向和 z 向迅速演化,得到比较充分的拉伸变形,呈现出明显的上面小下面大的几何结构特征,在主流的剪切作用下,大尺度涡结构的上部逐渐向 x 方向倾斜,呈顺时针旋转的趋势,体现出展向涡的结构特征。图3.4(c)对应图3.4(a)测量区间的下游段,该测量区间大尺度结构得到比较充分的发展演化,涡结构上部沿流向的倾斜更加明显,且涡结构之间的距离逐渐增大。

2. 时间演化特征

由于流向拟序结构的空间演化特征,只能根据瞬态流场 NPLS 图像所反应的拟序结构的形态来判断拟序结构的发展演化趋势,无法准确得到拟序结构随时间的演化信息。本节利用 NPLS 系统得到具有时间相关性的流场 NPLS 图像,从而可用于分析超声速三角翼涡流发生器流场拟序结构随时间的演化过程。

图3.5所示为超声速三角翼涡流发生器 $x-z(y=0)$ 平面流场 NPLS 图像,图像对应的实际流场参数与图3.3(a)相同,两幅图像之间的时间间隔为 5 μs,气流流动方向为由左向右。从图中可以看出,涡流发生器上游保持着较好的层流特性,且在涡流发生器表面上的边界层厚度变薄,并在涡流发生器上表面中部发生转捩,产生小尺度涡结构,可以看出两图经过 5 μs 的时间间隔,涡流发生器表面上的小尺度涡结构及尾流区大尺度涡结构主要表现为沿流动方向的平移,其结构几何形状的变化非常小;图中清晰显示出从涡流发生器上表面脱落的小尺度涡结构沿涡流发生器后缘附近边界层的上表面向下游平移,而没有被迅速卷入尾流区拟序结构中;涡流发生器下游大尺度涡结构的变化主要表现为沿流向的

图 3.5　绕流流场 $x-z(y=0)$ 平面流场 NPLS 图像

拉伸和顺时针方向的旋转;根据 PIV 互相关算法可测得在该时间间隔内涡结构沿 x 方向(流向)的位移,涡流发生器表面小尺度结构流向位移 2.3 mm,尾流区大尺度涡结构流向位移 2.6 mm,并由此可得到不同位置涡结构沿流向的运动速度。

　　图 3.6 所示为不同时间间隔超声速三角翼涡流发生器 x - z $(y = 0)$ 平面流场 NPLS 图像,图像对应实际流场长度 196 mm,高度 30 mm,空间分辨率 0.049 mm/pixel,测量范围为 $x = 20 \sim 216$ mm,时间间隔分别为 5 μs、20 μs 和 40 μs,流动方向均为从左往右。

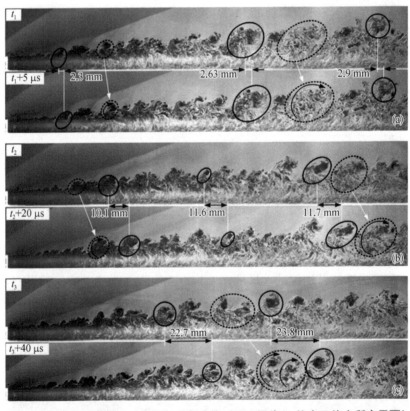

图 3.6　不同时间间隔 x - z $(y = 0)$ 平面流场 NPLS 图像(y 值表示片光所在平面)

　　由图 3.6(a)可以看出,在 5 μs 的时间间隔内,超声速三角翼涡流发生器流场尾流区拟序结构运动主要表现为沿流向的平移,其结构几何形状变化非常小;根据 PIV 互相关算法,测得大尺度涡结构沿 x 方向的位移分别为 2.3 mm、2.63 mm 和 2.9 mm,在相同时间间隔内,大尺度涡结构距离涡流发生器越远,其沿流向的位移越大,说明大尺度涡结构在沿流向随时间的演化过程中不断被加速;并由此可得到不同位置涡结构在该时间间隔内的流向运动速度。观察图 3.6(b)可知,在 20 μs 的时间间隔内,尾流区拟序结构的形状发生了比较明显的变化,尤其尾流区上游(涡流发生器后缘附近)涡结构的形状变化更为明显,沿 x 方向和 z 方向均得到比较明显的拉伸变形,其时间相关性较差;但在尾流区后半段流场,大尺度涡结构沿流向随时间演化表现出与 5 μs 时间间隔相似的特征,主要以平移为主,结构形状随时间的变化速度仍然远小于平移速度;大尺度涡结构沿 x 方向的位移逐渐增大,分别为 10.1 mm、11.6 mm 和 11.7 mm,大尺度涡在沿流向发展演化过程中同样处于不断被加速状态。由图 3.6(c)可以看出,当连续两幅 NPLS 图像的时间间隔增加至 40 μs 时,涡流发生器后缘附近流场涡结构的形状发生非常大的变形,很难找到该流场区域涡结构的相关性;但在尾流区后半段,大尺度涡结构虽然经过 40 μs 的不断演化,大尺度涡结构的形状变化不是很明显,表现出与 5 μs 和 20 μs 时间间隔的相似特征,以平动为主;大尺度涡结构沿 x 方向的位移逐渐增大,分别为 22.7 mm 和 23.8 mm,尾流区涡结构的流向运动速度不断增大。根据具有时间相关性的两幅 NPLS 图像的演化情况,可以判断特征大尺度涡结构随时间的变化情况,由此可确定大尺度涡结构在沿流向演化过程中的旋转方向,如图 3.6 所示,尾流区大尺度涡结构沿流向演化过程中在主流的剪切作用下呈顺时针方向旋转,形成以展向涡特征为主的拟序涡结构。

对比分析图 3.6(a)、(b)和(c)及测量结果,在该测量区间,超声速三角翼涡流发生器流场的涡结构沿流向一直处于不断加速状态,相对而言,在尾流区上游加速度更大;尾流区涡结构在不同时间间隔内随时间的演化程度有所区别,这种区别主要体现在尾流区上游段,该区域处于拟序结构发展演化的稳定发展区和快速演化区,低速涡结构与高速主流之间发生比较剧烈的质量、动量和能量的交换,同时在主流剪切作用下,产生比较大的拉伸、扭转变形,时间相关性较差,时间间隔越长,这种现象表现得越明显;但在尾流区下半段,由于大尺度涡结构得到比较充分的发展,不同时间间隔内均表现出相似的演化特征,大尺度涡结构的几何形状变化比较小,主要以平动为主,表现出快运动、慢变化的特征;由不同时间间隔的 NPLS 流场图像可以看出,尾流区大尺度涡结构表现出一定的周期性和几何结构的相似性。

3.2.2　展向切面拟序涡结构时空特征

1. 空间结构层析

图 3.7 所示为不同高度超声速三角翼涡流发生器 x-y 平面流场 NPLS 图

像,图像对应实际流场长度 196 mm,宽度 30 mm,空间分辨率 0.049 mm/pixel,片光高度(沿 z 方向的距离)分别为 2 mm、4 mm、6 mm、8 mm 和 10 mm,流场范围为 $x=22\sim218$ mm,各图像之间不具有时间相关性,流动方向均为从左往右。

图 3.7　不同高度超声三角涡流发生器 x-y 平面流场 NPLS 图像(z 为片光所在平面)

对比观察不同高度展向(x-y 平面)流场的 NPLS 图像可以发现,尾流区大尺度拟序结构与主流之间存在明显的明暗分界线,涡流发生器后缘附近流场区域拟序结构灰度值较低(较暗),根据 NPLS 实验系统的基本原理可知,尾流区拟序结构密度要低于主流气流的密度,涡流发生器后缘附近尾流拟序结构的密度最低;尾流区大尺度涡结构在沿流向演化过程中其结构尺度分别沿流向和展向拉伸,测量流场高度不高于 6 mm 时在尾流区下游大尺度涡结构之间出现分离,测量流场高度高于 8 mm 时尾流区大尺度涡结构之间均出现分离,且随着观察流场高度的增加分离现象更加明显,结合尾流区拟序结构流向切面的空间结构特征,可知超声速三角翼涡流发生器尾流区大尺度涡结构具有很强的三维特征,在沿流向切面演化过程中,在剪切作用下,涡尺度不断增大,呈现出上面小、下面大的几何结构特征,且不断被加速,由此导致尾流区在展向切面涡结构之间出现分离,且分离现象随测量流场高度的增加而更加明显;由图可以看出,大尺度涡结构以对称性较好的涡对沿流向发展演化,由涡对的结构形状可以判断尾流区大尺度涡结构两侧均受到较强的主流剪切作用,流向对称面($y=0$平面)两侧涡结构与主流之间的交界面均向对称面倾斜,且越靠近外端分界面的倾斜度越大(分界面与对称面夹角越小),说明涡对在沿流向演化过程中分别沿主流剪切作用方向呈逆向旋转趋势;由不同高度尾流区拟序结构的结构特征可以看出,尾流区大尺度拟序结构具有周期性和几何结构相似性的特征,超声速三角翼涡流发生器尾流区涡结构在x-y平面流场以对称模式逆向旋转的涡对周期性脱落。

为便于更好地对超声速三角翼涡流发生器流场进行观测和分析,本节对上述尾流区流场测量范围高度为 6 mm 的流场进行了分区测量,提高了流场 NPLS 图像的分辨率,反映出更丰富的流场细节。

图 3.8 所示为高度 6 mm 的x-y平面流场 NPLS 图像,图像对应实际流场长度 98 mm,宽度 30 mm,空间分辨率 0.027 mm/pixel,流场范围分别为$x=41\sim139$ mm 和 $124\sim222$ mm,流动方向均为从左往右。

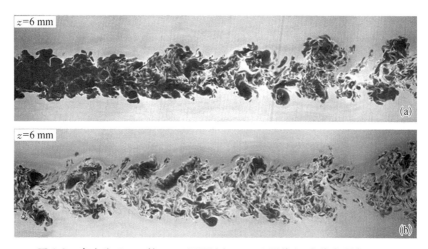

图 3.8　高度为 6 mm 的x-y平面流场 NPLS 图像(z为片光所在平面)

由图 3.8(a)可以看出,超声速气流绕过三角翼涡流发生器,产生周期性脱落的对称模式的涡对,在该测量区域的前半段(涡对沿流向发展演化初期)前后涡对之间紧密相连,随着大尺度涡结构沿流向的发展演化,涡结构的三维特性逐渐增强,同时不断被加速,下游大尺度涡结构的运动速度大于上游涡结构的运动速度,导致该测量区域的后半段前后涡对之间开始出现分离,并且分离距离沿流向逐渐增大;从大尺度涡结构的形状特征可以看出,由于两侧主流的强剪切作用,涡结构与主流之间的分界面分别向对称面倾斜,涡结构的尺度和分界面的倾斜度沿流向不断增加。由图 3.8(b)可以看出,该测量区间对称模式的涡对之间相互分离,大尺度涡结构的尺度和分离距离均变化不大,大尺度涡结构在该测量区域已得到比较充分的发展演化,大尺度涡结构的流向运动速度已接近主流速度,主流与涡结构之间的质量、动量和能量交换减弱,导致主流与涡结构之间剪切作用及主流对涡结构加速作用变弱,涡对的流向运动速度比较接近;但与图3.8(a)相应测量区间相比,涡对两侧与主流之间的分界面的倾斜度有比较明显的增大,说明该测量区域,主流速度仍大于涡结构的流向运动速度,仍对涡结构的两侧起着比较明显的剪切作用;对比该测量区域上下游段涡对可以发现,下游段的涡结构形状及涡对的对称性均没有上段的规整,说明在下游段涡结构开始出现失稳和破裂,从而导致涡对的结构形状及对称性变差。

2. 时间演化特征

图3.9所示为不同时间间隔超声速三角翼涡流发生器 $x-y(z=6\,\text{mm})$ 平面流场 NPLS 图像,$z=6\,\text{mm}$ 为片光所在平面(测量流场平面),图像对应流场参数与图3.7相同,图3.9(a)和(b)中的两幅图像均具有时间相关性,时间间隔分别为 5 μs 和 20 μs,超声速气流流动方向为由左向右。

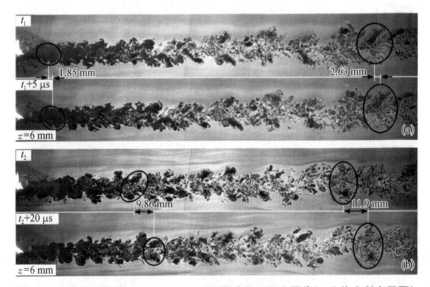

图3.9   不同时间间隔 $x-y(z=6\,\text{mm})$ 平面流场 NPLS 图像(z 为片光所在平面)

图3.9(a)两幅 NPLS 图像时间间隔为 5 μs,从图中可以看出,经过 5 μs 的时间间隔,尾流区大尺度涡的结构形态已发生比较明显的变化,主要表现为沿展向平面($x-y$ 平面)的拉伸和扭转变形,同时伴随有涡结构的湮灭和新结构的衍生,与相同测量流场高度和相同时间间隔的涡结构沿流向随时间的演化程度相

比,大尺度涡结构沿展向平面的演化速率要更快一些;对比观察该测量区域上下游两段大尺度涡结构随时间的演化程度可以发现,上游段涡结构形态的演化程度明显大于下游段涡结构的演化程度,但仍能清晰辨别出同一涡结构经过 5 μs 的时间间隔的位移变化情况;根据 PIV 互相关算法可得到该测量区域同一涡结构经过 5 μs 时间间隔的流向位移,上游涡结构的位移为 1.85 mm,下游涡结构的位移为 2.63 mm,并由此可得到相应涡结构沿流向的运动速度;由测量数据可以看出,该时间间隔内上游段涡结构的流向位移小于下游段涡结构的流向位移,由此可判断涡结构在沿流向发展演化过程中不断被加速。

由图 3.9(b)可以看出,当两幅 NPLS 图像的时间间隔增加至 20 μs 时,上游前段涡的结构形态已发生很大变化,出现大尺度涡结构淹没于尾流拟序结构中,同时衍生出新的大尺度涡结构,在该区域已不能利用时间相关性来分析涡结构随时间的演化过程;但在该测量区间的下游段,虽然大尺度涡的结构形态也出现比较明显的变化(与相同测量流场高度和相同时间间隔的涡结构沿流向随时间的演化程度相比),沿展向平面得到比较明显的拉伸和扭转变形,并伴随有新结构的衍生,但大尺度结构仍然保持着很好的时间相关性,下游段仍可通过时间相关性来分析涡结构随时间的演化过程;经过 20 μs 的时间间隔,下游段大尺度涡结构沿流向的位移分别为 9.8 mm 和 11.9 mm,得到与 5 μs 时间间隔相似的结论,涡结构沿流向的位移逐渐增大,在沿流向发展演化过程中不断被加速。

3.2.3　横向截面涡结构

为获得更全面超声速三角翼涡流发生器流场的结构信息,本节对涡流发生器下游不同流向位置 y-z 平面流场进行了实验研究,实验段、CCD 相机、片光和三角涡流发生器布局如图 3.10 所示。

图 3.11 所示为不同流向位置超声速三角翼涡流发生器 y-z 平面流场 NPLS 图像,图 3.11(a)、(b)和(c)片光所在平面分别为 $x=22$ mm、$x=32$ mm 和 $x=88$ mm,来流沿 x 正方向。

图 3.11(a)片光紧贴三角翼涡流发生器后缘,从图中可以看出,在三角翼后缘形成横截面近似为圆形尾流(图中①虚线框内灰度值较低的区域),在该

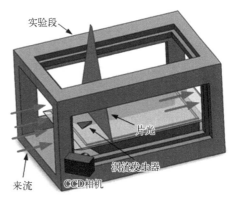

图 3.10　y-z 平面观测流场示意图

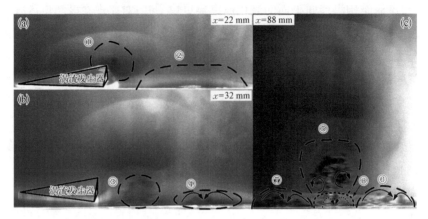

图 3.11 不同流向位置 y-z 平面流场 NPLS 图像(x 为片光所在平面)

位置圆形尾流区内未看到明显的涡结构,由涡结构沿流向切面的空间特性分析可知,涡流发生器后缘附近一段流场区域为边界层较厚的层流区,处于尾流区涡结构发展演化的前期,流动结构相对比较平缓;在尾流右侧产生一个转捩/分离区(图中②所示),根据涡流发生器的对称性,在尾流左侧也应有一个与②相似的分离区。

图 3.11(b)片光位于 x=32 mm 平面,从图中看在涡流发生器后缘正下方产生与图 3.11(a)相似的尾流结构(图中③所示),其横截面为圆形,且在圆形尾流区内同样没看到涡结构特征,由此可知该流场截面位置仍处于涡流发生器后缘稳定发展区,以层流流场结构为主,没有产生比较复杂的流动结构;在圆形截面尾流区右侧,形成一个由逆向旋转涡对组成的分离区(图中④所示),根据超声速三角涡流发生器流场的对称性,在圆形截面尾流左侧也存在一个由逆向旋转涡对组成的分离区。

图 3.11(c)位于涡流发生器下游(以 y 轴为参考)88 mm 处,从图中可以看出,在涡流发生器正后方形成由逆向旋转涡对组成的横截面为圆形的尾流结构(图中⑤所示),根据圆形截面尾流区内流动结构的形态特征可判断出逆向旋转涡对的旋转方向(图中⑤区域内用箭头标识),拟序结构的特征表现为逆向旋转的流向涡对,逆向旋转流向涡对的形成,主要由于在上游前缘压缩激波、膨胀波和后缘再附激波等因素的综合作用下,使波后压力迅速上升,而在涡流发生器两侧边近壁面流场区域为低压区,从而在涡流发生器两侧边附近形成较大的压差,促使涡流发生器上表面附近气流在涡流发生器两侧边缘脱落,随着上游高速气流的不断脱落,在涡流发生器侧边附近的平板壁面附近形成较强的剪切流和涡

量场,并由此产生不稳定波,随着不稳定波的逐渐增长,近壁面区域气流被卷起形成流向涡对,在两涡之间形成上洗流,而在涡对两侧形成下洗流,从而促进主流与底层低速流动结构之间的质量、动量和能量的交换,该逆向旋转流向涡对的形成对改善边界层整体状态及边界层上层高速气流与底层低速气流进行掺混起主导作用;由于主导流向涡对的形成,对其下方气流产生较强的剪切作用,因此在主导流向涡对的诱导下,在其下方形成逆向旋转的二次分离涡结构(图中⑧所示);在圆形截面尾流两侧对称位置分别产生一个由逆向旋转的流向涡对组成的分离区。

3.3　速度场精细测量

本节采用超声速 PIV 系统对三角翼涡流发生器在 $Ma = 2.68$ 超声速绕流流场多个流向平面(x-z 平面)的速度进行了分段测量和定量分析,x 轴为来流方向,z 轴垂直向上。

3.3.1　对称面速度场结构

图 3.12(a)和(b)所示为超声速三角翼涡流发生器尾流区 x-$z(y=0)$ 平面前段流场的 PIV 测量粒子图像,图像对应的实际流场长度为 90 mm,宽度为28 mm,空间分别率为 0.023 25 mm/pixel,两帧图像的时间间隔为 0.3 μs,流场测量范围为 $x = 23 \sim 113$ mm,流动方向为从左向右。

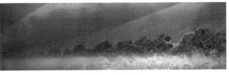

(a) 第一帧图像　　　　　　　　　　　　(b) 第二帧图像

图 3.12　涡流发生器尾流区 x-$z(y=0)$ 平面前段流场 PIV 测量粒子图像

从 PIV 测量粒子图像(图 3.12)中可以看出,超声速气流绕过三角涡流发生器产生非常复杂的流场结构,包括尾流区拟序结构、前缘压缩激波、再压缩激波及由尾流区拟序结构阻碍而产生的小激波结构,由此导致尾流区流场产生较大的速度梯度和密度梯度变化。

图 3.13 为图 3.12 相应的 PIV 测量结果,包括平均合速度云图、x 方向速度

云图、z方向速度云图和涡量云图。对比观察图 3.13(a)和图 3.13(b)可以发现,两者之间的差别很小,说明 x 方向的运动对尾流区流场的整体结构起主导作用;两图较好地反映出超声速三角翼涡流发生器尾流流场的结构变化,从图中可以发现,超声速气流在前缘压缩激波和后缘再压缩激波相应位置处其速度均发生较明显的速度变化,测量结果很好地显示出激波的存在及其大致位置;在涡流发生器后缘附近流场区域均出现一个流场结构变化相对平稳的低速区,该低速区对应粒子图像相应区域中较厚边界层区域,即为上文所说的稳定发展区域;超声速 PIV 测量结果显示出,在低速层流区下游形成沿流向呈上升趋势的低速区域,且随流场向下游发展,低速区中的高速气流团在不断增加,说明低速区流场结构在不断被加速,测量结果反映出的流场结构形状和发展趋势均与测量粒子图像中流场结构相对应,测量结果同时也验证了通过 NPLS 时间相关图像所得到的相应结论,即尾流区拟序涡结构在沿流向发展演化过程中不断被加速且呈上升趋势。

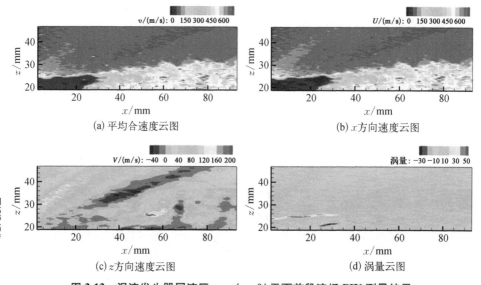

图 3.13　涡流发生器尾流区 $x - z(y = 0)$ 平面前段流场 PIV 测量结果

(a) 平均合速度云图　　　(b) x 方向速度云图
(c) z 方向速度云图　　　(d) 涡量云图

由图 3.13(c)可以看出,超声速气流在通过前缘压缩激波之前速度场比较均匀,z 方向的分速度基本为 0,超声速气流经过前缘压缩激波和下游再压缩激波后,气流在 z 方向的分速度发生比较剧烈的变化,向上运动速度可达 100 m/s,向下速度达到 40 m/s;超声速气流通过再附激波后沿 z 负方向(向下)的速度分量明显增加,在粒子图像相应的拟序结构区域出现 z 正方向分速度和 z 负方向速度相间分布的条带结构,由此说明在该测量尾流区 x-$z(y=0)$ 平面流场中,既存在向上运动的流体团(上洗流),也存在向下运动的流体团(下洗流),向下翻转的气流团占更大的流场区域。此测量结果与展向涡结构的运动特征相符,由此推断展向涡结构的存在,此结果也同时验证了由尾流区拟序结构沿流向的演化趋势及根据 NPLS 时间相关图像所得到的相关结论。在该测量区域尾流区有沿流向成顺时针方向旋转的展向涡结构的存在,高密度、高速度主流不断向下层低密度、低速度拟序结构传质传能,促进高速主流与尾流区低速拟序结构之间的质量和能量的交换,促进拟序结构沿流向的发展演化。

由图 3.13(d)可以发现,超声速气流绕过三角翼涡流发生器并在其下游再附,受到壁面剪切及高速主流与底层低速尾流之间剪切的共同作用,在涡流发生器后缘附近产生较强的带状涡量,随着流动不断向下游发展,剪切作用不断减弱,相应的涡量也不断减小,该涡量为促进尾流区涡结构产生的原因之一;在近壁面附近,在壁面黏性及剪切作用下,产生促进尾流区涡结构旋转的带状涡量。

图 3.14 所示为超声三角翼涡流发生器尾流区 x-$z(y=0)$ 平面后段流场粒子图像,图像对应的流场参数与图 3.12 相同,测量范围为 $x=126\sim216$ mm,流动方向为由左向右。图 3.15 所示为粒子图像对应区间的 PIV 测量结果,包括平均合速度云图、x 方向速度云图、z 方向速度云图和涡量云图。

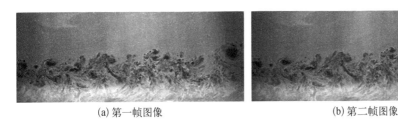

(a) 第一帧图像　　　　(b) 第二帧图像

图 3.14　超声速三角翼涡流发生器尾流区 x-$z(y=0)$ 平面后段流场粒子图像

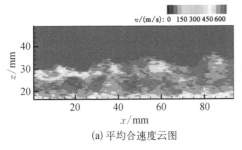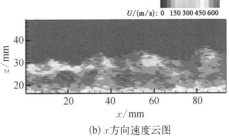

(a) 平均合速度云图　　　　(b) x 方向速度云图

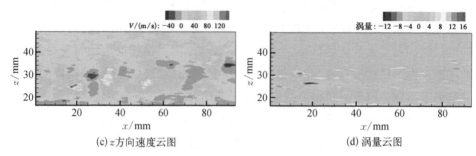

(c) z 方向速度云图　　　　　　　　　(d) 涡量云图

图 3.15　超声速三角翼涡流发生器尾流区旋涡结构模型

从 PIV 测量粒子图像可以看出,在该测量区间的尾流区大尺度拟序结构已得到比较充分的发展演化,其沿流向演化过程中的上升趋势已不像前段测量区间那么明显,变得比较平缓,大尺度涡结构展现出明显的周期性和结构相似性。

从 PIV 测量结果可以看出,图 3.15(a) 与图 3.15(b) 相似,说明 x 方向的运动速度仍然主导着尾流区流场的整体结构,测量结果在粒子图像拟序结构对应区域显示出运动速度较低的尾流带,该尾流带沿流向的上升趋势比较平缓,且其流向运动速度逐渐接近高速主流,较好地反映了粒子图像显示的流场结构特征。由图 3.15(c) 可以看出,尾流区拟序结构在该区域展现出更加明显的正负相间分布的速度条带,且沿 z 正方向的速度分量起主导作用,形成比较强的上洗流(最高速度达 120 m/s),下洗流最大速度达 40 m/s,仍然展现出展向涡结构的运动特征,该测量结果说明高速主流与低速大尺度涡结构之间在该测量区间仍然不断进行着质量、动量和能量的交换,并促进大尺度结构的进一步演化。近似反对称性的图 3.15(d) 显示出高速主流与尾流区大尺度涡结构之间的剪切作用,且随着拟序结构沿流向的发展演化,大尺度涡结构逐渐被加速,不断接近主流速度,从而导致两者之间的速度剪切作用逐渐减弱,对应的涡量不断减小。

由上述对比分析可知,超声速三角翼涡流发生器 $x-z(y=0)$ 平面前后两段流场 PIV 测量结果与原始粒子图像基本一一对应,较好的通过量化结构说明和验证了该流场测量区间的结构发展变化过程。

3.3.2　1/4 剖面速度场结构

图 3.16 所示为超声速三角翼涡流发生器尾流区 $x-z(y=4\text{ mm})$ 平面前段流场 PIV 测量粒子图像,图像对应实际流场参数、测量范围、时间间隔及流动方向与图 3.12 相同。从粒子图像中可以看出,超声速气流绕过三角翼涡流发生器在

该测量区域产生复杂的流场结构,流场结构组成与图 3.12 相似,包括尾流区大尺度拟序结构、前缘压缩激波、下游再压缩激波及小激波结构,由此导致该平面流场出现较大的密度梯度和速度梯度变化,从而为测量此类超声速流场结构带来困难;大尺度涡结构在沿流向演化过程中出现腾起,且涡结构之间出现断裂现象,在大尺度涡结构下方在壁面剪切作用下出现小尺度转捩。

(a) 第一帧图像

(b) 第二帧图像

图 3.16　超声速三角翼涡流发生器尾流区 x-z(y=4 mm) 平面前段流场粒子图像

图 3.17 为相应粒子图像(图 3.16)的 PIV 测量结果,测量数据包括平均合速度云图、x 方向速度云图、z 方向速度云图和涡量云图。从测量结果可以看出,x 方向速度云图与合速度云图相似,说明 x 方向的气流运动主导着该测量区域内流场的整体结构,从测量合速度云图和 x 方向云图中的速度梯度的变化情况,可以判断出激波结构的位置及尾流区大尺度拟序结构和壁面小尺度转捩结构的发展演化过程和趋势,测量结果基本与粒子图像反映的流场结构及其演化趋势一一对应。由 z 方向速度云图可以看出,超声速气流经过前缘压缩激波和再压缩

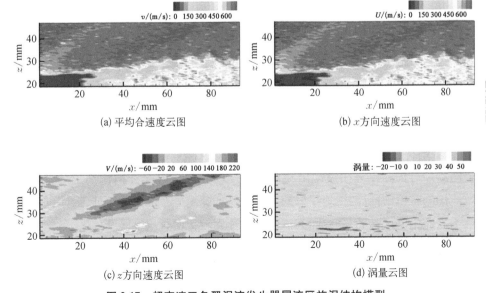
(a) 平均合速度云图 　　　　　　(b) x 方向速度云图
(c) z 方向速度云图 　　　　　　(d) 涡量云图

图 3.17　超声速三角翼涡流发生器尾流区旋涡结构模型

激波发生剧烈变化,出现较大的向上速度分量(达到 120 m/s)和向下速度分量(达到 60 m/s),涡流发生器后缘附近速度变化比较平缓,仍然为稳定发展区,在其下游形成以上洗流为主导的拟序结构,说明高速主流与底层低速流场结构之间在不断进行着质量和能量的交换。由涡量云图可以发现,受到涡流发生器壁面剪切及高速主流与底层低速尾流剪切共同作用,涡流发生器下游产生较强的条带状涡量,并沿流向不断向尾流区扩散,随着流动向下游的发展,这种剪切作用逐渐减弱,相应的涡量也随之减小,该涡量有助于尾流区涡结构的形成及演化;在拟序结构区,由于高速主流不断携带高密度、高能量的气流进入低速拟序涡结构区,在壁面黏性及高速气流与低速拟序涡结构剪切的作用下,沿流向产生条带状相间分部的涡量,并由流体向壁面扩散,促进尾流区涡结构旋转,随着流动不断向下游发展,大尺度涡结构不断被加速,逐渐接近高速主流的运动速度,由此导致主流与大尺度涡结构之间的剪切作用变弱,相应的涡量也随之减小。

图 3.18 所示为超声速三角涡流发生器尾流区 $x-z(y=4\ mm)$ 平面后段流场 PIV 测量粒子图像,图像对应流场参数与图 3.12 相同,测量范围为 $x=125\sim215\ mm$,流动方向为由左向右。从粒子图像中可以看出,尾流区拟序结构在该测量区间展现出周期性和结构相似性的几何结构特征,形成叠加于小尺度涡结构背景上的充分发展的湍流拟序涡结构,大尺度湍流拟序涡结构浮于下方小尺度结构上,展现出腾起的状态。

(a) 第一帧图像　　　　　　　　　　　　　　　　(b) 第二帧图像

图 3.18　超声速三角翼涡流发生器尾流区 $x-z(y=4\ mm)$ 平面后段流场粒子图像

图 3.19 为对应图 3.18 的 PIV 测量结果。从测量结果可以看出,平均合速度云图和 x 方向速度云图展现出相似的速度场分布结构,x 方向流动主导着该区域流场的整体结构;两图均很好地反映了流场速度分布的结构特征,云图的上半区为高速主流区,云图的中间为流向运动速度较低的大尺度涡结构区,紧贴平板壁面为低速小尺度涡结构转捩区,在大尺度涡结构与小尺度涡结构之间充斥着一层高速主流,同时在上层高速主流区出现低速流体团,并且随着流动向下游的演化主流区中的低速流体团越多,由此可看出高速、高密度主流不断卷入底层低

速运动的拟序涡结构中,为低速拟序涡结构提供动量和能量,同时底层低速流体团不断被高速气流夹带进入主流区,从而使尾流区大尺度结构不断被抬升和加速,形成粒子图像所显示的流场结构。由 z 方向速度云图可以看出,z 方向正负条带状速度分量相间分布,产生比较强的下洗流和上洗流,展现出比较规则的展向涡结构特征。涡量云图呈条带状近似反对称性沿流向分布,并且随着沿流向的发展,反对称性带状涡量的分布范围越广,从云图中可以看到,该测量区域上游段反对称性涡量主要集中于流场的下方拟序结构区域,测量区域下游反对称性涡量在整个测量区间均有出现,导致带状反对称性涡量分布随流动沿流向不断发展变化的原因在于:一是高速、高密度气流不断进入低速大尺度结构中,高速气流在底层与低速气流产生剪切作用,在底层低速拟序涡结构区形成带状反对称性涡量;二是随着流动沿流向的发展,底层高速气流携带着低速流体团脱离低速拟序涡结构进入高速主流,从而在高速主流区形成带状反对称性涡量。

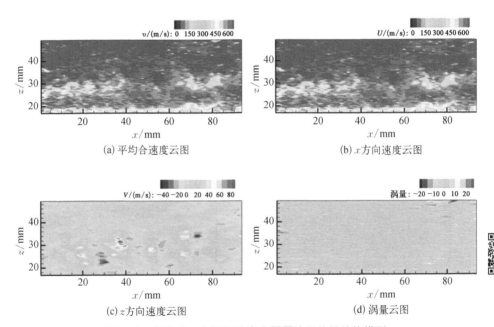

(a) 平均合速度云图 (b) x 方向速度云图

(c) z 方向速度云图 (d) 涡量云图

图 3.19　超声速三角翼涡流发生器尾流区旋涡结构模型

3.3.3　1/2 剖面速度场结构

图 3.20 所示为超声速三角翼涡流发生器 x-z($y=8$ mm)平面前段流场 PIV 测量粒子图像,图像对应实际流场参数、间隔时间、测量范围及流动方向与图 3.12 相同。由粒子图像可以观察到,在该观测流向平面流场清晰显示出前缘

压缩激波和下游再压缩激波,由于尾流区涡结构具有三维结构特征及涡流发生器尾流区拟序涡结构的作用范围有限,在该测量区间只看到零星的大尺度结构,在壁面上产生小尺度转捩结构。图 3.21 所示为对应粒子图像(图 3.20)的 PIV测量结果。由图 3.21(a)和(b)可以看出,x 方向速度仍然主导着流场的整体结构,在涡流发生器后缘仍然存在一段稳定发展区,该区域内流场流动速度较低且结构变化比较平缓,该区域与高速主流之间存在明显的分界线;在近壁面区域产生低速运动的小尺度结构。由 z 方向速度云图可以看出,超声速气流经过前缘压缩激波和下游再压缩激波在 z 方向的速度分量产生剧烈变化,最大向上速度分量达到 80 m/s,向下最大速度达到 70 m/s,通过速度梯度变化可以判断出激波结构的位置;在稳定发展区下游产生以下洗流为主导的流场结构。由涡量云图可以看出,受到涡流发生器壁面剪切作用,及高速主流绕过涡流发生器再附形成自由剪切层,涡流发生器下游产生较强的条带状涡量,并随着流动向下游的发展,这种剪切作用逐渐减弱,相应的涡量也随之减小;在壁面及高速气流的剪切作用下,在稳定发展区下游产生带状涡量,由流体向壁面扩散,促进该区域涡结构不断发展演化。

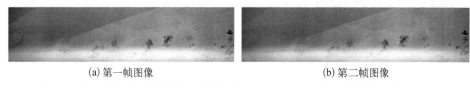

(a) 第一帧图像   (b) 第二帧图像

图 3.20   超声速三角翼涡流发生器尾流区 x-z(y = 8 mm)平面前段流场粒子图像

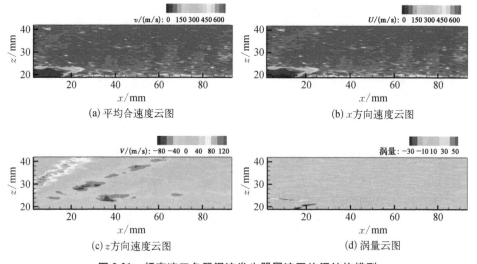

(a) 平均合速度云图   (b) x 方向速度云图

(c) z 方向速度云图   (d) 涡量云图

图 3.21   超声速三角翼涡流发生器尾流区旋涡结构模型

图 3.22 所示为超声速三角翼涡流发生器 $x-z(y=8\text{ mm})$ 平面后段流场 PIV 测量粒子图像,图像对应实际流场参数与图 3.12 相同,测量范围为 $x=125\sim215\text{ mm}$,流动方向为由左向右。由粒子图像可以看出,该区域形成叠加于小尺度涡结构背景之上的充分发展的湍流拟序涡结构,且大尺度涡结构之间相互分离,具有一定的孤立性。图 3.23 所示为图 3.22 相应的 PIV 测量结果,平均合速度云图和 x 方向速度云图显示出相同的流场速度分布特征,很好地反映了粒子图像显示出来的流场结构特征。由 z 方向速度云图可以看出,在大尺度涡结构所在区域显示出由下洗流主导的流场结构特征。由涡量云图可以看出,该测量区域在壁面剪切作用下,底层小尺度涡结构运动速度较小,速度梯度较大,导致在平板表面产生较大的涡量。

(a) 第一帧图像　　　　　　　　　　　　(b) 第二帧图像

图 3.22　超声速三角翼涡流发生器尾流区 $x-z(y=8)$ 平面后段流场粒子图像

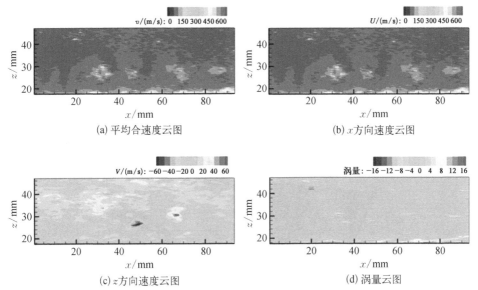

(a) 平均合速度云图　　　　　　　　　　(b) x 方向速度云图

(c) z 方向速度云图　　　　　　　　　　(d) 涡量云图

图 3.23　超声速三角翼涡流发生器尾流区旋涡结构模型

通过对超声速三角翼涡流发生器尾流区不同位置流向平面($x-z$ 平面)流场的速度场进行分区测量,较好地反映了对应粒子图像所显示的流场结构特征。

综合分析各流向平面流场的 z 方向速度云图的测量结果,在 $x-z(y=0)$ 平面流场的 z 方向速度呈带状正负相间分布(上洗流和下洗流相间分布),展现出展向涡结构的运动特征;在 $x-z(y=4\text{ mm})$ 平面流场的 z 方向速度,尾流区拟序涡结构的前段速度分布主要以上洗流为主导,拟序涡结构的后段速度分布呈比较规律的带状正负相间分布,即在该测量区域的后段展现出展向涡结构的运动特征;在 $x-z(y=8\text{ mm})$ 平面流场的 z 方向速度分布可以看出,尾流区前后段拟序涡结构均呈现出以下洗流为主导的流场结构。结合 $x-z(y=4\text{ mm})$ 平面和 $x-z(y=8\text{ mm})$ 平面流场的 z 方向速度分布特征,可以判断超声气流绕过涡流发生器在下游形成逆向旋转的流向涡对。结合超声速三角翼涡流发生器尾流区拟序结构在流向($x-z$)、展向($x-y$)和横向($y-z$)平面的演化特征(3.2 节),可以重构出超声速三角翼涡流发生器尾流区的流动结构特征。从上述分析可知,尾流区流动结构主要由四个特征结构区组成:一是涡流发生器下游形成对尾流区拟序结构起主导作用的逆向旋转流向涡对;二是在流向涡对之间大尺度涡结构在沿流向演化过程中受到主流的强剪切作用,形成以展向涡为主要特征的拟序结构;三是主流向涡对两侧对称位置分别形成一个由逆向旋转涡对组成的二次分离涡;四是在主流向涡对诱导作用下,在其下方形成一个由逆向旋转涡对组成的二次分离涡。综上所述,建立了附壁三角翼涡流发生器超声速绕流流场尾流区的拟序结构模型,如图 3.24 所示。

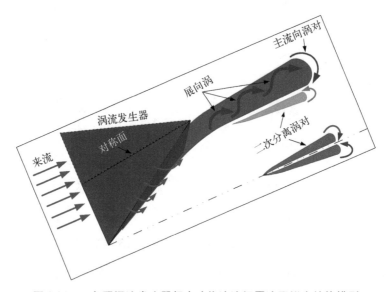

图 3.24　三角翼涡流发生器超声速绕流流场尾流区拟序结构模型

3.4　流场密度测量与脉动特性

由于超声速气流绕过三角翼涡流发生器形成复杂的流场结构,包括前缘压缩激波、下游再附激波、小激波结构及尾流区复杂的拟序涡结构,由此导致尾流区流场产生较大的速度梯度和密度梯度变化,传统的测量方法很难对此类流场的密度场实现精确测量。本节利用具有高时空分辨率的 NPLS 系统对该流场的密度场进行精确测量,得到不同时刻瞬态流场的密度分布结构,并对不同区域、不同高度和不同时刻流场的密度脉动进行频谱分析。

3.4.1　密度场结构

由于实验中入射光分布不均匀,导致所得 NPLS 图像的光强分布不均匀,因此需要校准所得 NPLS 实验图像,以实现对超声速三角翼涡流发生器绕流流场密度场的测量。图 3.25(a)所示为超声速三角翼涡流发生器 $x - z(y = 0)$ 平面流场的原始 NPLS 图像,图 3.25(b)为原始图像(a)对应的修正图像,图 3.25(c)为

(a) 原始 NPLS 图像

(b) 修正 NPLS 图像

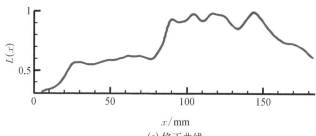

(c) 修正曲线

图 3.25　超声速三角翼涡流发生器尾流区旋涡结构模型

对应光强分布不均匀的修正曲线。图像对应的实际流场长度为 183 mm,高度为 28 mm,空间分别率为 0.049 mm/pixel,流场范围为 $x = 27 \sim 210$ mm,流动方向从左向右。对比观察图原始 NPLS 图像和修正图像可以发现,原始 NPLS 图像的左端部分较暗,修正 NPLS 图像光强分布比较均匀;修正曲线图对应原始 NPLS 图像光强分布不均匀沿超声速三角翼涡流发生器流向流场的变化规律。基于修正 NPLS 图像,得到原始 NPLS 图像对应的瞬态流场的密度分布(图 3.26)。由密度分布云图可以看出,超声速三角翼涡流发生器尾流流场存在较大的密度脉动,较好地反映了超声速气流经过激波结构及尾流区拟序涡结构所导致的密度变化。

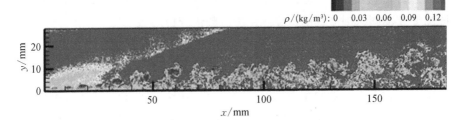

图 3.26 超声速三角翼涡流发生器尾流区密度场

3.4.2 涡结构对密度脉动的影响

图 3.27 所示为超声速三角翼涡流发生器尾流区密度脉动分析采样示意图,图像对应实验流场参数与图 3.25(a)相同,为便于分析涡结构导致的密度变化,采样线沿流向贯穿涡心。研究中将采样示意图沿流向平均分为三段对同一时刻不同区域采样线位置的密度脉动的变化情况进行分析,每段对应流场流向长度 61 mm。

图 3.27 超声速三角翼涡流发生器尾流区密度脉动分析采样示意图

图 3.28(a)、(b)和(c)分别对应第一段、第二段和第三段测量区域密度脉动随时间的变化曲线。

根据 NPLS 系统的基本原理可知,NPLS 图像的灰度与实际流场的密度一一对应,灰度越低的区域对应区域的流场密度也越低。在实际超声速三角翼涡流发生器流场中,涡流发生器后缘附近流场区域和尾流区拟序涡结构为低密度区,

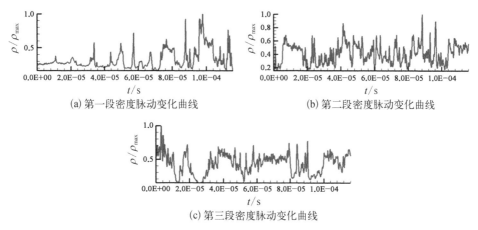

(a) 第一段密度脉动变化曲线　　　　　　　　(b) 第二段密度脉动变化曲线

(c) 第三段密度脉动变化曲线

图 3.28　不同区域密度脉动变化曲线

超声速主流区域为高密度区域;同时,由于高密度高速主流与低密度低速拟序涡结构之间不断进行质量和能量的交换,因此在低密度拟序涡结构区域将会出现高密度流体团,在高密度主流区也会有低密度气流团的出现。因此,采样线穿过不同密度区域,如经过激波结构、由低密度区进入高密度区或由高密度区进入低密度结构区,都将会产生脉动。

由采样示意图 3.27 可以看出,采样线沿流向贯穿涡心,而尾流区涡结构具有三维结构特征,涡结构在沿流向演化过程中不断被拉伸和弯扭变形且与高密度气流相间分布,因此在不同测量区间将会出现不同的密度脉动特征,第一段测量区域采样线首先经过低密度区小尺度涡结构相间分布区,然后进入大尺度涡结构与高密度主流相间分布区;第二段和第三段采样线均处于低密度大尺度涡结构与高密度气流相间分布区域。由图 3.28 密度脉动随时间的变化曲线可以看出不同区域的密度脉动特征,均较好地反映了实际流场的密度脉动变化情况,同时也反映出由高密度主流与低密度拟序涡结构之间不断进行交换而引起的较小幅度的密度脉动。图 3.29 分别为相应测量区间密度脉动对应的频谱和功率谱,并对密度脉动较大区域(虚框标识区域)进行了放大。对比分析各测量区域频谱曲线可以看出,该测量位置对应密度脉动的主要频率在 3×10^4 左右,随着尾流区拟序涡结构沿流向的发展演化,高频分量和频带宽度变化不大;对比分析各测量区间的功率谱可以发现,功率谱表现出与频率谱相似的变化规律,密度脉动主要集中于低频区,由此可以说明大尺度涡结构是尾流区拟序涡结构质量、动量和能量的主要载体,主导着与高密度高速主流的质量、动量和能量的交换,其沿流向的发展和演化是导致超声速三角翼涡流发生器尾流区发生密度脉动的主要因素。

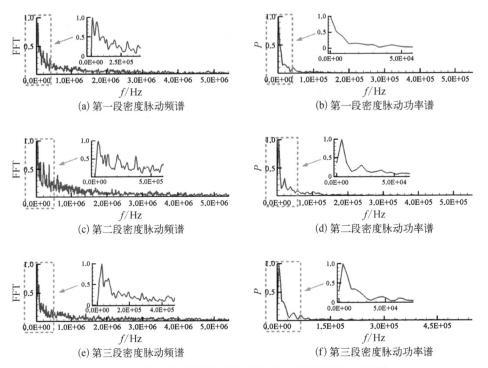

图 3.29   同一时刻不同区域密度脉动对应的频谱和功率谱

3.4.3   壁面效应对密度脉动的影响

图 3.30 所示为超声速三角翼涡流发生器尾流区同一时刻不同高度流场密度脉动分析采样示意图,采样线高度采用各采样线距离平板壁面的高度除以三角翼涡流发生器的高度进行无量纲化,无量纲高度分别为 $h_1 = 1$、$h_2 = 1.6$、$h_3 = 2.4$ 和 $h_4 = 3.7$,图像对应实际流场参数与图 3.25(a)相同。由采样示意图可以看出,不同高度采样曲线对应尾流区大尺度涡结构的不同位置,由于大尺度涡结构在沿流向发展演化过程中结构形状不断发生变化,同时不断与高密度主流进行质量和能量的交换,由此导致不同高度流场区域的密度分布存在较大差异。采样线 h_1 主要位于涡流发生器后缘附近流场低密度区和大尺度涡结构的底层低密度区域,其密度脉动主要在低密度范围产生小幅度脉动,由于高密度气流的卷入在局部区域产生较高的密度脉动;采样曲线 h_2 由涡流发生器下游低密度流场进入尾流低密度拟序涡结构区;采样曲线 h_3 由涡流发生器下游低密度流场经再压

缩激波进入大尺度拟序涡结构区;采样曲线 h_4 位于主流区,由来流先后经过前
缘压缩激波和再压缩激波进入下游主流区,在高密度流场区域产生密度脉动。

图 3.30　超声速三角翼涡流发生器尾流区同一时刻不同高度密度脉动分析采样示意图

图 3.31(a)、(b)、(c)和(d)分别对应不同高度采样线的密度脉动随时间的
变化曲线,对比观察密度脉动曲线和相应高度流场结构特征可以发现,密度脉动
曲线较好地反映了相应高度流场的密度结构分布特征。如图 3.31(d)所示,采
样线先后穿过两道激波,密度脉动曲线在相应位置产生明显脉动,通过激波结构
后,由于拟序涡结构的存在,超声速主流犹如经过一个型面呈"锯齿"型的流管,
气流反复进行着"收缩-扩张"的变化,由此导致该高度流场的密度出现相应的
脉动。图 3.32(a)~(h)分别表示同一时刻不同高度密度脉动对应的频谱和功
率谱,对比观察各频谱可以发现,采样线高度为 h_2 和 h_3 的密度脉动对应的高频
分量较多、脉动频谱较宽,从采样示意图中可以看出,两采样曲线均位于大尺度
涡结构发展演化较为剧烈的区域,同时高度为 h_3 的采样线经过激波结构也引起
较大的密度脉动,说明大尺度涡结构的变化及激波结构的存在将导致流场密度
产生脉动,对应密度脉动的主要频率在 6×10^4 左右;高度为 h_1 的采样线主要位于
低密度大尺度涡结构底部,该高度流场结构及相应密度梯度的变化相对比较平
缓,由此导致密度脉动频谱的高频分量较少和脉动宽度较窄;高度为 h_4 的采样

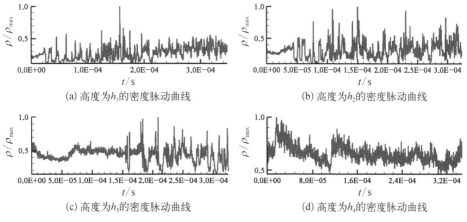

(a) 高度为 h_1 的密度脉动曲线　　　　　　(b) 高度为 h_2 的密度脉动曲线

(c) 高度为 h_3 的密度脉动曲线　　　　　　(d) 高度为 h_4 的密度脉动曲线

图 3.31　同一时刻不同高度密度脉动随时间的变化曲线

线主要位于涡流发生器下游的主流区,该高度的密度脉动主要由激波结构引起的,对应的频谱的高频分量和脉动宽度比采样高度为 h_2 的均稍有增加。对比观察不同高度密度脉动对应的功率谱可以发现,功率谱展现出与频谱相似的变化规律,采样线位于大尺度涡结构区时功率谱脉动集中在低频区,说明大尺度涡结构对流场的密度脉动起着一定的主导作用。

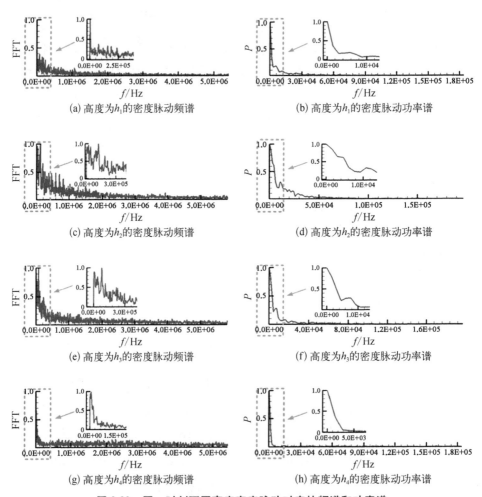

(a) 高度为h_1的密度脉动频谱   (b) 高度为h_1的密度脉动功率谱

(c) 高度为h_2的密度脉动频谱   (d) 高度为h_2的密度脉动功率谱

(e) 高度为h_3的密度脉动频谱   (f) 高度为h_3的密度脉动功率谱

(g) 高度为h_4的密度脉动频谱   (h) 高度为h_4的密度脉动功率谱

图 3.32　同一时刻不同高度密度脉动对应的频谱和功率谱

3.4.4　密度脉动非定常特性研究

图 3.33(a)和(b)分别表示超声速三角翼涡流发生器尾流区不同时刻密度脉动分析采样示意图,图像对应实际流场参数与图 3.25(a)相同,两图不具有时

间相关性,采样线分别沿流向贯穿涡心。由图可以看出,不同时刻尾流区拟序涡结构沿流向演化趋势和结构形态相似,但大尺度涡结构在流场中出现的位置和尺寸存在一定的差异,由此导致不同时刻拟序涡结构区域的密度分布不同。图 3.34(a)和(b)对应采样示意图 3.33(a)和(b)的密度脉动随时间的变化曲线,对比观察不同时刻密度脉动曲线可以发现,不同时刻的密度脉动曲线存在较大差异,较好地反映了不同时间尾流区密度沿采样线的分布特征。图 3.34(c)~(f)

(a) 第一时刻尾流区密度脉动分析采样示意图

(b) 第二时刻尾流区密度脉动分析采样示意图

图 3.33　超声速三角翼涡流发生器尾流区不同时刻密度脉动分析采样示意图

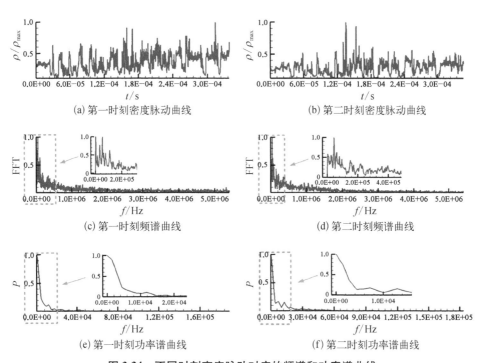

图 3.34　不同时刻密度脉动对应的频谱和功率谱曲线

为对应密度脉动的频谱和功率谱曲线,从密度脉动对应的频谱曲线可以看出,不同时间频谱展示出相似的脉动特征,高频分量和脉动频谱宽度基本一致,对应密度脉动的主要频率在 $5×10^4$ 左右;对应的功率谱同样展现出与频谱相似的变化规律,由于大尺度涡结构是拟序涡结构区质量、动量和能量的主要载体,与小尺度涡结构相比,其脉动频率主要集中于低频区,由此也说明大尺度涡结构沿流向的发展演化对尾流区密度脉动的主导作用。

通过对超声速三角翼涡流发生器尾流区同一时刻不同区域、同一时刻不同高度及不同时间相同区域的流场密度脉动特性的研究分析发现,相同时间不同区域、相同时间不同高度及不同时间相同区域的流场密度分布不同,但拟序涡结构区域密度脉动对应的频谱和功率谱分别展现出相似的变化规律,脉动频率集中在低频区,均展现出大尺度涡结构的演化对流场密度脉动的主导作用。

3.5   密度脉动信号多分辨率分析

现代湍流理论认为,湍流运动并不是完全随机和杂乱无序的,而是由相对有组织的间歇性的不同尺度的拟序结构叠加而成[7]。超声速三角翼涡流发生器尾流内部充满了大大小小不同尺度的旋涡,不同尺度中同样存在着拟序结构,它们是尾流区质量、动量和能量的载体,对流场的动力学特征起到主导作用。大量 NPLS 图像表明尾涡结构在空间和时间上均表现出一定的局部性和间歇性。本书采用小波分析技术对其进行了深入分析,相关理论可参考文献[8],这里着重讨论分析结果。

采用前面所采用的密度场校准方法,得到图 3.35 所示的超声速三角翼涡流发生器尾流的密度场图像,其左端距离涡流发生器后缘 48 mm,对应实际流场长 90 mm,空间分辨率为 0.049 mm/pixel,图 3.35(a)和(b)具有时间相关性,两图的时间间隔为 10 μs,流动方向为由左向右。对比观察两图可以看出,尾流区大尺度涡结构经过 10 μs 的时间间隔,大涡结构的变形很小,沿流向以平动为主,因此分析中将不考虑旋转和变形带来的信号变化。根据绕流流场尾流区拟序结构具有快运动、慢变形的特点,旋转和变形带来的信号变化基本不会影响分析结果的一般规律性。且多分辨率分析结果也体现出尾流区拟序涡结构的空间多尺度特征。

采样线贯穿图 3.35(a)涡结构的中心。图 3.36 所示为 NPLS 图像仅经过光

(a) t 时刻 NPLS 图像

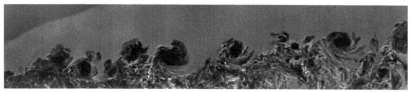

(b) $t+10\ \mu s$ 时刻图像

图 3.35　用于多分辨率分析的超声速三角翼涡流发生器
$x-z(y=0)$ 平面流场 NPLS 图像

强校准之后得到的对应采样线的密度脉动信号。图 3.37 所示为对图 3.36 密度脉动信号进行五层 Meyer 小波分解得到的各层平滑近似信号和小波细节系数。对比观察采样线位置密度脉动信号及各层小波细节系数和小波平滑近似系数可以发现,各层小波近似系数反映了相应尺度下密度脉动信号的特征,尺度越小,近似系数所反映的密度脉动特征越接近原始密度脉动特征,既体现出大尺度涡结构引起的低频密度脉动,也体现出小尺度涡结构导致的高频密度脉动;随着尺度的增加,小尺度涡结构引起的密度脉动特征逐渐消失,逐渐体现出由大尺度涡结构主导的密度脉动。细节信号反映了各层平滑近似的差值,结合超声速三角翼涡流发生器尾流区 NPLS 图像的特征,细节信号 d_1 是典型的高频脉动信号,展现出单个纳米粒子成像信号在图 3.35 采样线上的分布的脉动信号。在五层小波分解中,第一层小波分解中近似信号 a_1 和细节信号 d_1 既反映出了大尺度结构的脉动特征,也反映出了由小尺度结构引起的密度脉动;第五层分解中近似信号 a_5 和细节信号 d_5 均反映出由大尺度涡结构引起的密度脉动特征。

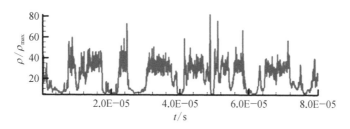

图 3.36　由图 3.35(a)采样线得到密度脉动信号

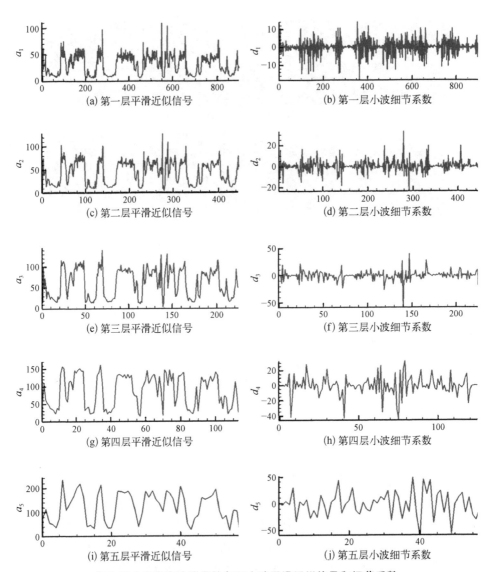

图 3.37 密度脉动信号的各层小波平滑近似信号和细节系数

通过对图 3.36 密度脉动信号进行五层小波分解得到各层小波系数,再利用各层小波近似系数和细节系数进行小波逆变换,可以得到不同尺度下绕流流场尾流区的密度脉动信号,如图 3.38 所示。由各层小波系数重构得到的相应密度脉动特征可以看出,第一层重构信号到第五层重构信号,随着尺度的增加,重构得到的信号细节特征随之逐渐减少。观察图 3.38(a)可以发现,该尺度下的密度脉动信号,既体现出大尺度拟序结构所引起的低频密度脉动,也反映出由小尺度拟序结构导致的高频密度脉动,与原始信号图 3.38(f)进行比较,第一层重构信号与原始信号一致;与图 3.38(a)相比,随着尺度的成倍增加,图 3.38(b)到图3.38(e)重构信号所反应的小尺度高频密度脉动细节逐渐减少,逐渐体现出以大尺度拟序结构导致的密度脉动信号特征。

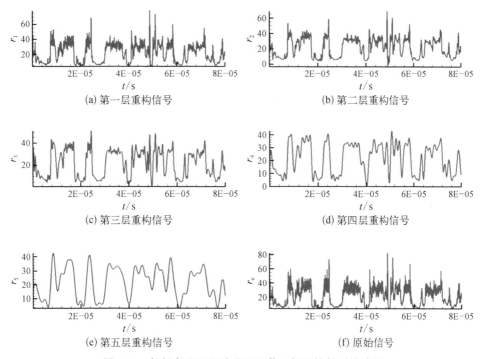

图 3.38　根据各层近似信号和细节系数重构得到的信号

基于二维小波变换,利用二维多分辨率分析对图 3.35 对应的密度场进行四层小波分解与重构,分解与重构图像如图 3.39 所示。对比观察各分解与重构图像可以看出,由第一层到第四层[(a)~(d)]的分解与重构图像,水平方向、垂直方向和对角方向的细节逐渐增加,而平滑近似系数和重构图像所反映的密度脉动细节不断减少。由图 3.39(a)可以看出,平滑近似系数和重构图像均能清晰反映出密度脉动的细节特征,能够清晰辨识小尺度结构导致的密度脉动;随着尺度的增加,观察图 3.39(b)和(c)平滑近似系数和重构图像可以发现,大尺度拟序结构主导的密度脉动依然清晰可辨,但由小尺度结构引起的密度脉动细节逐渐减弱甚至消失;尺度增大到一定程度,与图 3.39(a)、(b)和(c)相比,图 3.39(d)中水平方向、垂直方向和对角方向的细节特征均比较丰富,小尺度结构引起的密度脉动细节已消失,大尺度结构主导的密度脉动细节信息也明显减弱,虽然能够辨识出大尺度拟序结构特征,但相对比较而言,其轮廓已比较模糊。通过利用二维小波变换多分辨率分析对图像进行分解和重构,可以得到不同尺度的拟序结构特征,获取复杂流场结构信息,有助于研究复杂流场结构。

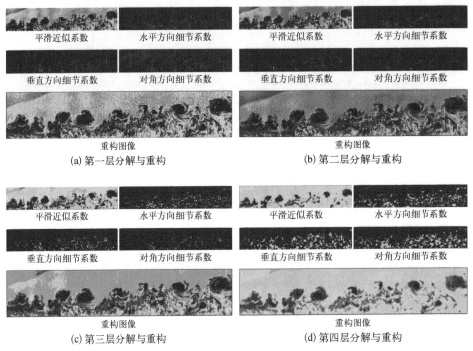

图 3.39   对图 3.35 对应的密度场进行四层小波分解得到的图像

3.6   小结

本章利用 NPLS 技术对超声速壁面三角翼涡流发生器流场进行了高分辨率定量成像,研究了复杂激波干扰、尾流拟序涡的空间结构和时间演化特征;综合分析了涡结构、密度场和速度场的时空特性,建立了超声速三角翼涡流发生器尾流区的流动结构模型。结果表明,该绕流流场产生复杂的流场结构。

(1)多视角和多分辨率 NPLS 图像表明,三角翼涡流发生器上游超声速流场具有较好的层流性,层流流动在涡流发生器表面中部位置发生转捩。根据绕流流场尾流区拟序涡结构沿流向的发展过程,可将其分为稳定区、迅速发展区和充分发展区三个阶段,不同发展阶段具有不同的结构特征。结合流向、展向和横向平面拟序涡结构时空演化特征,尾流区流动结构主要由四部分组成:一是对尾流区拟序结构起主导作用的逆向旋转流向涡对;二是在流向涡对之间形成以展向涡为主要特征的拟序结构;三是主流向涡对两侧对称位置分别形成一个由逆向旋转涡对组成的二次分离涡;四是在主流向涡对诱导作用下,在其下方形成一个由逆向旋转涡对组成的二次分离涡。

　　(2) 超声速 PIV 测量结果不仅较好地反映了超声速三角翼绕流流场的速度分布特征,同时还揭示了绕流流场的动力学特性;即验证了绕流流场时空演化特征研究中所得的相关结论,还发现了绕流流场尾流区同时存在流向涡和展向涡结构;并基于定量测量结果,结合绕流流场不同切面涡结构的时空特征,提出了超声速三角翼涡流发生器尾流区的全场流动结构模型。

　　(3) 实现了对超声速三角翼涡流发生器绕流密度场的瞬态测量;再现了绕流流场中激波、边界层、拟序涡结构等密度分布精细信息;根据绕流流场的密度脉动特征,发现尾流区拟序涡结构和壁面效应对密度脉动产生较大的影响,且密度脉动展现出比较明显的非定常性;并初步探讨了尾流区拟序涡结构的空间多尺度特征。

参考文献

[1] Bowcut K G. A perspective on the future of aerospace vehicle design [C]. Norfolk: 12th AIAA International Space Planes and Hypersonic Systems and Technologies, AIAA 2003 – 6957, 2003.

[2] Cockrell C E, Auslender A, Guy R W, et al. Technology roadmap for dual-mode scramjet propulsion to support space-access vision vehicle development [C]. Orléans: 11th AIAA/AAAF International Space Planes and Hypersonic Systems and Technologies Conference, AIAA 2002 – 5188, 2002.

[3] Gad-el-Hak M, Pollard A, Bonnet J P. Flow control: Fundamentals and practices [M]. Berlin: Springer, 1998.

[4] Gad-el-Hak M, Tsai H M. Transition and turbulence control [M]. Singapore: World Scientific Publishing Company, 2006.

[5] Heiser W H, Pratt D T. Hypersonic air breathing propulsion [M]. Washington: American Institute of Aeronautics and Astronautics, 1994: 3 – 26.

[6] Lin J C. Review of research on low-profile vortex generators to control boundary-layer separation [J]. Progress in Aerospace Science, 2002, 38(4 – 5): 389 – 420.

[7] Robinson S K. Coherent motions in the turbulent boundary layer [J]. Annual Review of Fluid Mechanics, 1991, 23(1): 601 – 639.

[8] 赵玉新.超声速混合层时空结构的实验研究[D].长沙:国防科学技术大学,2008.

第4章

附壁圆柱结构超声速绕流流场精细结构

钝体绕流普遍存在于建筑、交通、航空航天等领域,与实际工作生活紧密相连,钝体结构主要以圆柱、方形、梯形等外形为主,涉及复杂激波结构、涡的生成、发展和消散以及激波、涡与其他流动之间的相互影响、相互作用等复杂的流动现象。这些流动现象仍然是目前流体力学中最为复杂的研究内容之一。在超声速/高超声速飞行器设计过程中,有效控制这些流动现象,可以有效改善超声速/高超声速飞行器总体性能。圆柱绕流作为钝体绕流中最为常见和重要结构形式,对其绕流精细结构进行研究,不仅具有重要的工程应用价值,也为其他钝体绕流精细结构的研究提供技术基础。由于钝体超声速/高超声速绕流流场具有非定常性,存在运动速度高、速度梯度大、强剪切作用等特点,对实验设备和测试设备提出很高的要求,目前仍以数值模拟方法为主对钝体绕流相关问题进行研究[1-5]。

附壁圆柱结构(圆柱涡流发生器)作为典型的流动控制器件,其超声速绕流流场结构和动力学机制十分复杂,本章根据高分辨率粒子图像、速度场和密度场等实验数据,对圆柱绕流中的激波结构、激波/边界层相互作用、复杂波-涡相互干扰及尾流区拟序结构的时空演化特征进行深入研究,并结合数值模拟手段,对绕流流场结构较为复杂区域进行研究。

4.1 激波结构

图 4.1(a)为片光在不同展向位置所得到的超声速层流圆柱绕流流向($x-z$ 平面)流场 NPLS 图像,片光所在平面分别为 $y=0$、3.75 mm、7.5 mm 和 11.25 mm,对应的实际流场长度 120 mm,高度 24 mm,空间分辨率 0.03 mm/pixel,流动方向

从左向右。从图中可以清晰看出,超声速层流流场绕过玻璃平板上的圆柱体,在圆柱体上游形成较强的三维弓形脱体激波[图 4.1(a)中的①],图 4.1(a)中的③是基本垂直的弓形激波与层流边界层接触点。在超声速流层流流场中,由于层流边界层的存在,在边界层内部总是存在亚声速流区域,而激波又只能存在于超声速气流中,所以三维弓形脱体激波不可能一直延伸到壁面,可以从图 4.1(a)中的激波接触点③处看到边界层流与外流之间的分界线(明暗交界线)。激波后的高压会通过这一亚声速区域传到激波前面去,这在边界层内形成很强的逆压梯度,在逆压梯度的作用下,使上游压力升高,引起弓形激波上游边界层变厚、转捩和分离。边界层发生转捩/分离,破坏了平滑的边界层表面,相当于在边界层上表面形成一个凸凹不平的角,超声速主流流过转捩/分离区产生一系列弱激波,这一系列弱激波在离圆柱前缘一定距离处形成一道弱激波,图 4.1(a)中的激波②所示。

图 4.1(b)为片光在不同高度所得到的超声速层流圆柱绕流展向(x-y 平面)流场 NPLS 图像,片光所在平面分别为 z=3、6、8 和 11 mm,对应的实际流场长度 130 mm,高度 65 mm,空间分辨率 0.032 5 mm/pixel,流动方向从左向右。从

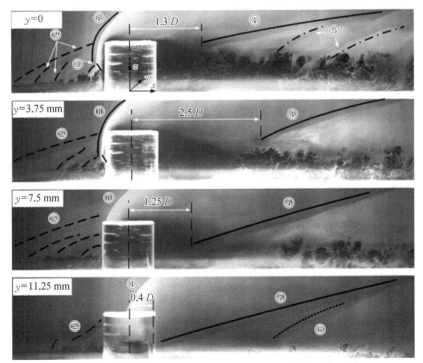

(a) 不同片光位置 x-z 平面流场的 NPLS 图像(y 值为片光所在平面)

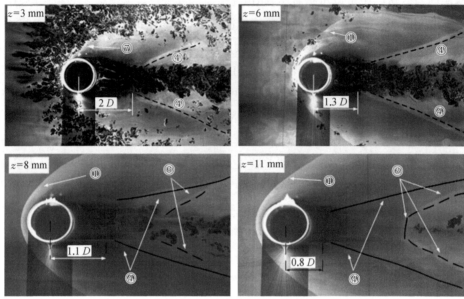

(b) 不同片光位置展向流场NPLS图像(z值为片光所在平面)

图 4.1   不同片光位置超声速层流圆柱绕流流向($x-z$平面)
和展向($x-y$平面)流场 NPLS 图像

①是超声速层流流场绕过圆柱体所形成的三维脱体弓形激波;②为由于逆压梯度的作用导致超声速层流边界层增厚、转捩和分离所形成的激波;③为三维弓形脱体激波与边界层接触点;④圆柱上方附近越过圆柱半圆形后向台阶所形成的再附激波;⑤为在圆柱体流向对称面下游流场所形成的小激波结构;⑥圆柱两侧气流绕过柱体所形成马赫盘($z=11$ mm);⑦为由三维弓形激波所引起的弓形转捩和分离区。

不同高度片光位置所得到的展向实验图像可以清晰看出,三维弓形脱体激波在圆柱体不同高度所处的位置,从图中可以看出,在该区间内($z=3\sim8$ mm)圆柱体前方的三维弓形激波距圆柱体距离基本相等,三维弓形激波面基本垂直于平板,可认为该区间激波为正激波。

从图 4.1(a)和(b)中可以看出超声速流绕过圆柱体时,圆柱体上方附近气流越过圆柱体半圆形后向台阶膨胀,圆柱两侧绕过柱体向其对称面膨胀,在两者共同作用下所形成复杂的波系结构,波系结构包括再附激波④、小激波结构⑤和圆柱两侧气流绕过柱体所形成的马赫盘⑥($z=11$ mm 时)。对比分析片光所在不同展向位置所拍摄的流向 NPLS 流场图像,如图 4.1(a)所示,可以知道圆柱体下游所形成再附激波的起始位置的变化。片光置于 $y=0$ 平面时,再附激波的起始位置在 z 向的位置最高,距离平板约 $0.8D$(D 为圆柱底面直径);片光置于 $y=3.75$ mm 平面时,在 x 方向(流向)距离(距圆柱体的轴线距离)最远,距离 $z=0$

平面约为 2.5D；当片光置于 $y=7.5\,\text{mm}$ 平面时，在 x 方向的距离有明显减小，距离 $z=0$ 平面约为 1.25D；当片光置于 $y=11.25\,\text{mm}$ 平面时，在 x 方向的距离和在 z 方向的高度都是最小。由此可知，片光位置由 $y=0$ 到 $y=11.25\,\text{mm}$，再附激波在 z 方向的起始高度逐渐降低，而 x 方向起始距离先增大后减小。对比观察片光在 z 向不同高度位置所得到的展向流场显示图像，如图 4.1(b) 所示，可以发现，圆柱体上方及两侧超声速气流绕过柱体在下游形成的再附激波，再附激波的起始点位置随片光高度的增加而减小（起始点位置距 $z=0$ 平面的距离）；片光的位置较高（置于平面 $z=11\,\text{mm}$）时，片光的高度已超出尾流区拟序结构尺度，超声速气流绕过圆柱体在下游形成马赫盘，如图 4.1(b) 中的⑥所示。

　　由图 4.1(a) 柱体流向对称面（片光位置 $y=0$）流场 NPLS 图像可以看出，在圆柱下游流场出现大尺度湍流涡结构，在上游大尺度涡结构前上方出现一系列弓形小激波结构［图 4.1(a) 中的⑤和图 4.2］，弓形小激波的强度随涡向下游运动而逐渐变弱并消失（图 4.2）。通过分析大量 NPLS 实验图像发现，超声速层流圆柱绕流在圆柱体前方、上方和下游产生较强的激波，形成较大的压差，同时在气流本身流向速度的作用下，形成尾涡，随着圆柱体两侧和上表面附近气流在其侧边和上表面后缘的不断脱落，并持续地被卷入不断演化的大尺度流向涡中，在涡不断脱落和被卷入的过程中，边界层中的低速流体也被不断地卷入高速主流，形成比当地流体速度低的流向涡。这样当地流体的流动将受到大尺度涡结构的阻碍，从而产生不断演化的小激波结构。随着涡结构不断被加速，其与主流之间的相对速度逐渐减小，大尺度涡运动的速度逐渐接近主流运动的速度，从而使小激波的强度逐渐减弱并消失。

图 4.2　小激波强度沿流向沿流向变化图

　　由于超声速涡流发生器流场比较复杂，上述只是小激波强度沿流向逐渐变弱的因素之一，实际导致小激波强度沿流向逐渐变弱是多种因素综合的结果。通过分析超声速圆柱绕流流场实验 NPLS 图像，导致相对马赫数减小，小激波结构在向下游移动过程中强度逐渐变弱直至消失,其影响因素可归结为如下三个方面:① 涡结构在向下游移动过程中不断被加速,逐渐接近主流速度;② 主流通过小激波结构后速度降低,使其与涡结构之间的相对马赫数减小;③ 在圆柱体下游,由于拟序结构沿流向呈上升趋势,流场变为非等熵的收缩管道,必然使超声速外流逐步减速,因而越往下游则局部激波束将越弱。

根据不同片光位置所得超声速层流圆柱绕流流向和展向流场波系结构数据,可以重构出超声速层流圆柱绕流的波系结构图,如图4.3所示。

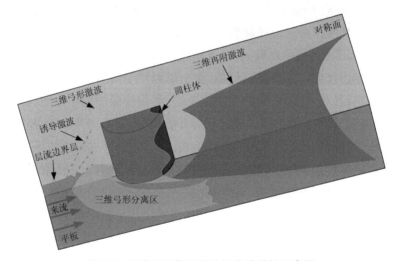

图 4.3　超声速圆柱绕流流场激波结构示意图

4.2　拟序涡结构时空演化特征

超声速气流绕过圆柱体,形成具有三维特征的复杂流场结构,在圆柱上游形成三维弓形激波,三维弓形激波/边界层相互作用形成具有三维特征的弓形转捩/分离区,在圆柱下游流场,形成具有三维结构特征的再附激波,在圆柱后缘附近近流场形成三维回流区,回流区下游形成沿流向呈上升趋势的拟序结构,这些拟序结构主导着下游流场的质量、动量和能量传递。本节通过 NPLS 系统得到超声速圆柱绕流流场的精细结构图像,并利用 NPLS 图像的时间相关性,对超声速圆柱绕流拟序结构沿流向和展向的空间特征和时间演化特征进行了细致研究。

4.2.1 流向切面拟序涡结构时空演化特征

1. 空间结构特征

图 4.4 所示为片光置于不同展向位置超声速圆柱绕流 $x - z$ 平面流场结构 NPLS 图像，图 4.4(a)、(b)和(c)对应图片光平面位置分别为平面 $y = 0$、3.75 mm 和 7.5 mm，图像对应实际流场长度为 228 mm，高度为 30 mm，空间分辨率 0.057 mm/pixel，测量范围 $x = -33 \sim 195$ mm，流动方向均为从左往右。

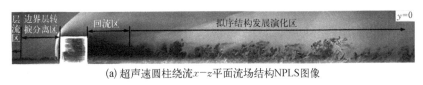

(a) 超声速圆柱绕流 $x-z$ 平面流场结构 NPLS 图像

(b) 超声速圆柱绕流 $x-z$ 平面流场结构 NPLS 图像

(c) 超声速圆柱绕流 $x-z$ 平面流场结构 NPLS 图像

图 4.4　不同展向(y 方向)位置超声速圆柱绕流 $x - z$ 平面流场结构 NPLS 图像

由图 4.4 可以看出，超声速气流绕过圆柱体流场结构的空间演化过程，圆柱体上游流场，根据边界层的变化可分为超声速层流边界层区和边界层转捩/分离区两个区；圆柱体下游流场，根据尾流区流场拟序结构的演化特征可分为回流区和拟序结构发展演化区。圆柱上游由于三维弓形激波与边界层的相互作用产生较高的逆压梯度，诱导圆柱上游超声速层流边界层增厚、转捩和分离。超声速气流绕过圆柱体，在圆柱体下游形成收缩状(沿 x 方向/流向)再附流面，再附流面与平板的交线为附着线；从图像可以看出圆柱体后缘附近流场灰度值较低，根据 NPLS 系统的基本原理可知，该区域为低压低密度区，因此在周围高压气流作用下，有助于该区域回流区的形成，回流区以再附流面为分界线；再附流面与平板壁面相交，在固壁附近形成较强的剪切流或涡量场，并产生不稳定波，随着不稳定波的增长，使流体团卷起形成旋涡，在再附流面下游形成周期性的展向涡结构。从图中可以看出，展向涡结构发展比较迅速，旋涡形成后迅速演化成尺度较大的涡结构，且结构在向下游发展演化过程中涡结构之间出现断裂。对比观察图 4.4(a)、(b)和(c)可以看出，片光位置由 $y = 0$ 平面(圆柱对称面)沿 y 向圆柱边缘平移,在圆柱体上游流场,弓形激波逐渐后移,由弓形激波/边界层相互作用所引起的超声速层流边界层变厚、转捩和分离区逐渐后移;在圆柱体下游流场,圆柱后缘附近回流区范围逐渐减小,回流区下游拟序结构的尺度逐渐变小,且断裂现象更加明显,较小尺度的涡结构明显增多。

图 4.5 为不同采样时间超声速圆柱绕流流场 $x-z(y=0)$ 平面流场 NPLS 图像,图像对应的流场参数与图 4.4 相同。NPLS 系统每次采样拍摄连续两帧流场图像,连续两帧具有时间相关性,两帧 NPLS 图像时间间隔按研究需要设定,最小时间间隔可设定为 0.3 μs;而不同采样时间所得到的 NPLS 图像不具时间相关性,相邻两次采样时间相隔为 0.5 s。对比观察图 4.5(a)、(b)和(c)可知,超声速圆柱绕流流场结构在 $x-z(y=0)$ 平面的空间演化过程是一致的,都经历如下演化过程:超声速层流→层流边界层增厚、转捩和分离→超声速气流绕过圆柱再附→圆柱后缘附近形成回流区及再附流面下游形成展向涡结构。由于不同采样时间实验来流所受扰动的不确定性,导致来流存在一定的非定常性,从而使圆柱上游三维弓形激波/边界层相互作用所引起的层流边界层转捩/分离区域存在一定的波动,图 4.5(a)、(b)和(c)中转捩/分离区起点距 $x=0$ 平面的距离分别为 $2.2D$、$1.9D$ 和 $1.6D$,平均距离约为 $1.9D$;同样,超声速气流绕过圆柱再附并卷起展向涡的位置也存在一定的波动性,波动范围较小,展向涡结构卷起位置距 $x=0$ 平面的距离分别为 $1.9D$、$1.6D$ 和 $1.8D$,平均距离约为 $1.73D$。从图中可以看出,尾流区展向结构之间均存在的断裂现象(图中用白色方框标识),其中图 4.5(b)和(c)更加明显,涡结构具有一定的孤立性,但导致涡结构演化过程中出现断裂现象的具体原因还不清楚。大尺度涡结构沿流向(x 方向)演化过程中,大尺度涡结构均向 x 方向倾斜,且上游拟序结构的向 x 方向的倾斜度要大于下游拟序结构的倾斜度。导致涡结构倾斜及其倾斜度变化的主要原因在于外围主流与涡结构之间的剪切作用,由于外围主流运动速度较快,拟序结构的运动速度相对较小,且上游拟序结构的运动速度小于下游拟序结构的运动速度,即拟序结构在沿流向(x 方向)发展演化过程中不断被加速(该结论可由下文中流向拟序结构时间特征分析及后面速度场分析得到验证),导致主流与上游拟序结构之间的相对速度较大,主流与下游拟序结构之间的相对速度较小,从而使主流与上游拟序结构之间的剪切作用较大,而与下游拟序结构的剪切作用较小。因此,拟序结构沿流向演化过程中呈现向 x 方向倾斜的趋势,且上游拟序结构的倾斜度大于下游拟序结构的倾斜度。观察尾流区大尺度涡结构还可以发现,尾流区涡结构展现出一定的相似性和周期性特征。

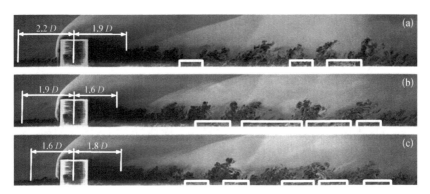

图 4.5 不同采样时间超声速圆柱绕流 x-$z(y=0)$ 平面流场的 NPLS 图像

为更好地研究超声速圆柱绕流流场空间发展演化过程,获得更多的超声速圆柱绕流流场精细流动结构的信息,本节采用分段测量的方法对超声速圆柱绕流流场进行进一步的研究。

图 4.6 所示为不同采样时刻超声速圆柱绕流 x-$z(y=0)$ 平面流场近距 NPLS 图像,图像对应实际流场长度为 90 mm,高度为 24 mm,测量范围为 $x=-32\sim58$ mm,空间分辨率 0.022 5 mm/pixel,图像之间不具有时间相关性,流动方

图 4.6 不同采样时刻超声速圆柱绕流 x-$z(y=0)$ 平面流场近距 NPLS 图像

向均为从左往右。从图中可以清晰观察到上游边界层由于三维弓形激波/边界层相互作用及由此产生的逆压梯度的作用下,层流边界层由逐渐变厚到转捩和分离的空间演化过程,并由此诱导出一系列较弱的分离激波;圆柱后缘附近流场低压低密度区域灰度值较低,很难观察到该区域流场的精细结构;低密度区域(回流区)下游卷起尺度较小的涡结构,小尺度涡结构迅速演化成大尺度展向涡结构。回流区内精细流场结构演化过程将在下面通过 NPLS 图像的相关性进行细致研究。

图 4.7 为超声速圆柱绕流 $x-z(y=0)$ 平面尾流区上游段 NPLS 图像,图像对应实际流场长度为 60 mm,高度为 24 mm,测量范围为 $x=24\sim84$ mm,空间分辨率0.03 mm/pixel,图像之间不具有时间相关性,流动方向均为从左往右。

图 4.7　超声速圆柱绕流 $x-z(y=0)$ 平面尾流区上游段 NPLS 图像

对比观察图 4.7(a)、(b)和(c),超声速气流绕过圆柱体在其下游形成沿流向呈收缩状的再附流面,相比较而言,再附流面覆盖区域 NPLS 图像的灰度值较低,在该区域没有观察到大尺度涡结构,通过尾流区拟序结构沿流向切面的时间演化特征分析,可以知道该区域为回流区。从图中可以看出,再附流面与壁面相交后,在其下游卷起展向涡结构,且涡结构卷起的位置变化不大,但其演化速度较快,卷起的小尺度涡结构迅速演化成尺度较大的结构。该区域涡结构演化较快源于以下几个因素:一是上游速度、动量、能量较高的主流不断与底层速度、动量、能量较低的拟序结构进行质量、能量的交换,不断加速拟序结构;二是高速主流与低速拟序结构之间的剪切作用,对拟序结构起着拉伸、扭转等作用,促进涡结构沿流向的发展和演化;三是在平板壁面产生较大的涡量场,加快涡结构演化。对比同次实验不同采样所得流场的 NPLS 图像(同次实验可根据需要得到 10~20 个采样,每个采样包括两幅时间相关的 NPLS 图像,两幅相关图像之间的时间间隔可根据需要设定,最短可达 0.3 μs)可看出,流场结构变化较大,主要由于每次采样之间的时间间隔较长(连续两次采样时间间隔为 0.5 s),大于每次采样扰动对流场的作用时间,同时实验段上游流场所受到的扰动具有不确定性,从而导致不同采样时刻绕流流场尾流结构的变化较大;若连续两次采样的时间间隔足够短,则可以得到具有相关性的流场图像,如通过 NPLS 系统的跨帧技术所得到的流场图像,通过设定连续两帧之间的时间间隔 Δt(Δt 足够小,最小可达 0.3 μs),可以得到不同时间间隔大小的具有相关性的流场图像,由此可用于研究超声速绕流流场结构随时间的演化特征(该研究在下文进行详细分析)。从图中还可以看到,卷起的展向涡结构迅速脱落,且脱落的涡结构之间发生断裂,具有一定的孤立性。

图 4.8 为超声速圆柱绕流 $x-z(y=0)$ 平面尾流区下游段 NPLS 图像,图像对应实际流场长度为 105 mm,高度为 24 mm,测量范围为 $x=84\sim190$ mm,空间分辨率 0.03 mm/pixel,图像之间不具有时间相关性,流动方向均为从左往右。

图 4.8 的测量范围紧接着图 4.7 的测量范围。由图 4.8(a)可以看出,大尺度拟序结构在向下游演化过程中其结构形状发生较大变化,图像前半段大尺度涡结构呈上小下大的几何形状,而图像后半段涡结构呈两头小中间大,由此可推断,大尺度涡结构在向下游演化过程中具有向上抬升的趋势。导致大尺度涡结构向上抬升的现象,其原因是三维涡结构在沿流向发展演化中,不断与高速主流进行质量、动量和能量交换,密度、速度、能量较高的主流持续地被卷入不断演化的大尺度涡中,大尺度涡结构不断被加速,展向涡结构旋转加快,产生较大的离心力,从而使大尺度涡结构在向下游运动过程中逐渐被抬起,同时在剪切力的作用下不断被拉伸变形,并向 x 方向倾斜。对比观察图 4.8(a)、(b)和(c)可发现,大尺度拟序结构在该测量区间仍然保持着向 x 方向倾斜的趋势,说明主流与大尺度结构之间仍然具有较大的剪切作用,主流与大尺度拟序结构之间仍然存在相对速度,涡结构一直处于不断被加速的状态;大尺度涡结构沿流向演化过程

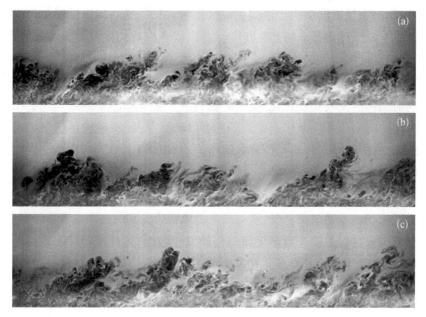

图 4.8 超声速圆柱绕流尾流区 x-z(y=0)平面流场下游段 NPLS 图像

中,不断演化出小尺度涡结构,该现象在图 4.8(c)中表现更为明显,涡之间均保持着相互断裂的状态,且下游断裂距离大于上游断裂,其原因在于大尺度涡结构在沿流向运动过程中不断被加速,下游大尺度涡结构之间的相对速度大于上游涡结构之间的相对速度,由此导致涡结构之间的断裂距离呈现出不断增大的趋势。

2. 时间演化特征

由超声速圆柱绕流流场拟序结构沿流向的空间演化特征可知,拟序结构的空间演化特征只能反映某一时刻绕流流场的结构特征,只能根据该时刻绕流流场拟序结构的空间几何形态定性的判断涡结构的发展趋势,而无法从中获得一定时间间隔内拟序结构随时间的演化过程。为此,本节利用 NPLS 系统的跨帧技术,获取不同时间间隔具有时间相关性的两帧 NPLS 流场图像,以此为基础,分析超声速圆柱绕流流场拟序结构沿流向随时间的演化特征。

图 4.9 所示为不同时间间隔超声速圆柱绕流流场 x-z(y=0)平面流场的 NPLS 图像,图像对应实际流场长度为 228 mm,高度为 26 mm,空间分辨率 0.057 mm/pixel,测量范围为 x = -33 ~ 195 mm,流动方向均为从左往右,时间间隔分别为 5 μs、15 μs 和 30 μs,根据互相关算法可测得在相应时间间隔内涡结构沿 x 方向(流向)的位移,以此可得到尾流不同区间大尺度涡结构在相应间隔内沿 x 方向的运动速度。

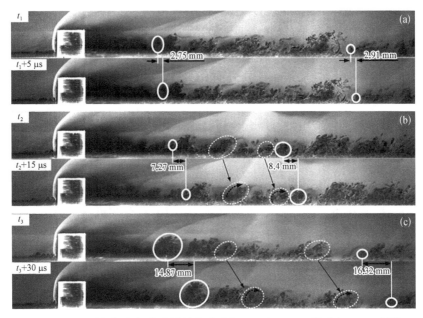

图 4.9　不同时间间隔超声速圆柱绕流流场 $x-z(y=0)$ 平面流场 NPLS 图像

由图 4.9（a）可以看出,在 5 μs 的时间间隔内,超声速圆柱绕流尾流大尺度涡结构运动主要表现为沿流向的平移,其结构几何形状变化非常小,尾流区大尺度拟序结构在该时间间隔内其结构随时间的变化速度要远小于平移速度;大尺度涡结构沿 x 方向的位移逐渐增大,尾流区前段特征结构位移为 2.75 mm,尾流区后段特征结构位移为 2.91 mm,根据给定时间间隔可得到特征结构的运动速度。由大尺度涡结构沿流向的位移逐渐增大可知,尾流区拟序结构沿流向随时间的演化过程中不断被加速。由图 4.9（b）可以看出,在 15 μs 的时间间隔内,尾流区拟序结构的几何形状发生了变化,但变化不大,沿 x 方向的演化过程表现出与 5 μs 时间间隔相似的特征,主要以平移为主,说明在该时间间隔内尾流区大尺度拟序结构随时间的变化速度仍然远小于平移速度;大尺度涡结构沿 x 方向的位移逐渐增大,与 5 μs 时间间隔相比,相应尾流区的位移明显增大,尾流区前段特征结构位移为 7.27 mm,尾流区后段特征结构位移为 8.4 mm,根据给定时间间隔可判断特征结构的运动速度沿流向不断被加速。观察图 4.9（c）,连续两帧 NPLS 图像的时间间隔增加至 30 μs 时,大尺度涡结构沿流向表现出明显的时间演化特征,其结构形状发生明显变化,特别是尾流区上游前段涡结构的变化更为明显,在该时间间隔内已很难辨别出该区域涡结构的时间相关性;但在尾流区下游,大尺度涡结构具有很好的相关性,其形状虽然发生一定程度的变化,但同一涡结构仍保持着其结构特征,仍然能够清晰地辨识出同一涡结构在该时间间隔内的位置变化,表现出与 5 μs 和 15 μs 时间间隔的相似特征,沿流向以平移为主;大尺度涡结构沿 x 方向的位移逐渐增大,尾流区前段特征结构位移为 14.87 mm,尾流区后段特征结构位移为 16.32 mm,由此同样可得到尾流区特征结构的运动速度沿流向不断被加速。对比分析图 4.9(a)、(b)和(c)及测量结果,可以知道超声速圆柱绕流流场尾流区拟序结构沿流向以平动为主,表现出快运动、慢变化的特征;大尺度涡结构沿流向的位移不断增大,说明大尺度涡结构在向下游发展演化的过程中不断被加速,其原因在于高速、高密度主流不断被卷入尾流区低速、低密度拟序结构中,同时在剪切作用下,底层低速流体不断被高速流体夹带到高速主流中,在主流与拟序结构之间不断进行质量、动量和能量的交换,从而使拟序结构在沿流向演化过程中不断被加速,并逐渐接近主流速度。

同时,根据不同时间间隔流向涡结构随时间的演化特征,可判断出尾流区拟序结构在相应时间间隔内的旋转方向,如图 4.9(b)和(c)所示(图中虚线椭圆箭头表示大尺度的涡旋转方向)。由图可以看出,尾流区拟序结构沿顺时针方向旋转,其原因主要由于上层主流沿流向的运动速度大于底层拟序结构的运动速度,在主流和大尺度涡结构之间的剪切作用下,使大尺度涡结构在沿流向发展演化过程中呈顺时针旋转趋势,并向 x 方向倾斜。

由于圆柱前缘、后缘附近流场拟序结构的变化比较剧烈,相应区域 NPLS 图像的时间相关性较差;且后缘近壁面附近流场密度较低,所得 NPLS 图像的灰度值较低,不便于观察。因此,为获取更多的超声速圆柱绕流流场结构信息,便于进一步研究该绕流流场拟序结构随时间的演化特征,采用提高 NPLS 图分辨率方法,对流场进行分段研究。

图 4.10 所示为超声速圆柱绕流圆柱体上游 $x-z(y=0)$ 平面流场近距 NPLS 图及局部放大图,图像对应实际流场长度为 32 mm,高度为 20 mm,空间分辨率 0.022 5 mm/pixel,时间间隔 5 μs,流动方向均为从左往右,流场范围为 $x=-32\sim$ 0 mm。图中虚框区域给出了相应的局部放大图,通过观察局部放大图能够看到更多的流场精细结构。通过观察时间相关两幅 NPLS 图像,可以得到该区域流场结构随时间的演化过程,由此可判断流体微团的运动和旋转方向。由于在三维弓形激波/边界层相互作用下,引起圆柱上游流场边界层发生转捩和分离,导致圆柱前缘近壁面附近的流场结构变化比较剧烈,虽然 5 μs 的时间间隔比较短,但该时间间隔内的连续两帧 NPLS 图像的时间相关性较差,很难通过观察静

态的两帧 NPLS 图像来辨识同一流场特征结构在该时间间隔内的位置变化。但通过放映连续的两帧 NPLS 图像,可以观察到该时间间隔内特征流场结构随时间的演化过程。据此可知,圆柱前缘近壁面附近流场特征流场微团在该时间间隔内的演化趋势。超声速气流绕过圆柱体在圆柱前缘近壁面流场区产生一个顺时针方向旋转的转捩/分离区,如图 4.10 所示(右侧图①、②分别对应虚框流场区域的局部放大图,左侧图 a、b 分别对应实框流场区域的局部放大图);从图中可以看出,上游超声速气流通过弓形激波在圆柱体前缘形成下洗流,下洗流在逆压梯度的作用下逆向流入分离区。

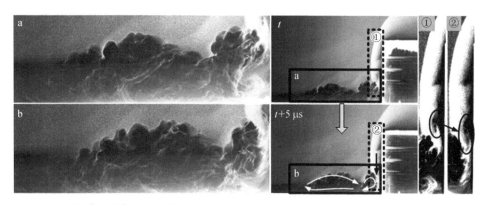

图 4.10　超声速圆柱绕流圆柱体上游 $x-z(y=0)$ 平面流场近距 NPLS 图及局部放大图

图 4.11 所示为超声速圆柱绕流圆柱体下游 $x-z(y=0)$ 平面流场近距 NPLS 图及局部放大图,图像对应实际流场长度为 45 mm,高度为 20 mm,空间分辨率 0.022 5 mm/pixel,时间间隔 15 μs,流动方向均为从左往右,流场范围为 $x=0\sim$ 45 mm。图中右侧虚框流场区域为相应实框流场区域的局部放大图,通过观察局部放大图能够看到更多的流场细节。由于圆柱体后缘近壁面附近流场区域为低压、低密度区域,因此所拍摄得到的 NPLS 图像在该区灰度值较低,图像较暗;同时,超声速气流绕过圆柱体在该区域再附,形成比较复杂的流场结构,且流场结构变化比较剧烈,由此导致所得连续两帧 NPLS 图像的时间相关性较差,无法通过观察静态相关的两帧 NPLS 图像来辨识同一特征结构在该时间间隔内的演化过程。但通过放映连续的两帧 NPLS 图像,可以观察到该时间间隔内特征流场结构的位移及其结构形状随时间的变化,据此可判断圆柱后缘近壁面附近流场特征流场微团在该时间间隔内的演化趋势。如图 4.11(a)和(b)所示,超声速气流绕过圆柱体,在圆柱后缘附近形成一个回流区,回流区流场结构的形式存在一定的非定常性:一是回流区以反向旋转的涡对(涡结构尺寸一大一小)形式存

在,如图 4.11(a)所示;二是回流区以一个顺时针旋转的大涡存在。造成回流区流场结构形式的非定常性的原因有待进一步研究。

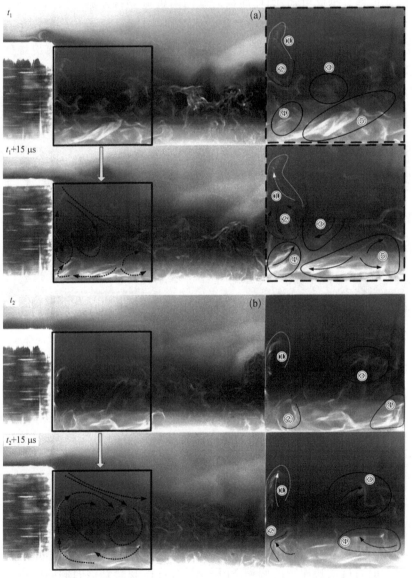

图 4.11 超声速圆柱绕流圆柱体下游 $x-z$ 平面($y=0$)流场近距 NPLS 图及局部放大图

图 4.12 所示为超声速圆柱绕流尾流上游 $x-z(y=0)$ 平面流场 NPLS 图像,图像对应实际流场长度为 75 mm,高度为 22 mm,空间分辨率 0.029 25 mm/pixel,时间间隔分别为 5 μs、15 μs 和 30 μs,流动方向为从左往右,流场范围为 $x=10\sim$

85 mm。观察图 4.12(a)可以清晰看出,在 5 μs 的时间间隔内,尾流大尺度涡结构运动主要表现为沿 x 方向的平移,其结构的几何形状在该区域前段的变化比后段明显,前段几何形状的变化主要表现为沿 x 和 z 方向的拉伸及沿 x 方向的倾斜,后段大尺度涡结构仅出现非常微小的变化;大涡结构沿 x 方向的移动距离逐渐增大,分别为 2.32 mm 和 2.57 mm。由图 4.12(b)可以看出,在 15 μs 的时间间隔内,与 5 μs 的时间间隔相比,大尺度涡结构的几何形状尺寸在该测量区域

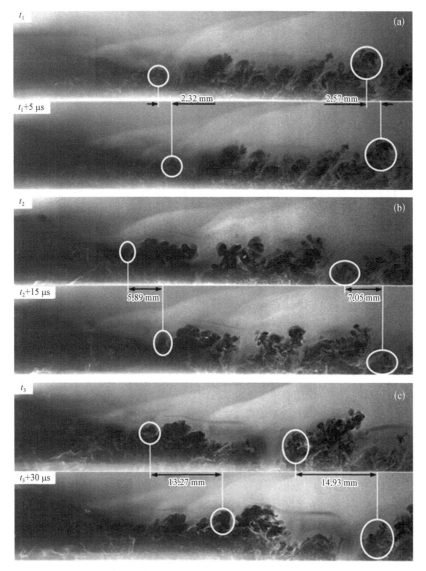

图 4.12　超声速圆柱绕流尾流上游 x - $z(y=0)$ 平面流场 NPLS 图

的前段和后段都有相对比较明显的变化,均表现为沿 x 和 z 方向的拉伸及沿 x 方向的倾斜,但仍然保持其几何结构特征,沿流向仍以平移为主;大尺度拟序结构沿 x 方向的位移特征与时间间隔为 5 μs 时的相同,逐渐增大,分别为 5.89 mm 和 7.05 mm。从图 4.12(c)可以看出,当时间间隔增大到 30 μs 时,测量区域大尺度特征结构沿 x 和 z 方向的拉伸更为明显,沿 x 方向的位移明显增大,分别为 13.27 mm 和 14.93 mm,但仍能清晰辨别出同一涡结构的位置变化,大尺度涡结构仍然表现出以平移为主的特征。对比图 4.12(a)、(b)和(c)及测量结果可以发现,大尺度拟序结构沿 x 方向的位移均在不断增大,说明该测量区域大尺度拟序结构在沿流向演化过程中一直处于被加速状态,尾流中的大尺度涡结构沿流向以平动为主,表现出快运动、慢变化的特征;由于尾流区上游存在较强的不稳定波,促使流体微团卷起形成展向涡结构,展向涡结构发展初期尺度较小,且涡结构之间的尺度比较接近,而尺度越接近的相干涡结构之间的相互作用就越强,具有随机性的相对小的展向涡结构通过相互作用迅速形成有规律的大涡结构;展向涡结构在自诱导的作用下不断向上抬起,同时在剪切流场的作用下发生变形,出现拉伸、弯曲等现象,从而导致该测量流场区域前段涡结构的变化比较快。

图 4.13 为超声速圆柱绕流尾流下游 $x-z(y=0)$ 平面流场 NPLS 图,图像对应实际流场长度为 105 mm,高度为 24 mm,空间分辨率 0.03 mm/pixel,时间间隔分别为 5 μs、15 μs 和 30 μs,流场范围为 $x=85\sim190$ mm,流动方向均为从左往右。对比图 4.13(a)、(b)和(c)及测量结果可以发现,大尺度展向涡结构在该测量范围内,具有相关性的两幅 NPLS 图像的时间间隔即使为 30 μs,大尺度拟序结构仍然保持其几何结构特征,其结构形状变化很小,大尺度拟序涡结构在该区域沿流向以平动为主,同时展现出快运动、慢变化的特征;从测量结果可以看出,大尺度拟序结构沿 x 方向的位移均在不断增大,说明该测量区域拟序结构沿流向一直处于加速状态。

根据超声速圆柱绕流尾流 $x-z(y=0)$ 平面流场的时间演化结构特征可知,基于平板的有限高超声速圆柱绕流流场,在三维弓形激波/边界层相互作用下,在圆柱体上游形成顺时针旋转的弓形分离区;在圆柱后缘附近流场形成具有一定非定常性的回流区,回流区流场结构以反向旋转的涡对或顺时针旋转的大涡形式存在;尾流区内的拟序结构在沿流向演化过程中以平动为主,具有几何结构相似性和周期性,表现出快运动、慢变化的特征;大尺度拟序结构在沿流向演化过程中不断沿 x 和 z 方向不断被拉伸,且在剪切作用下向 x 方向倾斜;同时,拟序结构沿流向的位移不断增大,不断被加速。

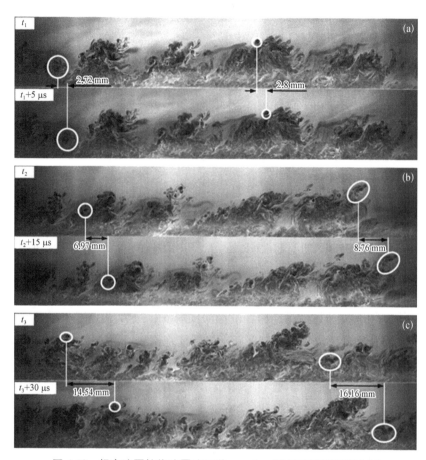

图 4.13　超声速圆柱绕流尾流下游 $x-z(y=0)$ 平面流场 NPLS 图

4.2.2　展向切面涡结构时空演化特征

1. 空间结构特征

图 4.14 所示为不同高度超声速圆柱绕流 $x-y$ 平面流场 NPLS 图像,图像对应实际流场长度为 230 mm,宽度为 30 mm,空间分辨率 0.057 5 mm/pixel,片光高度(沿 z 方向的距离)分别为 6 mm、8 mm、11 mm 和 15 mm,流场范围为 $x=-24\sim$ 206 mm,流动方向均为从左往右。图中灰度值较低(较暗)区域为超声速气流绕过圆柱体所形成的拟序结构。观察图 4.14(a)可以发现(片光高度 $z=6$ mm),超声速气流绕过圆柱体在其后缘附近形成回流区,回流区远端距 $x=0$ 平面约 $1.7D$;在回流区下游出现周期性旋涡脱落,从图中可以看出旋涡以反向旋转的涡对模式进行脱落,在旋涡脱的初期,涡对沿 x 方向呈现较好的对称性,随着涡对

沿流向的发展演化,在主流剪切及尾流中不稳定性等因素的作用下,涡对沿 x 轴向的对称性逐渐消失,涡对出现扭转、拉伸等复杂变化,反向旋转的涡对在 x 轴两侧交替出现,如图 4.15 所示;从所得 NPLS 图像可以看出,这些脱落的涡对在沿流向发展演化过程中未出现合并现象;反向旋转的涡对在向下游发展过程中,涡对之间出现由紧密相连到彼此分离的现象,该现象的出现由于尾流中脱落的涡对沿流向逐渐被加速,从而使下游涡对沿流向的运动速度大于上游涡对的运动速度。由图 4.14(b)可以发现(片光高度 $z=8$ mm),周期性旋涡开始仍以对称反向旋转的涡对模式脱落,但这种对称性迅速消失,随后涡对之间彼此分离并沿 x 轴两侧交替出现,且涡对之间的间距更加明显,与图 4.14(a)相比,涡对的结构尺寸也明显减小。观察图 4.14(c)和(d)可以发现(片光高度分别为 $z=11$ mm 和 15 mm),开始观察到的周期性旋涡脱落,其构型以涡团形式存在,看不出对称性的涡对,但随着脱落旋涡沿流向的发展演化,逐渐呈现出对称性反向旋转的涡对;从图中可以看出,涡对之间的分离距离更大,呈现出一定的孤立性;从图 4.14(c)中可以看出,尾流区拟序结构在沿流向发展演化过程中,有小尺度拟序结构的出现。对比观察和分析不同高度超声速圆柱绕流流场拟序结构的空间演化特征,随着测量流场高度的增加,绕流流场尾流区拟序结构的结构尺寸呈减小趋势;脱落的旋涡之间出现分离,且分离距离逐渐增大,在测量位置较高处呈现出一定的孤立性。根据上述现象,并结合该绕流流场流向拟序结构的空间结构特征和时间演化特征,充分反映出超声速圆柱绕流流场尾流区拟序结构的三维特征。具有三维特征的拟序结构在沿流向演化过程中,在主流剪切及高速、高密度

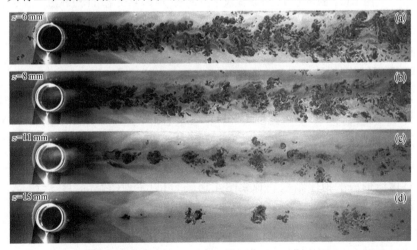

图 4.14　不同高度超声速圆柱绕流 $x-y$ 平面流场 NPLS 图像(z 值为片光所在平面)

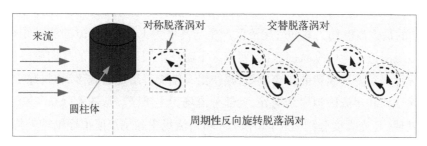

图 4.15 超声速圆柱绕流涡结构脱落模式示意图

气流不断进入等作用下,拟序结构不断被拉伸变形,并向流向倾斜,使拟序结构呈现出上小下大的几何形状;同时,脱落的涡对沿流向逐渐被加速,由此出现随测量流场高度的增加拟序结构的结构尺寸呈减小趋势,且脱落涡对之间分离距离不断增大的现象。

为得到更多的超声速圆柱绕流展向流场的细节结构,采用分段测量以提高 NPLS 图像分辨率的办法,对不同高度的展向流场进行了细致研究。

图 4.16 所示为不同高度超声速圆柱绕流 x-y 平面流场 NPLS 图像,图像对应实际流场长度为 130 mm,宽度为 64 mm,空间分辨率 0.032 5 mm/pixel,片光高度(沿 z 方向的距离)分别为 3 mm、6 mm、8 mm 和 11 mm,流场范围为 $x = -24 \sim 95$ mm,流动方向均为从左往右。图中灰色没有流动结构的区域为主流区,灰度值较低的流体微团为拟序结构。由图 4.16(a)可以看出(片光高度 $z = 1$ mm),由于三维弓形激波/边界层相互作用而诱导产生的弓形转捩/分离区,通过测量得到弓形转捩/分离区的上游起始位置距离 $x = 0$ 平面约为 2.1D,结合绕流流场拟序结构沿流向的时空演化特征可知,由于来流扰动的非定常性,从而导致转捩/分离区起始位置存在一定的波动,转捩/分离区起始位置距 $x = 0$ 平面的平均距离约为 1.9D;观察转捩/分离区的拟序结构可以发现,随着拟序结构沿流向的发展演化,其结构尺寸逐渐增大,涡结构沿流向明显被拉伸,呈带状,且具有向上抬升的趋势,类似层流边界层内的"发卡"涡结构[6];在弓形转捩/分离区上游看不到流场结构,说明该区域处于层流状态;超声速气流绕过圆柱体,在其后缘附近流场形成收缩状回流区,回流区下游顶端距离 $x = 0$ 平面约为 1.7D,这与拟序结构沿流向的测量结果一致(平均距离约为 1.73D);回流区下游产生周期性脱落的反向旋转旋涡对,旋涡对脱落演化前段具有较好的对称性,随着沿流向的发展逐渐出现上下波动,并发生扭转、拉伸和变形,涡对沿 x 轴交替出现。观察图 4.16(b)可以发现(片光高度 $z = 6$ mm),在高度流场中,仅发现少量由三维弓形

激波/边界层相互作用所诱导产生的涡结构,说明转捩/分离区大尺度涡结构的沿 z 向的最大高度约为 6 mm;尾流区产生与高度为 1 mm 处相似的流场结构,在圆柱后缘附近产生收缩状回流区,回流区下游产生周期性脱落的反向旋转涡对,但对称性涡对发展演化的距离较短,很快沿 x 轴交替出现的脱落涡对;除少量分离区涡结构和尾流区拟序结构外,大部分流场为主流区。从图 4.16(c)和(d)中可以发现(片光高度分别为 8 mm 和 11 mm),流场中除尾流区拟序结构外均为主流流场,没有流动结构出现,在这两种高度的流场中已很难发现周期性脱落的对

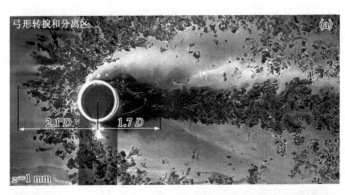

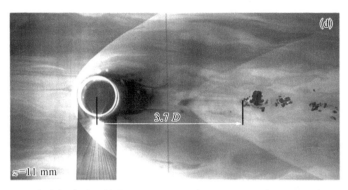

图 4.16　不同高度超声速圆柱绕流 x-y 平面流场 NPLS 图像(z 值为片光所在平面)

称涡对,图 4.16(c)中为沿 x 轴上下交替出现的脱落涡对,图 4.16(d)中在圆柱体下游距 $x=0$ 平面 3.7D 处才有脱落涡结构的出现。对比上述各图可以发现,随着测量流场高度的增加,在圆柱体后缘附近产生的回流区的形状尺寸出现明显变化,随测量高度的增加回流区的收缩状更加明显,且回流区的面积逐渐缩小。

图 4.17 所示为不同高度超声速圆柱绕流 x-y 平面流场 NPLS 图像,图像对应实际流场长度为 130 mm,宽度为 34 mm,空间分辨率 0.032 5 mm/pixel,片光高度(沿 z 方向的距离)分别为 6 mm、8 mm、11 mm 和 15 mm,流场范围为 $x=75\sim$ 205 mm,流动方向均为从左往右。对比观察图 4.17(a)、(b)、(c)和(d)可以发现,随着测量流场高度的增加,该测量区域流场拟序结构的尺寸逐渐减小,涡对之间的分离距离逐渐增大;脱落的涡对主要以沿 x 轴上下交替的模式出现,仅在图 4.17(a)测量流场区域的前段出现对称性脱落的涡对。

对比观察图 4.14、图 4.16 和图 4.17 可以发现,测量流场的高度不同,流场结构的区别也较大。同时,超声速圆柱绕流流场拟序结构具有明显的三维结构特征。因此,在对该绕流流场进行分析过程中,需要将流向流场结构和展向流场结构结合在一起进行综合研究分析,才能得到比较全面、正确的流场结构信息。

2. 时间演化特征

图 4.18 所示为不同高度超声速圆柱绕流 x-y 平面流场 NPLS 图像,图像对应实际流场长度为 230 mm,宽度为 30 mm,空间分辨率 0.057 5 mm/pixel,片光高度(沿 z 方向的距离)分别为 6 mm、8 mm 和 11 mm,流场测量范围为 $x=-25\sim$ 205 mm,流动方向均为从左往右,具有相关性的两幅图像的时间间隔均为 15 μs。

图 4.17   不同高度超声速圆柱绕流 $x-y$ 平面流场 NPLS 图像 (z 值为片光所在平面)

利用 NPLS 系统的跨帧技术可以获得具有相关性的两幅图像,由此可以判断同一流体微团在该时间间隔内的演化情况。对比观察图 4.18(a)、(b)和(c)可以发现(对应片光高度分别为 6 mm、8 mm 和 11 mm),尾流区上游圆柱体后缘附近流场结构演化速度较快,且低压、低密度回流区灰度值较低,很难观察到尺度较小流体微团的精细结构信息,回流区下游初期卷起并脱落的涡对发展演化比较迅速,脱落旋涡的结构形状和尺寸均发生较大的变化,被迅速拉伸变形,由此导致该测量区域特征流场结构的时间相关性较差;同时,由于观测流场范围较大,相应的 NPLS 图像分辨率较低,也导致难以观察到该区域流场的精细结构信息;在相同时间间隔内,回流区下游大尺度涡结构与沿流向的时间演化特征相比,沿展向($x-y$ 平面)随时间的变化速度更快,大尺度流体微团中出现小尺度

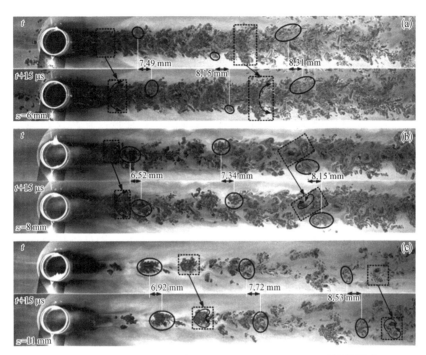

图 4.18　不同高度超声速圆柱绕流 x - y 平面流场 NPLS 图 (时间间隔为 15 μs)

流动结构的湮灭和新结构的生成,但大尺度涡结构仍保持其结构特征,能清晰辨别同一涡结构在该时间间隔内的位置变化情况,仍然呈现出以平动为主的发展演化特征;观察不同高度流场的 NPLS 图像,尾流区拟序结构展现出周期性和几何结构相似的特征,根据互相关算法可测得不同高度流场的拟序结构在指定时间间隔内沿 x 方向(流向)的位移,并由此可以得到各拟序结构沿流向对应的运动速度,从大尺度涡结构位移的测量结果(图 4.18)可以看出,相同时间间隔内下游涡结构的位移大于上游涡结构的位移,这说明 x - y 平面(展向)流场涡结构在沿流向发展过程中不断被加速,此结论与 x - z 平面(流向)流场涡结构沿流向的发展演化结论一致;根据 15 μs 时间间隔内不同高度流场涡结构形状尺寸的变化趋势,可以判断出周期性脱落涡对的具体运动情况,如图 4.18 所示(虚线方框区域为特征涡结构随时间的演化情况),由此可以知道超声速圆柱绕流周期性脱落的旋涡为反向旋转的涡对,由此也验证了由 x - y 平面流场涡结构的空间结构特征得到的结论。

　　本节仍然采用分段测量提高分辨率的方法,对超声速圆柱绕流 x - y 平面流场拟序结构随时间的演化特征进行细致研究。

　　图 4.19 所示不同高度超声速圆柱绕流 NPLS 图像及其局部放大图,图像对应实际流场长度为 95 mm,宽度为 26 mm,空间分辨率 0.032 5 mm/pixel,片光高度(沿 z 方向的距离)分别为 1 mm、6 mm 和 8 mm,流场测量范围为 $x = 0 \sim 95$ mm,流动方向均为从左往右,具有相关性的两幅图像的时间间隔均为 15 μs,黑色虚框流场区域为相应实框流场区域的局部放大图,局部放大图能够反映更多的流场细节。由于圆柱回流区流场结构变化比较剧烈,导致该区域流场精细结构的时间相关性较差,仅通过实验获得的静态 NPLS 图像很难判断流动细节的变化趋势,但通过快速连动两幅时间相关图像可以观察到流动细节的细微变化,由此可判断出回流区特征结构随时间的演化趋势,从而得到图中所示回流区流场运动特征,回流区由反向旋转的涡对组成,并在局部放大图中标示出特征结构经过指定时间间隔的演化过程。从图中可以看出,回流区下游周期性脱落的涡对经过 15 μs 的时间间隔发生比较明显的变化,在 $x\text{-}y$ 平面出现明显的拉伸和扭转,同时伴随有小尺度结构的湮灭和新结构的生成,但大尺度涡对仍然保持着其结构的几何形态,经过实验设定的时间间隔仍能清晰辨别同一涡对位置的变化,根据互相关算法可测得其位移,由此得到其沿流向的运动速度,由图 4.19(c)测量结果可知,下游涡对的位移大于上游涡对的位移,分别为 7.22 mm 和 7.86 mm,说

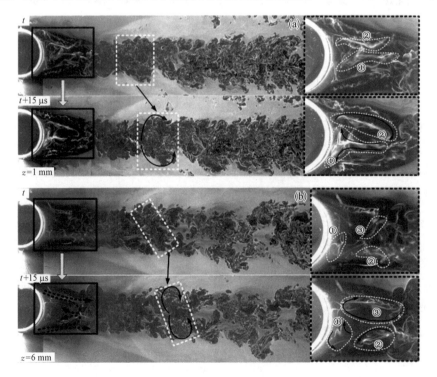

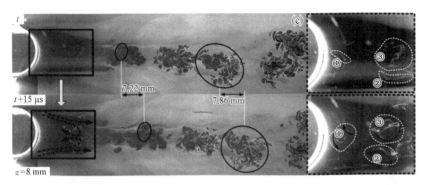

图 4.19　不同高度超声速圆柱绕流 x-y 平面上游流场 NPLS 图及其局部放大图

明周期性脱落的涡对沿流向不断被加速。

　　图 4.20 所示不同高度超声速圆柱绕流 x-y 平面下游流场 NPLS 图像,图像对应实际流场长度为 130 mm,宽度为 34 mm,空间分辨率 0.032 5 mm/pixel,片光高度(沿 z 方向的距离)分别为 6 mm、8 mm 和 11 mm,流场测量范围为 $x=75\sim205$ mm,流动方向均为从左往右,具有相关性的两幅图像的时间间隔均为 15 μs。对比观察图 4.20(a)、(b)和(c)可以发现(对应的片光高度分别为 6 mm、8 mm 和 11 mm),在该测量区域上下游大尺度旋涡结构随时间的位移变化不大,沿流向仍有较小幅度的增大,大尺度涡结构沿流向的运动速度仍在不断增加,仍处于不断加速状态,但加速度明显减小,说明拟序结构沿流向的运动速度已接近于主流速度,主流与拟序结构之间的相对速度变小,主流与大尺度拟序结构之间的剪切作用也相应减小;对比观察不同高度时间相关 NPLS 图像可以发现,经过 15 μs 的时间间隔,大尺度涡结构仍在不断进行着拉伸、扭转等演化过程,同样出现小尺度结构的壮大、消失和新结构的生成,说明该测量阶段主流与拟序结构之

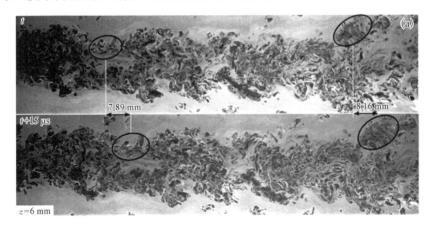

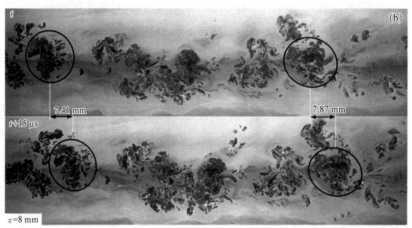

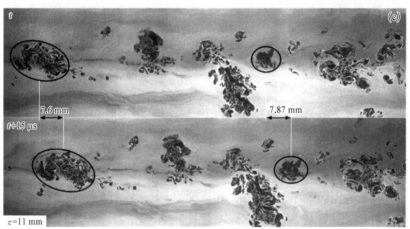

图 4.20 不同高度超声速圆柱绕流 x – y 平面下游流场 NPLS 图（时间间隔为 15 μs）

间仍在不断地进行着质量、动量和能量的交换,高密度、高速度、高能量的主流气
流不断进入运动速度较低的拟序结构,从而促进拟序结构随时间不断发展演化;
从图中还可以看出,随着测量流场高度的增加,大尺度拟序结构的尺度在不断减
小,且脱落涡对之间越来越分散,孤立性越来越明显。

4.3 速度场结构

本节采用基于 NPLS 系统的超声速 PIV 技术对 $Ma = 2.68$ 超声速圆柱绕流
流场的速度分布进行定量研究,以获取更多的超声速圆柱绕流流场的量化信息,深入理解该流场的流动机制。在对超声速圆柱绕流流场进行 PIV 实验研究中,将流场分成前后两段分别进行测量,PIV 速度场测量仍然采用 2.2.3 节中定义的坐标系。

4.3.1　复杂波系干扰区域的速度场结构

图 4.21 为超声速圆柱绕流 x - $z(y=0)$ 平面流场前段测量区域的 PIV 粒子图像,对应的实际流场长度为 117 mm,宽度为 36 mm,空间分别率为 0.03 mm/pixel,两帧图像的时间间隔为 0.3 μs,流场测量范围为 $x=-33\sim84$ mm,流动为方向从左向右。由于通过基于 NPLS 系统的超声速 PIV 技术采集得到的粒子图像质量受环境温度、湿度、环境光强及壁面反射光等因素的影响,所得图像质量相对较差,但仍能清晰观察到超声速圆柱绕流流场的复杂结构及其变化,且环境噪声的影响不会对超声速 PIV 系统测量结果产生影响。

(a) 第一帧图像　　　　　　　　　　　　　　(b) 第一帧图像

图 4.21　超声速圆柱绕流 x - $z(y=0)$ 平面流场前段测量区域的 PIV 粒子图像(时间间隔 0.3 μs)

从 PIV 粒子图像中可以看出,超声速圆柱绕流流场的实际结构及气流的可压缩性使流场密度分布产生较大的梯度变化,测量区域流场结构的变化较为复杂,在圆柱体上游产生较强的弓形激波,弓形激波/边界层相互作用引起上游边界层发生层流边界层→边界层转捩→边界层分离的变化过程;在圆柱体下游产生复杂波系结构和拟序涡结构。

图 4.22 所示为对应 PIV 粒子图像的速度场测量结果,灰色柱体为圆柱体模型,其中(a)为平均合速度云图;(b)为 x 方向速度云图;(c)为 z 方向速度云图;(d)为涡量云图。

由合速度云图可以看出,弓形激波前超声速来流流场区域的速度分布比较均匀,经过弓形激波,速度发生明显变化;在壁面黏性及其剪切作用下,壁面附近流场(边界层内)气流速度显著减小,且低速区的高度沿流向变大;超声速气流绕过圆柱体,在其后缘附近出现低速区,速度约为 50 m/s,低速区下游产生运动速度为 150~500 m/s 的拟序结构,且拟序结构的位置与 PIV 粒子图像基本一致;

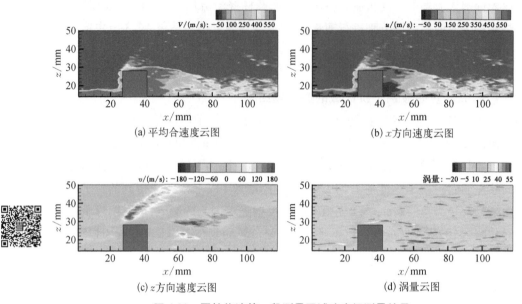

(a) 平均合速度云图　　　　　　　　　　(b) x方向速度云图

(c) z方向速度云图　　　　　　　　　　(d) 涡量云图

图 4.22　圆柱绕流第一段测量区域速度场测量结果

圆柱体下游拟序结构速度场出现多处高速流体微团,说明高速主流与低速拟序结构之间不断产生质量和能量的交换。

由 x 方向速度云图可以看出,弓形激波上游来流流场的速度分布比较均匀,超声速气流经过弓形激波其速度发生显著变化;主流与边界层内流场之间存在较大的速度梯度,越靠近壁面速度越低,边界层内低速区的厚度沿流向出现增厚,从测量结果可以看出,在边界层内出现逆向(与主流运动方向相比)运动的流体团,且逆向运动的流体微团位于底部,由此可判断在圆柱体上游边界层内产生顺时针旋转的回流区;超声速气流绕过圆柱体,在圆柱体后缘附近产生一个低速区,从低速区速度分布可以看出,下部低速气流逆向运动,上部低速气流与主流运动方向一致,由此可判断超声速气流绕过圆柱体在圆柱后缘附近产生顺时针旋转的回流区;回流区下游速度场分布特征与合速度云图基本相同,低速拟序结构速度场出现多处高速流体微团,反映了高速主流与低速拟序结构之间不断产生质量和能量的交换,并且随着拟序结构向下游的发展,拟序结构中高速流体微团所占的比例越大,说明拟序结构运动的速度在加快。

观察 z 方向速度云图可知,圆柱体上游 z 方向的速度分量很小,大部分区域接近 0,说明来流比较均匀;超声速气流通过弓形激波其速度和方向均发生剧烈变化,向下的最大速度分量将近达到 180 m/s;圆柱体下游,形成较大的向下运动的流体团,向上最大运动速度分量约为 160 m/s,同时存在最大速度约为 140 m/s向上运动的较小流动结构,可见圆柱下游高密度、高速度的主流向下翻转的速度要大于下层流体向上卷起的速度,高密度、高速度主流向下层低密度、低速度拟序结构传质传能起主导作用,促进高速主流与尾流区低速拟序结构之间的质量和能量的交换,对拟序结构沿流向的运动和发展演化起加速作用。

通过涡量云图可以得到,在圆柱体上游近壁面流场区域,由于逆压梯度的存在引起上游边界层变厚、转捩及分离,在边界层与高速主流之间产生较强的涡量;超声速气流穿过弓形激波并绕过圆柱体,圆柱体后沿附近周围气流压力经历先增大后减小(气流先收缩后膨胀)的过程,圆柱体上表面附近流场沿流向产生较大的顺压梯度,从而在圆柱体上表面产生较强涡量并向流体内部扩散;超声速气流绕过圆柱体再附并在其后缘附近形成回流区,回流区与超声速气流之间产生明显的分界线——自由剪切层,主流与底层低速流及拟序结构之间产生较强的剪切作用,同时在壁面黏性和剪切作用下,在圆柱体下游形成相间分布的正负涡量场,但主要表现为流体内涡量向壁面扩散,这说明由速度剪切为主的结构已经转变为拟序涡结构旋转为主导的结构,这也是导致展向涡结构在沿流 x 方向发展过程中呈顺时针方向旋转并不断向 x 方向倾斜的因素。对比分析 PIV 粒子图像和 PIV 测量结果可知,超声速圆柱绕流流场 PIV 的测量结果较好地反映了对应粒子图像显示的流场结构和流动特征。

4.3.2　尾迹区域的速度场结构

图 4.23 所示为超声速圆柱绕流 x-$z(y=0)$ 平面流场第二段段测量区域的 PIV 粒子图像,对应的实际流场长度为 120 mm,宽度为 28 mm,空间分别率为 0.03 mm/pixel,两帧图像的时间间隔为 0.3 μs,流场测量范围为 $x=74\sim194$ mm,流动为方向从左向右。图 4.24 为相应流场区域的 PIV 测量结果,其中(a)为平均合速度云图;(b)为 x 方向速度云图;(c)为 z 方向速度云图;(d)为涡量云图。

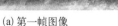

(a) 第一帧图像　　　　　　　　　　　　　(b) 第一帧图像

图 4.23　超声速圆柱绕流 x-$z(y=0)$ 平面流场第一段测量区域的 PIV 粒子图像

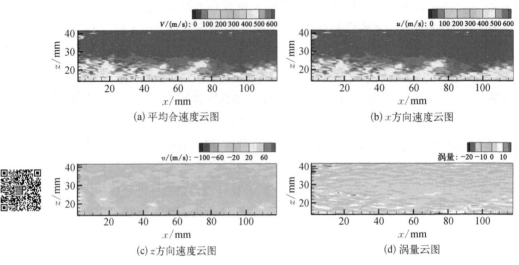

(a) 平均合速度云图　　　　　　　　　(b) x 方向速度云图

(c) z 方向速度云图　　　　　　　　　(d) 涡量云图

图 4.24　第二段测量区域速度场测量结果

对比观察合速度云图和 x 方向速度云图可以发现,在该测量区间,x 方向的运动对流场的整体结构起主导作用;两图显示出的主流区流场结构比较均匀,拟序结构的位置与 PIV 粒子图像基本一一对应,且拟序结构上部沿流向的运动速度较大,已接近主流速度,而拟序结构的下部运动速度相对较低,由此导致拟序结构在沿流向的发展过程中被拉伸变形,并向流向倾斜。观察 z 方向速度云图可以看出,尾流区 z 方向速度呈周期性相间变化,向下最大速度达 $60\ \mathrm{m/s}$,向上最大速度达 $30\ \mathrm{m/s}$,说明高速主流向下翻转的速度仍然大于下层流体向上卷起的速度,高速主流与底层低速拟序结构之间仍然在不断进行着质量、动量和能量交换,同时促使拟序结构在沿流向发展演化过程中不断被加速和向上抬升;与第一段 z 方向速度场分量相比,拟序结构向下翻的速度和向上卷的速度均有所减小,说明拟序结构在沿流向发展演化过程中逐渐被加速,与主流之间的相对速度在减小。由涡量云图可以看出,在该测量区域,主流区涡量呈带状正负涡量相间分布且大小相当;在壁面附近也产生正负相间分布带状涡量,主要表现为壁面产生涡量向流体内扩散,这是引起大尺度拟序结构在沿流向演化过程中出现抬升影响因素。对比观察 PIV 粒子图像与测量结果可以发现,粒子图像与测量结果具有很好的对应关系。

由此可见,超声速 PIV 系统的测量结果较好地反映了对应粒子图像显示的流动特征,同时也从量化角度验证了在超声速圆柱绕流流场拟序结构时空演化特征的研究中得到的相关结论。

4.4 绕流密度场结构及其脉动特性

NPLS 实验系统采用纳米粒子作为示踪粒子,成功解决了在测量超声速流场时所遇到的粒子跟随问题,实现了对超声速流动的密度场进行高分别率测量。本节利用 NPLS 系统对超声速圆柱绕流流场的密度场进行测量,得到绕流流场的瞬态密度场分布,并对密度脉动的频谱特性进行分析。

4.4.1 超声速圆柱绕流密度场结构

图 4.25(a)和(b)所示分别为超声圆柱绕流 $x-z(y=0)$ 平面流场的原始 NPLS 图像及其修正图像。原始 NPLS 图像对应的实际流场长度为 159 mm,宽度为 22 mm,空间分别率为 0.057 mm/pixel,流场范围为 $x=33\sim192$ mm,流动方向从左向右。

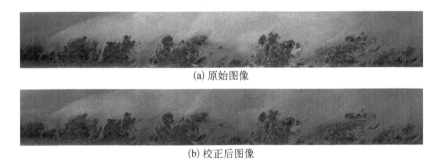

(a) 原始图像

(b) 校正后图像

图 4.25 超声圆柱绕流 $x-z(y=0)$ 平面流场的原始 NPLS 图像及其校正后图像

根据 NPLS 实验系统的基本原理可知,实验所得到的 NPLS 图像为未校准的密度分布图像。由图 4.25 可以看出,原始 NPLS 图像两端稍微偏暗,紧贴平板流场区域由于片光的镜面反射产生一条较亮的条带;图 4.25(b)为原始 NPLS 图像的修正图像,修正后图像的光强分布比较均匀。图 4.26 为相应的修正曲线,修正曲线反映了片光强度沿超声速圆柱绕流流场流向分布的变化规律。基于修正的 NPLS 图像,根据超声速流场中斜激波前后的灰度分布、激波角和来流马赫数所确定的激波前后密度和灰度的对应关系,可以得到超声速圆柱绕流流场的密度分布云图,如图 4.27 所示。由超声速圆柱绕流流场拟序结构的时空演化特征的分析研究结果及其速度场的测量结果可知,超声速气流绕过圆柱体在其下游形成回流区、复杂波系结构和周期性相干拟序结构等复杂的流场结构特征,由此在超声速圆柱绕流流场形成较大的密度脉动,由图 4.27 可以看出,所得到的密度场分布云图能较好地反映超声速圆柱绕流流场的密度分布结构。

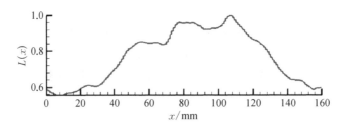

图 4.26　对应的光强分布不均匀修正曲线

图 4.27　超声速圆柱绕流流场瞬态密度场云图

4.4.2　密度脉动的沿程变化

图 4.28 为超声速圆柱绕流流场频谱分析采样线示意图(白色直线为采样线),采样线的高度为 6.9 mm,采样线穿过涡心,以研究涡结构导致的密度变化,NPLS 图像对应的流场参数均与图 4.25 相同。本节在进行不同区域密度场分布特征的研究时,将流场沿流向平均分为三段进行密度随时间的脉动及频谱和功率谱的分析,每段流场长度为 53 mm。

图 4.28　超声速圆柱绕流流场频谱分析采样线示意图

图 4.29 所示为不同采样区间超声速圆柱绕流流场的密度随时间的脉动曲线,横轴为采样时间。根据 NPLS 实验系统的基本原理可知,超声速圆柱绕流流场的密度分布对应相应流场区域的纳米粒子浓度,纳米粒子浓度与 NPLS 图像的灰度相对应。纳米粒子的浓度越高流场区域,反射光强度也越强,相应的NPLS 图像的灰度值越高,图像就越亮。观察所得超声速圆柱绕流流场的 NPLS

图像可知,尾流区拟序结构灰度值均较低,相应的密度也较低;而拟序结构以外的主流流场区域的灰度值较高,则其对应的流场密度也较高。由 NPLS 图像可以看出,采样线所在高度的流场结构不断变化,低密度拟序结构与高密度气流相间分布,密度脉动比较大,对比观察各段密度随时间变化脉动曲线与相应区间的 NPLS 图像,可以发现密度脉动曲线较好地反映了该高度密度场的脉动情况。

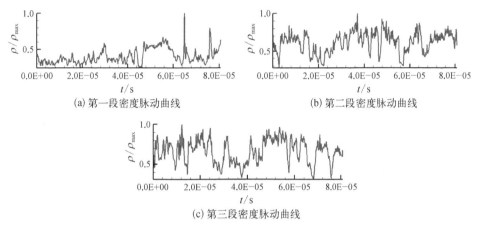

图 4.29　不同区间超声速圆柱绕流密度脉动曲线

图 4.30(a)~(f)所示为各段密度脉动对应的频谱和功率谱,各图纵坐标进行了归一化处理。对比各区间的频谱可以发现,随着拟序结构沿流向的发展演化,高频分量有所增加,密度脉动频谱稍有变宽,其原因在于,该测量高度的流场,其上游处于拟序结构的发展演化初期,拟序涡结构沿流向的发展演化以尺度上的拉伸和结构上的扭转变形为主;随着拟序结构向下游的发展,拟序结构除了发生拉伸和扭转变形外,还伴随着相对较多的小尺度涡结构的湮灭和新结构的产生,由此导致下游测量区间的高频分量增加和密度脉动频谱变宽。从各段频谱图中可以看出,超声速圆柱绕流流场密度脉动的主要频率在 2.5×10^4 Hz 左右。对比观察各区间功率谱发现,随着拟序涡结构沿流向向下游的发展,功率谱与密度脉动频谱的变化规律相似,也较好地反映了超声速圆柱绕流流场的结构变化。

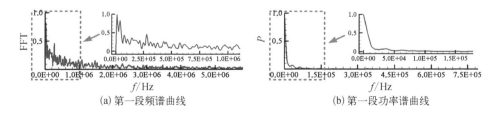

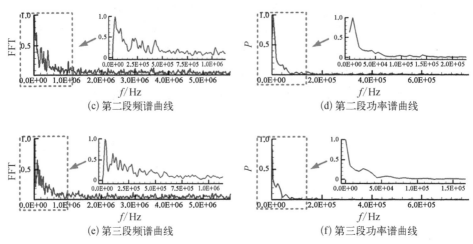

(c) 第二段频谱曲线   (d) 第二段功率谱曲线

(e) 第三段频谱曲线   (f) 第三段功率谱曲线

图 4.30   不同段超声速圆柱绕流密度场频谱和功率谱曲线

4.4.3   尾迹与壁面相互作用对密度脉动的影响

图 4.31 所示为超声速圆柱绕流流场的密度脉动分析采样示意图,采样线高度采用各采样线距离平板壁面的高度除以圆柱体的高度进行无量纲化,无量纲高度分别为 $h_1 = 0.46$、$h_2 = 0.5$、$h_3 = 0.75$ 和 $h_4 = 1.2$,NPLS 图像对应的流场参数与图 4.25 相同。

图 4.31   超声速圆柱绕流流场密度脉动分析采样示意图

图 4.32(a)~(d)分别对应采样高度 h_1、h_2、h_3 和 h_4 的流场密度随时间的脉动曲线。对比观察不同高度流场的密度脉动曲线可以发现,流场高度不同其对应的密度脉动存在较大的区别,由图 4.32(a)和(b)可以看出,两图的密度脉动曲线在开始阶段的密度脉动很小,且为低密度区,主要原因在于该部分采样线均位于同一个低密度的大尺度涡结构上;由于图 4.32(a)所在高度流场的上游部分区域大尺度和较小尺度涡结构密集相间分布,导致该部分区域密度较低脉动小;而图 4.32(b)所在高度,采样线高于图 4.32(a)相应区间流场中较小尺度涡结构的高度,该高度流场的涡结构分布要比图 4.32(a)所在高度的稀疏,密度脉动曲线主要表现大尺度涡结构之间的密度脉动信息,中间较长的高密度气流区

域,因此,图 4.32(b)密度脉动曲线在开始一段小脉动低密度区域后出现突然跃升,进入高密度区;随后,两脉动曲线的脉动规律相似,均反映低密度大尺度涡结构与高密度气流相间分布的密度脉动特性。图 4.32(c)采样线所在高度高于流场上游开始区域的大尺度涡结构,处于高密度主流区,由于采样线穿过激波结构,引起密度的变化,在该密度区产生小幅脉动;随后,采样线进入低密度大尺度涡结构与高密度气流相间分布区,在该区域产生与图 4.32(a)和(b)相似的脉动规律。由图 4.32(d)可以看出,采样线完全位于主流区,脉动曲线在高密度区小幅波动;由于采样线穿过激波结构,引起密度变化,因此仅在脉动曲线的前部相应位置出现相对较大的脉动;由于尾流区存在大尺度涡结构和高密度主流相间分布的拟序结构,则圆柱下游流场近似一个横截面积不断变化的流管,同时在超声气流可的压缩性作用下,导致主流区密度产生小幅脉动。由上述分析可见,不同高度密度脉动曲线能较好地反映 NPLS 图像相应高度的流场密度分布特征。

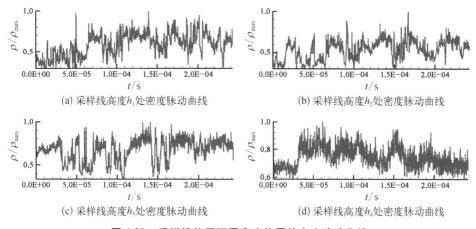

图 4.32　采样线位于不同高度位置的密度脉动曲线

图 4.33(a)~(h)所示为不同高度密度脉动对应的频谱和功率谱。对比观察图中的频谱曲线(a)、(c)和(e)可以发现,不同高度密度脉动曲线所对应的频谱的高频分量和脉动频谱相似,密度脉动的主要频率在 2.5×10^4 Hz 左右;频谱曲线(g)主要由于采样线穿过激波而引起的密度脉动,其主要频率约为 2.5×10^4 Hz。比较不同高度的功率谱可以发现,功率谱展现出与频谱相似的规律,其脉动频率主要集中在低频区,反映出超声速圆柱绕流流场的结构变化。

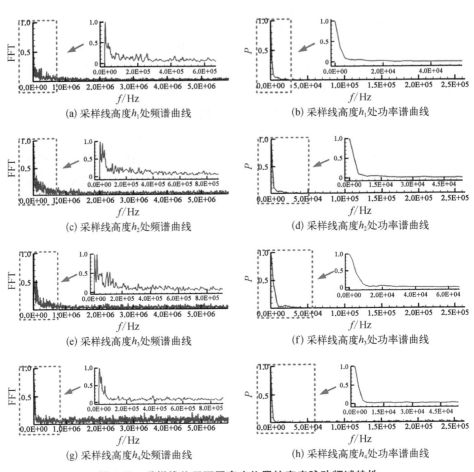

(a) 采样线高度h_1处频谱曲线

(b) 采样线高度h_1处功率谱曲线

(c) 采样线高度h_2处频谱曲线

(d) 采样线高度h_2处功率谱曲线

(e) 采样线高度h_3处频谱曲线

(f) 采样线高度h_3处功率谱曲线

(g) 采样线高度h_4处频谱曲线

(h) 采样线高度h_4处功率谱曲线

图 4.33　采样线位于不同高度位置的密度脉动频域特性

4.4.4　不同时刻密度场脉动特征

图 4.34(a)和(b)所示分别为相同高度不同时刻超声速圆柱绕流流场密度脉动分析的采样示意图,采样线的高度为 6.9 mm,NPLS 图像对应的流场参数与图 4.25 相同,两图不具时间相关性。图 4.35(a)、(c)和(e)对应第一时刻密度脉动曲线和相应的频谱及功率谱,图 4.35(b)、(d)和(f)对应第二时刻密度脉动曲线和相应的频谱及功率谱。对比观察两个时刻的 NPLS 图像可以发现,两个时刻绕流流场的尾流结构存在较大的区别,相应的密度分布也会出现很大的差异。对比观察两时刻的密度脉动曲线(a)和(b),两密度脉动曲线分别反映了各自流场相应高度的密度脉动情况,产生密度脉动的原因相同,但脉动规律差别很大。对比观察两个时刻密度脉动曲线对应的频谱曲线和功率谱曲线可以发现,

不同时刻的密度脉动曲线对应的频谱和功率谱相似,脉动频率主要集中在低频区,主要频率在 2×10^4 Hz 左右。

(a) 第一时刻采样线示意图

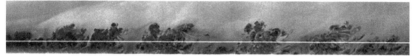

(b) 第二时刻采样线示意图

图 4.34　相同高度不同时刻超声速圆柱绕流流场频谱分析采样线示意图

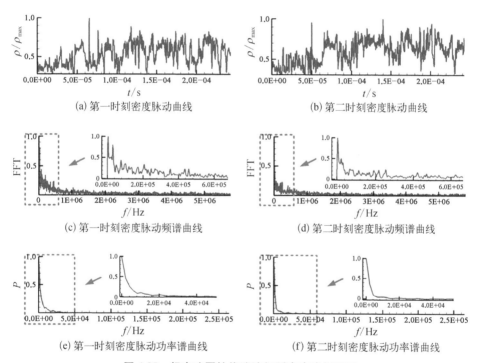

(a) 第一时刻密度脉动曲线　　　　　　　(b) 第二时刻密度脉动曲线

(c) 第一时刻密度脉动频谱曲线　　　　　(d) 第二时刻密度脉动频谱曲线

(e) 第一时刻密度脉动功率谱曲线　　　　(f) 第二时刻密度脉动功率谱曲线

图 4.35　超声速圆柱绕流流场瞬态密度场云图

　　根据上述分析可知,不同高度、不同区域和不同时刻的超声速圆柱绕流流场分别对应的密度脉动曲线存在较大的差异,而相应频谱的高频分量和脉动频谱宽度变化不大,相应的功率频谱表现出与频谱相似的规律。因此,本节对超声速圆柱绕流流场密度随时间的脉动曲线只能反映相同流场同一高度密度分布情况,不具普适性;而由密度脉动得到相应的频谱高频分量和功率谱差别不大,具有一定的普适性,可用于分析本文实验工况下同一模型绕流流场密度脉动的频谱特性。

4.5　流场拓扑结构实验与数值模拟

由于圆柱体上下游壁面附近流场受到可压缩性、湍流、激波等强间断和强扩散因素的影响较为剧烈,导致该区域内超声速圆柱绕流的流动结构变化快、时间相关性差,某些特征通过实验直接辨识存在一定的困难。本节利用数值模拟技术,深入研究了该区域的超声速圆柱绕流流场结构,结合 NPLS 技术的高分辨率流动显示图像,使实验与数值模拟相互验证;同时对不同直径、不同高度的超声速圆柱绕流流场进行了数值分析。

4.5.1　相同模型实验与计算结果对比分析

图 4.36 所示为超声速圆柱绕流 $x-z(y=0)$ 平面和不同高度 $x-y$ 平面流场圆柱体附近密度场云图,圆柱模型与实验模型相同,直径 D 为 15 mm,模型高度

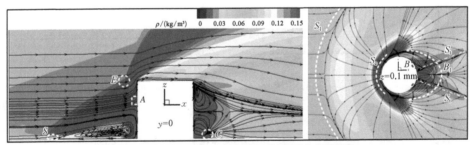

(a) $x-z(y=0)$ 平面和 $x-y$ 平面近平板壁面密度场云图

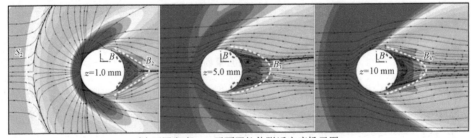

(b) 不同高度 $x-y$ 平面圆柱体附近密度场云图

图 4.36　$x-z(y=0)$ 平面及不同高度 $x-y$ 平面圆柱体附近密度场分布云图

H 与直径相等 $(H=D)$，y 值和 z 值分别代表对应平面流场的密度分布云图和速度矢量图，来流马赫数为 2.68。对比观察 $x-z(y=0)$ 平面和不同高度 $x-y$ 平面流场数值模拟结果可以得到如下结论。

（1）圆柱体上游。超声速气流绕过圆柱体在其上游产生较强的三维弓形激波，三维弓形激波与边界层相互作用形成顺时针旋转的三维弓形分离区(S_i 与 S_e 之间的区域，$i=1$、2)，分离点 S 距 $x=0$ 平面约为 $2.1D$(S_2 顶点距 $x=0$ 平面约 $1.8D$)，分离区随观察流场面($x-y$ 平面流场)的升高而逐渐减小；边界层分离诱导产生分离激波，在 $x-z(y=0)$ 平面分离激波与三维弓形激波交于 E 点($-0.7D$,0,D)；超声速气流通过激波结构在圆柱体前缘形成驻点 A(距平板约 $0.7D$)，驻点下方气流在逆压梯度及气流剪切作用下向下运动，并被卷入会分离区。

（2）圆柱体下游。超声速气流绕过圆柱体在其后缘 B 处出现分离(红色虚线圈标识)，在后缘附近形成以逆向旋转的涡对形式存在的回流区；超声速气流绕过圆柱体，$x-z(y=0)$ 平面气流在 C 处再附，不同高度 $x-y$ 平面气流形成不同的再附线 B_i($i=1$、2、3、4)，气流从再附区 C 或再附线 B_i 向外反向离开，向上游运动形成回流区逆向旋转的涡对，向下游运动促进尾流区拟序结构的形成；由近壁面流场数值结果($z=0.1$ mm)可以看出，超声速气流绕过圆柱体，在其下游形成较强的三维再附激波，在三维再附激波面的两侧，超声速气流沿平板壁面流向三维再附激波，形成附着线 S_t。

（3）密度梯度变化。超声速圆柱绕流流场由于受到可压缩性、湍流、大尺度结构、激波、滑移线等强间断和强扩散因素的影响，激波结构前后、主流与边界层之间、主流与圆柱体后缘附近流场区域之间等均存在较大的密度梯度，超声速气流穿过激波结构气流密度明显升高，边界层及分离区流场密度较低，圆柱体后缘附近流场为低密度区域。

结合超声速圆柱绕流拟序结构沿流向和展向的空间结构特征和时间演化特征，图 4.36 所示 $x-z(y=0)$ 平面和不同高度 $x-y$ 平面流场的数值模拟结果，流场结构特征和密度分布特征均与 NPLS 实验结果吻合较好。因此，本节所采用的数值方法和计算模型是正确可行的。本文采用 SST $k-\omega$ 湍流模型对基于平板的不同直径超声速圆柱绕流流场进行了模拟。

4.5.2　尺度效应对圆柱绕流拓扑结构的影响

图 4.37～图 4.41 分别为不同模型超声速圆柱绕流流场的密度场云图，圆柱模型直径 D 分别为 5 mm、10 mm、20 mm、30 mm 和 45 mm，各圆柱模型高 H 均等

于其直径,来流马赫数均为 2.68,y 值和 z 值分别代表对应平面流场的密度分布云图和速度矢量图。

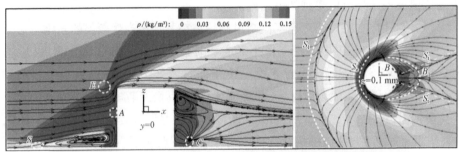

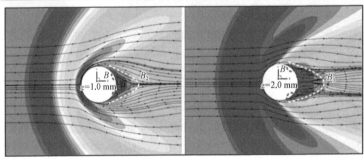

图 4.37　$x-z(y=0)$ 平面及不同高度 $x-y$ 平面圆柱体附近密度场分布云图($D=H=5\ \mathrm{mm}$)

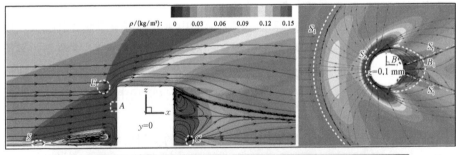

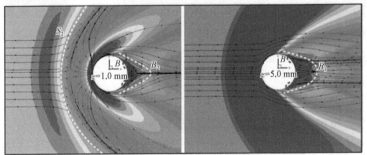

图 4.38　$x-z(y=0)$ 平面及不同高度 $x-y$ 平面圆柱体附近密度场分布云图($D=H=10\ \mathrm{mm}$)

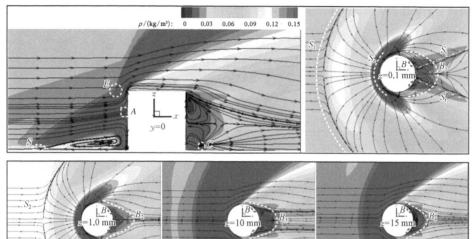

图 4.39　$x-z(y=0)$ 平面及不同高度 $x-y$ 平面圆柱体附近密度场分布云图 $(D=H=20\ \mathrm{mm})$

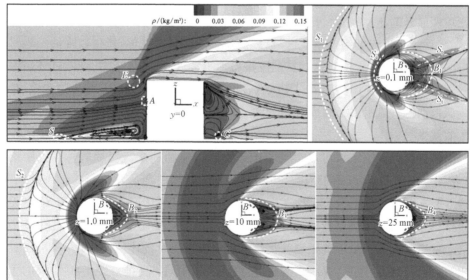

图 4.40　$x-z(y=0)$ 平面及不同高度 $x-y$ 平面圆柱体周围密度场分布云图 $(D=H=30\ \mathrm{mm})$

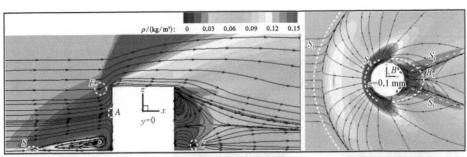

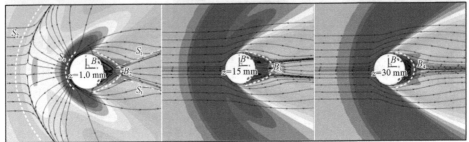

图 4.41 $x-z(y=0)$ 平面及不同高度 $x-y$ 平面圆柱体附近密度场分布云图($D=H=45\ \mathrm{mm}$)

由密度云图和速度矢量图可以看出,不同模型超声速圆柱绕流流场产生相似的密度分布结构和流动结构,激波结构前后、主流与边界层及主流与圆柱体后缘附近流场区域之间等均存在较大的密度梯度变化,超声速气流穿过激波结构密度明显升高,边界层及分离区流场密度较低,圆柱体前缘附近流场为高密度区,其后缘附近流场为低密度区域;超声速气流绕过圆柱体,产生较强的三维弓形激波,并诱导产生逆时针旋转的三维弓形分离区;圆柱体下游,在圆柱体后缘附近流场形成以逆向旋转涡对形式存在的回流区,产生较强的三维再附激波,再附激波两侧气流沿平板壁面流向激波与边界层相互作用位置,形成对称分布的附着线 S_t。

根据数值模拟结果可以得到不同模型超声速圆柱绕流流场的特征点距离(特征点距离 $x=0$ 平面的距离),并将其分别除以圆柱直径 D 进行无量纲处理,表 4.1 为相应的特征点无量纲结果,表中 S/D、$B/D(z=0.1\ \mathrm{mm})$、C/D 和 S_1/D 无量纲结果均表示相应点到 $x=0$ 平面的距离与相应圆柱模型直径 D 的比值,A/D 表示驻点 A 到平板壁面的距离与相应圆柱模型直径 D 的比值。从表 4.1 可以看出,不同模型的超声速($Ma=2.68$)圆柱绕流流场中同类特征点距 $x=0$ 距离的无量纲值变化不大,说明不同模型超声速圆柱绕流流场中各特征点的位置相对固定。在 $x-z(y=0)$ 平面,圆柱体上游回流区在距离 $x=0$ 平面约为 $2D$ 处发生分离,驻点 A 位于圆柱前缘距平板约 $0.67D$ 处,再附点 C 位于圆柱体下游距 $x = 0$ 平面约 $0.76D$ 处;在 $x - y(z = 0.1~\text{mm})$ 平面,超声速气流绕过圆柱在圆柱体后缘距 $x = 0$ 平面约 $0.41D$ 处发生分离,上游分离线 S_1 距 $x = 0$ 平面的最大距离约为 $2D$,此与 $x - z(y = 0)$ 平面的分离点 S 的起始位置一致。

表 4.1　不同模型超声速圆柱绕流特征点距离的数值模拟结果

D/mm	S/D	A/D	B/D	C/D	S_1
5	2.05	0.65	0.43	0.77	2
10	2.01	0.65	0.41	0.75	2.05
15	2.08	0.69	0.42	0.73	2
20	2.03	0.67	0.39	0.77	2.1
30	2.12	0.67	0.38	0.74	2.04
45	1.92	0.68	0.42	0.78	1.97

4.6　小结

本章根据高分辨率粒子图像、速度场和密度场等实验数据,对圆柱绕流中的激波结构、激波/边界层相互作用、复杂波-涡相互干扰及尾流区拟序结构的时空演化特征进行了深入研究,建立了超声速圆柱绕流流场的波系结构模型。由于流场结构十分复杂,某些重要信息难以通过实验手段获得,本章结合数值模拟结果,对相应流场与实验数据进行了研究,得到如下结果。

（1）超声速层流圆柱绕流流场产生复杂的波系结构,包括三维弓形激波、分离激波、再附激波及小激波结构等。本章根据不同流向和展向切面流场的 NPLS 图像,对绕流流场的激波结构进行了重构。

（2）NPLS 实验系统再现了绕流流场的复杂结构,首先在三维弓形激波/边界层相互作用下形成三维弓形转捩/分离区,分离区内涡结构呈带状且沿流向具有向上抬升的趋势,类似边界层内的典型"发卡"涡结构。根据实验定量测量结果,沿流向涡结构尺度逐渐增加,呈现出明显的上升趋势;不同流向和展向切面的涡结构差别较大,体现出拟序涡结构具有较强的三维特征;在圆柱后缘附近流场形成以反向旋转的涡对形式存在的回流区,尾流区拟序涡结构以周期性反向旋转的涡对进行脱落,脱落涡在沿流向演化过程中以平动为主,并不断被加速,且具有几何结构相似性和周期性,并表现出快运动、慢变化的特征;相比较而言,同一时间间隔内展向切面涡结构的演化速度要快于流向切面涡结构的演化速度。

（3）基于速度场的测量结果,较好地反映了圆柱绕流流场的速度分布特征,再现了绕流流场中由激波、边界层、拟序涡结构等引起速度梯度变化的精细信息。定量测量结果表明,在圆柱体附近形成分离区和回流区,拟序涡结构沿流向演化过程中不断被加速,且主流和拟序涡结构之间不断进行着质量、能量交换,揭示了绕流流场的动力学特性。

（4）密度场的瞬态测量结果较好地反映了激波、涡运动及壁面效应导致的流场密度变化。由密度脉动特征及频谱分析表明,同一时刻不同高度、同一时刻相同采样高度的不同区域和不同时刻相同采样高度的密度脉动存在较大的差异,说明尾流区拟序涡结构运动及壁面效应对密度脉动产生显著的影响,尾流区大尺度涡结构对密度脉动起着主导作用,同时密度脉动具有比较明显的非定常性。

参考文献

［1］Hung C M, Buning P G. Simulation of blunt-fin-Induced shock-wave and turbulent boundary-layer interaction［J］. Journal of Fluid Mechanics, 2013, 154(5): 163 – 185.

［2］Rizzeta D P. Numerical simulation of turbulent cylinder juncture flowfields［J］. AIAA Paper 93 – 3038, 1993.

［3］马汉东,李素循,吴礼义.高超声速绕平板上直立圆柱流动特性研究［J］.宇航学报,2000, 21(1): 1 – 5.

［4］Casper K M, Wheaton B M, Johnson H B, et al. Effect of free stream noise on roughness-induced transition at Mach 6［R］. AIAA 2008 – 4291, 2008.

［5］Wheaton B M, Schneider S P. Roughness-induced instability in a hypersonic laminar boundary layer［J］. AIAA Journal, 2012, 50(6): 1245 – 1256.

［6］Robinson S K. Coherent motions in the turbulent boundary layer［J］. Annual Review of Fluid Mechanics, 1991, 23(1): 601 – 639.

第5章

附壁半球结构超声速绕流流场精细结构

鼓包减阻技术是一种有效提高飞行器临界特性的控制技术,通过飞行器表面加装鼓包装置,改变激波附近区域的飞行器表面形状,从而降低原始激波强度,推迟激波位置,消除激波诱导边界层分离及分离泡产生,并有效减小激波阻力[1-3]。在高超声速飞行器进气道中,激波/边界层干扰是一类最为常见而又复杂的流动现象[4-6],会导致较大的流动损失,形成高换热区,易造成进气道的不起动。通过设置鼓包压缩面,可有效改善进气道性能[7-11]。半球结构超声速/高超声速绕流流场与飞行器鼓包绕流流场具有相似的流场结构,通过研究附壁半球超声速/高超声速绕流流场的精细结构,对超声速/高超声速飞行器设计和总体性能改善具有重要的工程应用价值。

超声速平板边界层及其与附壁半球的相互干扰,具有广泛的应用背景和重要的科学意义,由于相应绕流流场具有较大的速度梯度和密度梯度,对测量技术提出了较高的要求。本章利用具有高动态响应的 NPLS 技术和高品质超声速流动机制研究平台,研究超声速半球绕流流场的精细结构和运动特征。与圆柱绕流相比,半球体对超声速流场的干扰偏弱,在运动规律上有明显的区别。本章特别对半球壁面曲率影响下的边界层分离、附着、爬升、横流、再分离和再附的全过程及其与超声速主流的相互作用进行分析。

5.1 激波结构

图 5.1 所示为超声速半球绕流 $x-z(y=0)$ 平面流场的 NPLS 图像,图 5.1(a)对应的实际流场长度为 92 mm,高度为 21 mm,空间分辨率 0.054 5 mm/pixel;

图 5.1(b)对应的实际流场长度 77 mm,高度 18 mm,空间分辨率 0.021 5 mm/pixel,流动方向均为从左往右。

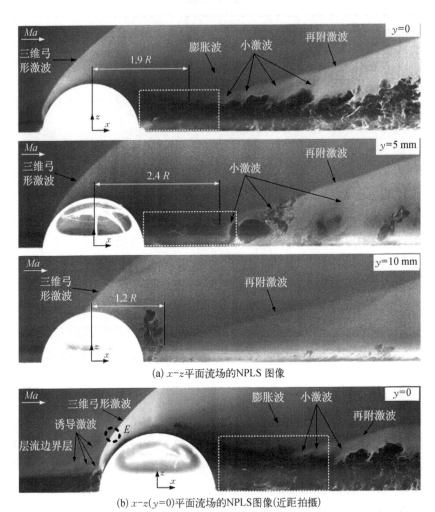

(a) x-z平面流场的NPLS 图像

(b) x-z(y=0)平面流场的NPLS 图像(近距拍摄)

图 5.1 不同片光位置绕流 x-z 平面流场的 NPLS 图像

观察图 5.1 可以看出,超声速气流绕过平板上的半球体,形成复杂的激波结构,在半球体上游产生较强的三维弓形脱体激波,来流通过脱体激波引起压力、密度和温度的剧烈变化,由于逆压梯度的作用,层流边界层在激波前发生转捩/分离,诱导出一系列弱激波,并汇聚成一条诱导激波,与弓形激波交于点 E ($-0.8R$,0,R);在半球体下游形成膨胀波和较强的具有三维特征的再附激波;在绕流流场尾流区产生大量复杂的低速(与主流相比)大尺度涡结构,高速气流经过等熵压缩并在脱落涡结构的阻碍作用下,形成一系列小激波结构。脱落涡在向下游发展演化过程中,不断与高速主流进行质量、动量和能量交换,不断被高速主流加速,其速度不断接近主流速度,从而使小激波在向下游发展的过程中,强度逐渐变弱,甚至消失。从图中可以观察到,超声速半球绕流流场对应的 NPLS 图像亮度均匀,三维弓形激波上游来流流场灰度值较低,经过激波后流场灰度值升高,半球体上游边界层及其尾流大尺度逆序涡结构区灰度值最低。根据 NPLS 系统的基本原理,NPLS 图像对应的是实验流场的密度场,密度场与纳米粒子浓度相对应,因此,绕流流场灰度值的差别,主要源于流场本身密度的不同。来流经过激波后,流场密度升高,相应的纳米粒子浓度也增大,散射光强度增强,灰度值较高;上游边界层区及尾流大尺度拟序涡结构区,由于流场本身的密度较低,从而使所得到的 NPLS 图像在该区于较暗。图中的虚框内流场为尾流收缩区(称为尾流颈)。

　　根据不同片光位置所得到 NPLS 实验图像,可测得绕流流场尾流区内相应再附激波的起始位置的量化结果。如图 5.1 所示,$y=0$ 平面流场,再附激波起始位置距 $x=0$ 平面 $1.9R$;$y=5$ mm 平面流场,再附激波起始位置距 $x=0$ 平面 $2.4R$;$y=10$ mm 平面流场,再附激波起始位置距 $x=0$ 平面 $1.2R$;片光位置由 $y=0$ 到 $y=10$ mm,再附激波起始位置沿 z 轴逐渐降低。据此,可推断超声速半球绕流流场三维再附激波起始位置,由对称面(流向)向半球两边,沿 x 轴(流向)先增大后减小,沿 z 轴逐渐降低。

　　图 5.2 为不同片光高度超声速半球绕流流场 $x-y$ 平面 NPLS 图像,图像对应的实际流场长度 92 mm,宽度 56 mm,空间分辨率 0.03 mm/pixel,流动方向均为从左往右。由绕流 $z=2$ mm 平面流场 NPLS 图可以看出,半球体上游三维弓形激波与边界层相互作用,形成三维弓形转捩/分离区,分离区内大量涡结构沿流向呈"带"状,与层流边界层里的"发卡涡"类似,并旋转着向下游运动。由 $z=5$ mm、8 mm 和 10 mm 平面流场 NPLS 图可以看出,在半球尾流区形成较强的具有三维特征的再附激波,主流在下游大尺度涡结构阻碍作用下形成一系列小激波结构。

　　根据不同片光高度所得到 NPLS 实验图像,可测得相应再附激波的起始位置。如图 5.2 所示,$z=5$ mm 平面流场,再附激波起始位置距 $x=0$ 平面 $1.9R$;$z=8$ mm 平面流场,再附激波起始位置距 $x=0$ 平面 $2.9R$;$z=10$ mm 平面流场,再附激波起始位置距 $x=0$ 平面 $4.5R$。由此可推断超声速半球绕流流场三维再附激波起始位置在 $x-y$ 平面内,沿 x 方向(流向)逐渐增大。

　　对比分析 5.1 和图 5.2 激波结构及其相关测量数据,可以重构出超声速半球绕流流场的激波结构示意图,如图 5.3 所示。

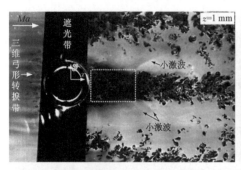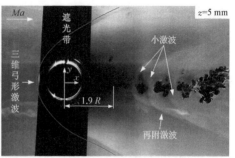
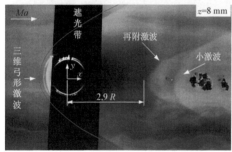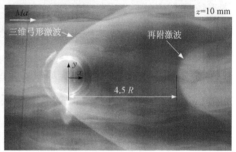

图 5.2　不同片光高度绕流 x-y 平面流场的 NPLS 图像

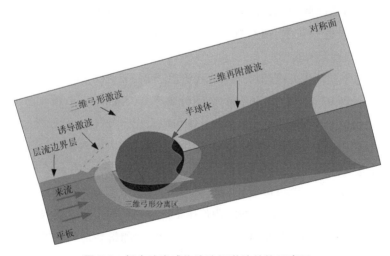

图 5.3　超声速半球绕流流场激波结构示意图

5.2　拟序涡结构时空演化特征

超声速气流绕过半球球体,引起局部干扰形成复杂的流场结构,这些拟序结构主导着下游流场的质量、动量和能量交换,本节根据 NPLS 系统所得流场图像及其时间相关性,对超声速半球绕流流场涡结构沿流向和展向的空间特征和时间演化特征进行研究。

5.2.1　流向切面涡结构高分辨率定量成像

1. 空间结构特征

图 5.4 所示为超声速半球绕流对称面($y=0$)流场结构 NPLS 图像,图像对应实际流场长度 180 mm,高度 27 mm,空间分辨率 0.047 5 mm/pixel,流动方向均为从左往右。由此图可以看到基于平板的超声速半球绕流流场沿流向的空间发展过程,半球上游可分为层流区和转捩/分离区,半球体下游可分为再附区、展向涡结构卷起及初步发展区和展向涡结构发展区三个阶段。半球上游区域三维弓形激波/边界层的相互作用产生逆压梯度,诱导上游层流边界层转捩/分离;超声速气流绕过半球体,在半球体下游形成收缩状弓形再附流面,再附流面与平板相交形成附着线,再附流面两侧的气流从附着线沿平板壁面反向向外离开,同时在固壁附近形成剪切流或涡量场,并产生不稳定波,随着不稳定波的增长,使流体团卷起形成旋涡,再附着线上游半球后缘近壁面区域形成收缩状回流区,再附着线下游形成周期性的展向涡结构。从图中可以看出,展向涡结构的周期性流场在向下游传播过程中,在黏性扩散和大尺度涡结构的无黏扩散作用下,剪切层的厚度不断增加,相应的雷诺数也随之增加,涡结构的尺度沿流向逐渐增大,并呈不断向上升高的趋势。导致涡结构的尺度沿流向不断增大且呈上升趋势的原因是,展向涡结构在向下游发展过程中其速度不断增大(在下文涡结构沿流向的时间演化特征中得到证实),涡结构旋转得更快,由此产生更大的离心力,原来的流动压差不足以平衡离心力,使流体微元不断向外移动,同时扰动向着不断增强的趋势发展,从而使展向涡结构的尺度沿流向不断增大并呈不断上升的趋势。

图 5.4　超声速半球绕流 x-z($y=0$)平面流场结构 NPLS 图像

图 5.5 为不同采样时刻所得到的超声速半球绕流 x-z($y=0$)平面流场的 NPLS 图像,图像对应流场的实际尺寸和空间分辨率与图 5.4 相同,图像选取具

有随机性,不具有时间相关性。对比图 5.5(a)、(b)和(c)可以看出,超声速半球绕流 $x-z$ 平面流场的空间发展过程基本上是一致的。观察图 5.5(a)和(c)可以发现,在三维弓形激波上游边界层保持较好的层流性,边界层表面仍然较为平滑,在激波/边界层相互作用的局部区域出现明显的边界层凸起,而从图 5.5(b)中能清晰看到在三维弓形激波上游出现较大的涡结构凸起和较大的涡结构,在边界层表面形成凹角。半球后缘近壁面收缩状回流区在 x 方向(流向)的长度变化不大,收缩区下游顶端距离 $x=0$ 平面的距离约为 $2R$。因此,半球绕流尾流区 $x-z(y=0)$ 平面流场的大尺度涡结构发展区的起始位置大致相同。观察尾流区大尺度涡结构可以发现,下游区涡结构展现出相似性和周期性的特征,大尺度拟序涡结构在向下游发展演化过程中出现断裂现象,在图中已用方框标识出。

图 5.5 不同采样时刻超声速半球绕流 $x-z(y=0)$ 平面流场结构 NPLS 图

为更好地研究超声速半球绕流流场空间发展演化过程及其精细结构,提高图像的空间分辨率,获得更多的超声速半球绕流流场内部精细流动结构的信息,对超声速半球绕流流场采用分段测量的方法进行了进一步的研究。

图 5.6 所示为不同时刻超声速半球绕流 $x-z(y=0)$ 平面流场近距 NPLS 图像(前段测量区),图像对应实际流场长度为 86 mm,高度为 25 mm,测量范围为 $x=-32\sim54$ mm,空间分辨率 0.021 5 mm/pixel,图像之间不具有时间相关性,流动方向均为从左往右。从图中可以看到上游边界层的空间变化过程,边界层上游前段保持较好的层流特性,半球上游在三维弓形激波/边界层相互干扰及由此产生的逆压梯度的作用下,层流边界层逐渐变厚,最后发展到转捩和分离,并由此诱导出一系列较弱的诱导激波;半球下游收缩状回流区产生复杂的小尺度流场

结构,回流区内精细流场结构的运动可通过 NPLS 图像的相关性进行分析(在下文进行细致研究),在回流区下游,大尺度展向涡结构开始卷起并发展,其结构展现出周期性和几何相似性的特征。

图 5.6　不同时刻超声速半球绕流 x - $z(y=0)$ 平面流场近距 NPLS 图

图 5.7 为超声速半球绕流尾流区 x - $z(y=0)$ 平面流场上游段 NPLS 图,图像对应实际流场长度为 98 mm,高度为 21 mm,测量范围为 $x=34\sim132$ mm,空间分辨率 0.032 mm/pixel,图像之间不具有时间相关性,流动方向均为从左往右。由图 5.7(a)可以看出,测量流场区域的前半段不稳定涡结构尺度的变化主要体现在长度(x 方向)上,由 6.4 mm 增加到 11.3 mm;后半段大尺度涡结构的高度变化不大,长度变化表现出不稳定性,在向下游演化过程中衍生出较小尺度的涡结构,并且出现大尺度涡结构之间出现断裂现象;中间区域不稳定涡结构的长度(x 方向)和高度(z 方向)均变化比较剧烈,长度由 11.3 mm 增加到 18.5 mm,高度由 7.6 mm 增加到 11 mm。观察图 5.7(b)可以发现,不稳定涡结构的尺度变化主要体现在高度上,涡结构的尺寸沿流向逐渐增大,沿流向呈上升趋势,且在后半段出现断裂现象。由图 5.7(c)可以发现,由大量小尺度涡结构组合而成的大尺度涡结构在前半段沿流向呈上升趋势发展演化,后半段大尺度不稳定涡结构的高度变化比较平缓,且出现断裂现象。对比观察图 5.7(a)、(b)和(c)可以知道,超声速半球绕流尾流在该观察区域表现出如下特征:不稳定大尺度涡结构沿流向呈上升趋势不断发展演化;展向涡结构之间在前半段的空间演化过程中分别首

尾相连,在后半段大尺度涡结构之间出现断裂现象;大尺度涡结构在空间发展演
化过程中均表现出周期性和几何结构相似的特征;大尺度涡结构在向下游运动
过程中,由于受到高速主流的剪切作用,展现出向 x 方向倾斜的趋势,沿顺时针
方向旋转。

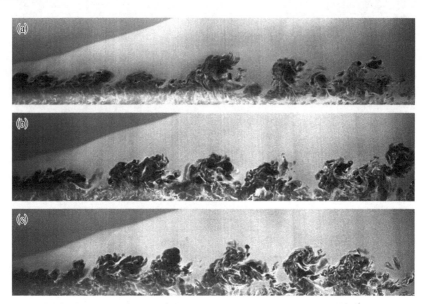

图5.7　超声速半球绕流尾流区 x - z(y = 0)平面流场上游段 NPLS 图

　　图 5.8 为超声速半球绕流尾流区 x - z(y = 0)平面流场下游段 NPLS 图,图像
对应实际流场长度为 131 mm,高度为 22 mm,测量范围为 x = 105~234 mm,空间
分辨率 0.032 75 mm/pixel,图像之间不具有时间相关性,流动方向均为从左往
右。观察图 5.8 可以发现,超声速半球绕流尾流区下游段大尺度不稳定涡在沿
流向发展演化过程中仍然呈现出上升的趋势,这种上升趋势图 5.8(a)和(c)表
现得较为明显,图 5.8(b)相对比较平缓。同时从图中可以看出大尺度涡结构已
断裂成孤立的涡结构,并且涡结构断裂的距离沿流向逐渐增大,图 5.8(a)断裂
距离由 4.3 mm 增大至 20.3 mm,图 5.8(b)断裂距离由 3.8 mm 增大至 17 mm,图
5.8(c)断裂距离由 0 增大至 26.5 mm,大尺度涡结构之间的断裂距离沿流向逐渐
增大,说明涡结构在向下游运动过程中不断被加速,下游涡结构沿流向的运动速
度高于上游大尺度涡结构的运动速度,并且大尺度涡结构呈现出中间大两头
(涡结构头部和根部)小的几何特征,在向下游发展过程中这种几何特征更为明
显,这种现象表明大尺度涡结构在向下游发展演化过程中具有向上腾起的趋势。

导致大尺度涡结构向上腾起的现象,其原因是三维涡结构在沿流向运动过程中,在剪切力的作用,不断与高速主流进行质量、动量和能量交换,高速、高密度主流持续地被卷入不断演化的大尺度涡中,大尺度涡结构不断被加速,展向涡结构旋转更快,产生较大的离心力,从而使大尺度涡结构在向下游运动过程中逐渐被抬起的同时不断被拉伸变形,并向 x 方向倾斜。

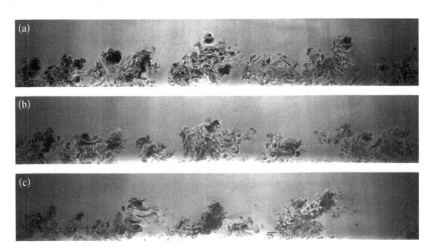

图 5.8　超声速半球绕流尾流区 x-$z(y=0)$ 平面流场下游段 NPLS 图

2. 时间演化特征

超声速半球绕流流场涡结构沿流向的空间演化特征研究,所选 NPLS 图像是在不同采样时刻得到的,图像之间不具有时间相关性,每张图像只能反映某一时刻的流场结构,无法确定单个涡结构随时间的发展演化过程。为了得到不同时间间隔条件下超声速半球绕流流场涡结构沿流向随时间的演化特征,本小节利用 PIV 的跨帧技术,获取不同时间间隔且具有时间相关特征的两帧 NPLS 流场图像。以具有相关特征的图像为基础,分析超声速半球绕流流场涡结构沿流向随时间的演化特征。

图 5.9 所示为不同时间间隔超声速半球绕流流场 x-$z(y=0)$ 平面流场的 NPLS 图像,图像对应实际流场长度为 177 mm,高度为 24 mm,空间分辨率 0.047 5 mm/pixel,流动方向均为从左往右,时间间隔分别为 5 μs、15 μs 和 30 μs,根据互相关算法可测得在相应时间间隔内涡结构沿 x 方向的位移。由图可以看出,在 5 μs 的时间间隔内,超声速半球绕流尾流大尺度涡结构运动主要表现为沿流动方向的平移,其形状并没有发生明显的变化,大涡结构沿 x 方向的移动距离逐渐增大(2 mm、2.8 mm 和 3.2 mm),由此可以判断尾流中的大尺度拟序结构

在该时间间隔内其结构随时间的变化速度要远小于平移速度;在 15 μs 的时间间隔内,大尺度涡结构沿 x 方向的演化过程表现出与 5 μs 时间间隔相似的特征,主要以平移为主,其形状变化不大,且沿 x 方向的位移逐渐增大(7.3 mm、8.1 mm 和 8.6 mm);时间间隔为 30 μs 时,可以发现大尺度涡结构已表现出明显的演化特征,其结构形状变化比较明显,特别是尾流上游流场涡结构的变化更为明显,在该时间间隔内已很难辨别出涡结构的相关性,但在尾流的下游流场,大尺度涡结构具有很好的相关性,其形状虽然发生一定程度的变化,但仍然能够清晰地辨识出同一涡结构在该时间间隔内的位置变化,涡结构沿 x 方向的位移逐

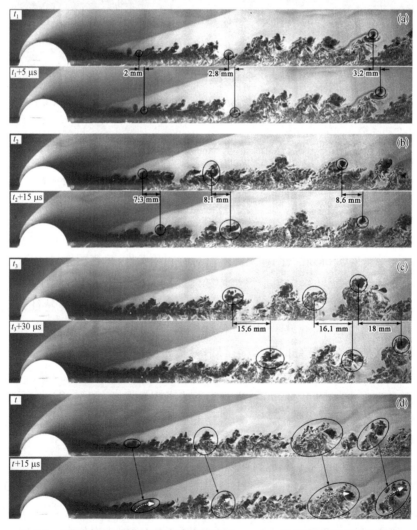

图 5.9　不同时间间隔超声速半球绕流流场 $x - z(y = 0)$ 平面流场 NPLS 图像

渐增大(15.6 mm、16.1 mm 和 18 mm),此现象与 5 μs 和 15 μs 的情况相似。对比图 5.9(a)、(b)和(c)及其测量结果,可以知道超声速半球绕流尾流中的涡结构沿流向以平动为主,具有快运动、慢变化的特征,大尺度涡结构沿流向的位移不断增大,说明大尺度涡结构在向下游发展演化的过程中不断被加速,其原因在于高速、高密度主流持续地被卷入不断演化的大尺度涡中,底层低速流体也被不断带入高速主流,同时在剪切作用下,使大尺度涡结构在向下游运动过程中不断被加速且逐渐接近主流速度。由图 5.9(d)可以看出,根据不同时间间隔展向涡结构随时间的发展演化特征,可判断出涡结构在指定时间间隔内的旋转方向(图中白色虚线箭头),涡结构顺时针旋转是在于主流和大尺度涡结构之间的剪切作用。

为了进一步研究超声速半球绕流流场拟序涡结构随时间的演化特征,提高图像的空间分辨率,反映更多的流场精细结构细节,本小节对流场进行了分段研究。

图 5.10 所示为超声速半球绕流 x-z(y=0)平面流场近距 NPLS 图及局部放大图,图像对应实际流场长度 86 mm,高度 24 mm,空间分辨率 0.021 5 mm/pixel,时间间隔 5 μs,流动方向均为从左往右,流场范围为 x=−33~54 mm。图中虚框区域为相应实框流场区域的局部放大图,局部放大图能够显示更多的流场细节。

通过观察具有时间相关性的两幅图像,可以获取局部区域流场结构的变化趋势,据此可以判断该区域内流场微团的运动和旋转方向。由于半球前后缘近壁面流场结构变化比较迅速,5 μs 的时间间隔,两帧 NPLS 图像的时间相关性很差,很难通过观察连续的两帧静态 NPLS 图像来辨识同一流场精细结构在该时间间隔内的位置变化。但通过放映连续的两帧 NPLS 图像,可以获取指定时间间隔内流场微团随时间的演化特征。

根据半球前缘近壁面流场区特征流场微团在该时间间隔内的演化趋势可知,超声速半球绕流在半球前缘近壁面流场区产生一个顺时针方向旋转的分离区,由于实验段流场存在一定的非定常性,不同实验由三维弓形激波所引起的逆压梯度不尽相同,从而使由其诱导产生分离区范围的不同,分离线距离 x=0 平面的距离在一定范围内变化,分析不同时刻所得 NPLS 实验图像可得到,绕流流场的分离线距 x=0 平面的距离在 1.3R~2.3R 变化,平均距离约为 1.8R,图 5.10 中分离线距 x=0 平面的距离约为 2R,在半球体前缘形成驻点 A(图中用圆圈标识),驻点距平板高度约为 4 mm,超声速气流通过弓形激波,驻点上方气流沿球体表面向上运动,驻点下方气流在逆压梯度和剪切作用下向下运动;超声速气流绕过半球体,在 B 区域开始发生分离(图中椭圆区域),位置约在 x 方向 $0.6R$ 和 z 方向 $0.8R$ 处,在半球体下游形成收缩状弓形再附流面[图中白色虚线为再附线,再附流面与 $x-z(y=0)$ 平面的交线],再附流面与平板相交形成附着线,绕流尾流的结构特征与上游气流条件密切相关,由于扰动的不确定性,使来流具有一定的非定常性,由此导致每次实验所在实验段的来流条件有所不同,从而产生不同的尾流流场结构。因此,超声速气流绕过半球在其下游的再附位置在一定区域内变化,根据大量实验数据得到再附位置(附着线距 $X=0$ 平面的距离)位于半球下游 $1.3R$~$2.1R$,平均距离约为 $1.7R$,图中气流再附其附着线距 $X=0$ 平面的距离约为 $2R$。再附线两侧的气流从附着线沿平板壁面反向向外离开(如图点划线所示),向上游运动的流体在半球后缘近壁面区域形成收缩状顺时针旋转的回流区,向下游运动的流体存在着复杂的扰动波并被迅速放大,形成周期性的展向涡结构。

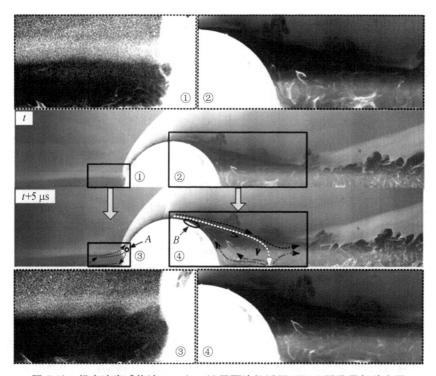

图 5.10 超声速半球绕流 $x-z(y=0)$ 平面流场近距 NPLS 图及局部放大图

图 5.11 所示为超声速半球绕流尾流上游 $x-z(y=0)$ 平面流场 NPLS 图,图像对应实际流场长度为 116 mm,高度为 22 mm,空间分辨率 0.032 75 mm/pixel,

时间间隔分别为 5 μs、15 μs 和 30 μs,流动方向为从左往右,流场范围为 $x = 25 \sim$ 141 mm。从图中可以清晰观察到,在 5 μs 和 15 μs 的时间间隔内,尾流大尺度涡结构运动主要表现为沿流动方向的平移,其形状没有发生明显的变化,大涡结构沿 x 方向的移动距离逐渐增大,大尺度拟序结构随时间的变化速度要远小于平移速度;时间间隔为 30 μs 时,大尺度涡结构已发生明显的变形,这种现象在该段上游表征得更为明显,在下游区域大尺度涡仍然保持着比较明显的结构特征,能够清晰地辨识出同一涡结构在该时间间隔内的位置变化,涡结构沿 x 方向的位移与 5 μs 和 15 μs 的情况相似,涡结构在沿流向运动过程中逐渐被加速,位移逐渐增大。尾流区上游涡结构的变化比较快,造成这种现象的原因在于该区域

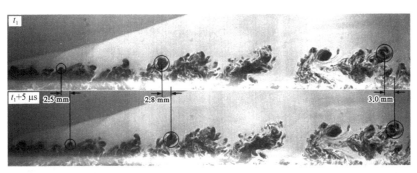

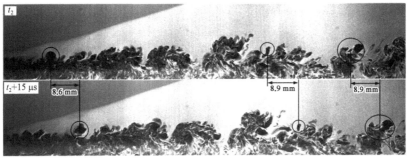

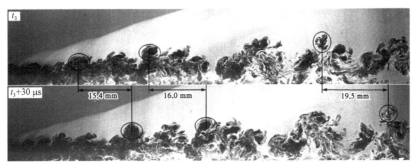

图 5.11　超声速半球绕流尾流上游 x-$z(y=0)$ 平面流场 NPLS 图

的起始端正处于再附流面与平板的交界处,存在较强的不稳定波,促使流体微团卷起形成展向涡结构,展向涡结构发展初期尺度较小,且涡结构之间的尺度比较接近,而尺度越接近的相干涡结构之间的相互作用就越强,由此相干涡结构受小尺度涡结构的影响远大于受黏性的影响,具有随机性的相对小的展向涡结构通过相互作用逐步组织形成有规律的大涡结构;展向涡结构在自诱导的作用下不断向上抬起,同时在剪切流场的作用下发生变形,出现拉伸、弯曲等现象。对比图 5.11 具有相关性的 NPLS 图像及测量结果可以发现,尾流中的涡结构沿流向以平动为主,显示出快运动、慢变化的特征,大尺度涡结构在沿流向运动过程中不断被加速,相应的位移也在不断增大。

图 5.12 所示为超声速半球绕流尾流上游 $x-z(y=0)$ 平面流场 NPLS 图,图像对应实际流场长度 131 mm,高度 22 mm,空间分辨率 0.032 75 mm/pixel,时间间隔分别为 5 μs、15 μs 和 30 μs,流动方向均为从左往右,流场范围为 $x=105\sim 236$ mm。对比图 5.12 中具有相关性的 NPLS 图像及其测量结果发现,大尺度展向涡结构即使在 30 μs 的时间间隔内仍然保持着涡的结构特征,其结构形状变化很小,展现出拟序涡结构在区域沿流向以平动为主及快运动、慢变化的特征;从涡结构位移的测量结果可以看出,涡结构在该区域的位移变化很小,说明在尾流下游区域大尺度涡结构已基本得到充分加速,其沿流向的速度已接近主流的速度。由此可以判断,大尺度涡结构在尾流的下游已基本得到充分的发展演化。

根据超声速半球绕流尾流 $x-z(y=0)$ 平面流场的空间演化结构特征,可分为层流区、分离区、再附区、展向涡结构卷起及初步发展区和展向涡结构发展区,同时,根据 NPLS 图像的时间相关性,得到各区域流场结构随时间的演化特征。在三维弓形激波/边界层作用下,在半球前缘近壁面流场区域形成顺时针旋转的分离区;超声速气流绕过半球体,再附流面与平板相交,交线为附着线,再附流面两侧的流体由附着线反向向外流动(分别向上游和下游运动),再附着线上游行成顺时针旋转的回流区,再附着线下游产生周期性的展向涡结构。在大尺度展向涡结构上游区域由于相干涡结构之间的相互作用、自诱导作用及剪切流剪切作用等综合因素下,展向涡结构发生较大的变形、拉伸和弯扭等现象,展向涡结构的变形较快,相应的时间相关性较差。随着展向涡结构向下游运动,拟序涡结构尺寸的逐渐增大,主流与涡结构之间产生比较剧烈的质量、动量和能量交换,大尺度涡结构沿流向逐渐被加速,涡结构的旋转速度也随之增大,涡结构所受的离心力作用

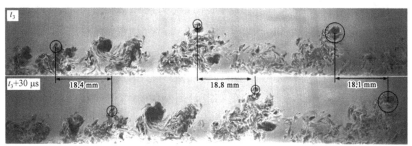

图 5.12　超声速半球绕流尾流下游 $x-z(y=0)$ 平面流场 NPLS 图

增加,从而使展向涡结构沿流向呈上升趋势,并向流向倾斜,在指定时间间隔内涡结构沿流向的位移逐渐增大,并在下游区域涡结构之间出现断裂现象。在大尺度涡结构下游后半段,展向涡结构基本得到比较充分的发展,其上升趋势比较平缓,运动速度与主流速度接近,涡结构在指定时间间隔内的流向位移变化不大,大尺度涡结构之间的断裂现象更加明显,形成孤立的涡结构,断裂距离沿 x 方向逐渐增大,并有脱离平板壁面向上腾起的趋势。

5.2.2　展向切面涡结构高分辨率定量成像

超声速半球绕流流场具有很强的三维特性,由此导致绕流流场的流向涡结构与展向涡结构之间存在较大的差别。由此,基于 NPLS 技术,通过调整激光片光高度,对超声速层流半球绕流流场的不同高度的展向涡结构进行实验研究,有助于更全面地了解绕流流场涡结构的三维特性。

1. 空间结构特征

图 5.13 所示为超声速半球绕流 $x-y(z=1\text{ mm})$ 平面流场 NPLS 图像,图像对应实际流场长度 120 mm,宽度 68 mm,空间分辨率 0.03 mm/pixel,图 5.13(a)、(b)为两次采样所得,不具时间相关性,流场范围为 $x=-24\sim96\text{ mm}$,流动方向均为从左往右,图像对应距离平板 1 mm 高度的流场。

从图像中可以看出,半球体上游及其两侧由于三维弓形激波/边界层相互作用所引起的三维弓形转捩/分离区,结合 5.2.1 节涡结构流向的时空演化特征可知,分离区起始位置到半球球心的距离在 $1.3R\sim2R$ 波动,平均距离为 $1.65R$,图 5.13(a)和(b)中分离区起始位置的测量距离分别为 $1.8R$ 和 $1.9R$;转捩/分离区的涡结构沿流向被明显拉伸,呈带状,类似层流边界层内的"发卡"涡结构,三维弓形转捩/分离区在向下游发展过程中作用范围不断扩大,逐渐接近半球绕流的尾流,在转捩/分离区上游看不到流场结构,说明该区域处于层流状态。超声速气流绕过半球体,在其下游低压低密度区膨胀,形成收缩状回流区,该区域距离 $x=0$ 平面约为 $2R$,此与流向流场结构所得结果是一致的,回流区内流场精细结构的演化过程仅通过单个空间流场图像是无法得到的,需要根据流场图像的时间相关性,观察同一流场特征结构在一定时间间隔内的位置和形状的变化,并由此判断流场特征结构的运动情况,此内容在下文进行详细研究。上游高速气流绕过半球体在回流区外围再附,形成非常复杂的流场结构,对回流区下游流场产生较强的作用,促进高速主流与尾流进行质量、动量和能量交换,由于尾流运动速度低于两侧主流的流动速度,尾流两侧与主流之间的速度差产生较强的剪切层,同时在不断增强的不稳定波作用下,形成具有三维特征的大尺度拟序涡结构,且大尺度拟序结构的尺度在向下游运动过程中逐渐向两边增大。对比观察尾流区下游大尺度涡结构可以发现,图 5.13(a)中大尺度涡结构上游呈对称模式脱落,下游以交替变化的模式呈波浪形脱落,图 5.13(b)中大尺度涡结构以对称模式进行脱落,充分体现出尾流区涡结构周期性脱落模式的非定常性,造成涡脱落模式变化的原因在于上游流场的不稳定性,图 5.14 为涡结构脱落模式示意图。根据展向流场的 NPLS 图像,其空间发展演化过程与流向相似,可划分为层流区、转捩/分离区、再附区、涡结构卷起及初步发展区和涡结构发展区几个阶段。

为进一步研究超声速半球绕流展向流场,得到更多的展向流场的细节结构,

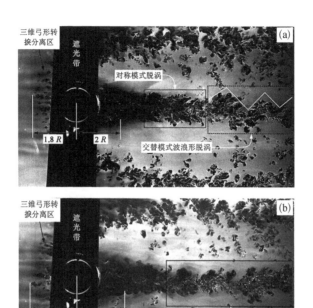

图 5.13　超声速半球绕流 x-y(z=1 mm) 平面流场 NPLS 图像(片光高度 1 mm)

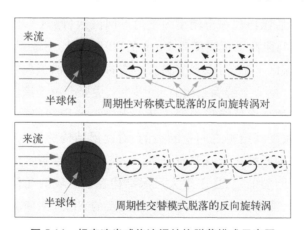

图 5.14　超声速半球绕流涡结构脱落模式示意图

对不同高度不同区域的展向流场进行了细致研究。

图 5.15 所示为超声速半球绕流 x-y(z=5 mm) 平面流场 NPLS 图像,流场图像距离平板高度为 5 mm。图(a)和(b)图像对应实际流场长度 222 mm,宽度 38 mm,空间分辨率 0.055 5 mm/pixel,为两次采样所得,不具时间相关性,流场范

围为 $x=13\sim235$ mm,流动方向均为从左往右。图中灰色没有流动结构的区域为主流区,对比观察图 5.15(a)和(b)可以发现,超声速半球绕流尾流在 $z=5$ mm 平面展向流场的涡脱落方式存在较大区别,图 5.15(a)中大尺度涡结构以交替变化的模式进行脱落,而图 5.15(b)中涡结构以对称模式进行脱落,上游流场的不稳定性造成周期性涡脱落模式的变化,尾流上游大尺度涡结构展现出明显的结构相似性和周期性。随着大尺度结构沿流向不断发展演化,大尺度逆序涡的结构和尺寸都发生显著的变化,涡结构的尺度明显增加,其结构形状出现明显变形,沿展向和流向逐渐被拉伸、弯扭,并且在涡结构之间出现断裂情况,结构的相似性和周期性逐渐变差。产生这些现象的原因在于,大尺度涡结构在向下游空间发展演化过程中流动的三维运动特性增强,涡结构尺度增大导致主流与大尺涡度结构之间的剪切作用增大,以及大尺度涡结构之间自诱导运动作用等多种因素。图 5.15(c)和(d)为超声速半球绕流流场该高度下前半段流场 NPLS 图,图像对应实际流场长度 120 mm,宽度 54 mm,空间分辨率 0.03 mm/pixel,为两次采样所得,不具时间相关性,流场范围为 $x=-24\sim96$ mm,流动方向均为从左往右。从图中可以看出,绕流流场的大部分区域为主流流场区域,没有流动结构出现,在绕流流场尾流在两侧高速主流的剪切作用下产生大尺度拟序涡结构,且涡结构显现出以对称模式进行脱落;在尾流区上游紧贴半球体后缘出现一个较小的三角形回流区(暗区),该区域顶端距半球球心约为 $2R$,与距离平板高度为 1 mm 的 NPLS 流场图像相比,其展向面积有所减小;在回流区下游,可以观察到涡结构的尺寸在沿流向发展演化过程中向两侧逐渐增大,尾流上游涡结构的尺寸较小,主要是由于该段三维涡结构的尺度较小,5 mm 的高度只能观测到该部分涡结构的顶端部分,下游结构的尺寸较大,且大尺度涡结构之间是断裂的,对比涡结构的流向空间特征,该区域展向涡结构出现断裂在于两方面原因:一是具有三维特征的大尺度涡结构在该区域确实是断裂的;二是三维大尺涡结构在该区域的几何形状是中间大顶端和底部较小,或者上小下大,而显示该高度的 NPLS 图像为三维涡结构的上部。图 5.15(e)和(f)超声速半球绕流尾流下游流场 NPLS 图,图像参数与图 5.15(c)和(d)相同,流场范围为 $x=90\sim210$ mm。观察图 5.15(e)可以发现,涡结构在该区域呈交替方式脱落,大尺度涡结构的尺寸在该区域的变化比较平缓,已经得到比较充分的发展;观察图 5.15(f)可以知道,大尺度涡结构以对称模式进行脱落,涡结构在向下游发展的过程中有上下摇摆的趋势,且其结构尺寸变化较大,具有一定的不规则性。

图 5.15　超声速半球绕流 $x-y(z=5\,\mathrm{mm})$ 平面不同区域流场 NPLS 图像（片光高度 5 mm）

　　图 5.16 所示为超声速半球绕流 $x-y(z=8\,\mathrm{mm})$ 平面流场 NPLS 图像，流场图像距离平板高度为 8 mm。图 5.16(a) 和 (b) 对应的实际流场参数与图 5.15(a) 和 (b) 相同。图中灰色没有流动结构的区域为主流区，对比观察图 5.16(a) 和 (b) 可以发现，图 5.16(a) 中大尺度涡结构以涡对的形式按照交替变化的模式进行脱落，而图 5.16(b) 中涡结构以比较规则对称模式进行脱落，涡结构在尾流区上游展现出比较明显的结构相似性和周期性，下游区涡结构发生明显变形，出现较大拉伸、弯扭等现象，并在下游大尺度涡结构之间出现明显的断裂现象，半球后缘的回流区域很小，已基本消失。图 5.16(c) 和 (d) 对应的实际流场参数与图 5.15(c) 和 (d) 相同，从图中可以看出，绕流流场的大部分区域为主流流场区域，没有流动结构出现；收缩状的回流区已基本消失，由此可推断回流区的高度约为 8 mm。由于尾流区上游前半段主要是再附区、涡结构卷起及其初步发展区，涡

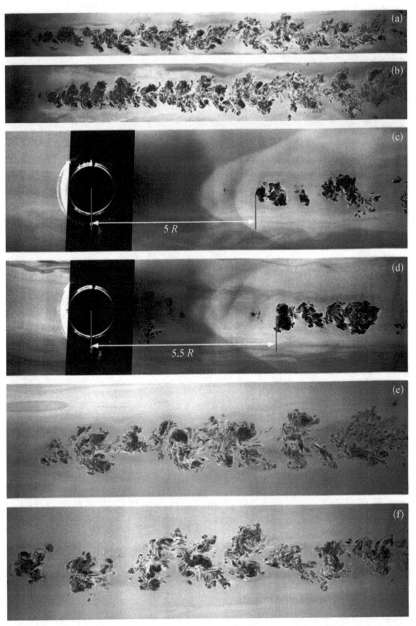

图 5.16　超声速半球绕流 $x - y$ ($z = 8\ \mathrm{mm}$) 平面不同区域流场 NPLS 图像(片光高度 8 mm)

结构处于生成和发展演化的初期,其结构尺度较小,片光的高度高于三维涡结构的高度,因此在该区域范围内没有涡结构出现。在半球下游可以清晰看到较强的三维再附激波和由于涡结构的阻挡所形成的小激波结构;尾流区的大尺度拟序涡结构约在半球下游 $5R$ 处产生,且涡结构之间是断裂的,对比观察尾流区该区域大尺度涡结构的流向空间演化特征,可以知道所观察到的断裂涡结构只是三维大尺度涡结构上部尺度较小的一定厚度(片光的厚度)的涡结构特征,该区域内的三维大尺度涡结构具有上面小下面大的几何结构特征,涡结构的下半段紧密相连,上半段相互分离。图 5.16(e)和(f)对应的实际流场参数与图 5.15(e)和(f)相同,观察图 5.16(e)和(f)发现,大尺度涡结构以对称模式进行脱落,涡结构之间明显断裂,具有孤立性,很难从图中看出它们之间的相关性,对比观察该区域内大尺度涡结构的流向空间特征,可知该区域内的大尺度三维涡结构确实已发生断裂,具有一定的孤立性,并且该高度所反映的流场结构为三维涡结构的上部,涡结构在向下游运动过程中不断被加速,下游涡结构的运动速度高于上游涡结构的运动速度,同时在两侧高速主流的剪切作用下,三维涡结构的断裂现象更加明显。图 5.16(e)中大尺度涡结构的尺寸在该区域的变化比较平缓,图 5.16(f)涡结构尺寸变化较大,且具有一定的不规则性。

图 5.17 所示为超声速半球绕流 $x-y(z=10 \text{ mm})$ 平面流场 NPLS 图像,流场图像距离平板高度为 10 mm。图 5.17(a)对应的实际流场参数与图 5.15(a)和(b)相同,图 5.17(b)和(c)对应的实际流场参数与图 5.15(e)和(f)相同。图 5.17(a)所示绕流流场尾流区的大尺度拟序涡结构在距离半球下游约 $8R$ 处生成,绕流流场的大部分区域为主流流场区域,没有流动结构出现,在下游可看到较强的再附激波结构。对比观察图 5.17(b)和(c)可以发现,图 5.17(b)中大尺度涡结构以交替变化的模式进行脱落,而图 5.17(c)中涡结构以对称模式进行脱落,图 5.17(b)中涡结构尺寸变化较大,并且出现较明显的拉伸、弯转等变形现象,且体现出一定的不规则性,图 5.17(c)中大尺度涡结构的尺寸在该区域的变化相对比较平缓,涡结构之间的孤立性更加明显。

对比观察图 5.15~图 5.17 可以发现,超声速半球绕流流场存在明显的不稳定性,不同高度观测面的流场结构存在较大的区别,但也展现出一定的规律:尾流区上游的大尺度涡结构展现出比较明显的周期性和结构相似性,在下游由于大尺度涡结构的空间发展演化过程中,出现较明显的拉伸、弯扭等变形现象,结构相似性和周期性变差。根据所获得的超声速半球绕流流场 NPLS 图像,充分展现出绕流流场尾流区流场结构的三维特征,要获得流场拟序结构的展向特征,需要结合不同高度平面流场拟序结构的特征进行综合研究,才获得比较全面的展向拟序结构信息。由于超声速半球绕流尾流流场结构具有显著的三维特征,仅通过流向流场或展向流场的结构特征来研究该流场尾流的空间结构具有一定

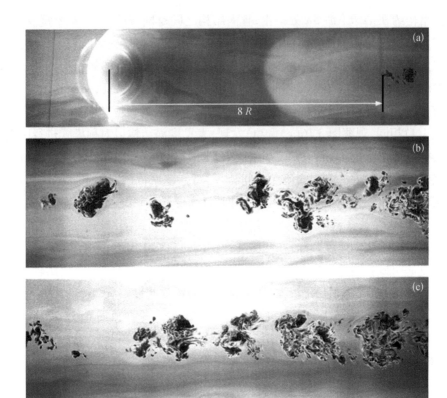

图 5.17   超声速半球绕流 $x-y(z=10\text{ mm})$ 平面不同区域流场 NPLS 图像（z 为片光高度）

的片面性，很难得到比较全面的流场结构信息，甚至会得到错误的结论。因此，研究超声速半球绕流流场的空间结构特征，需要将流向流场结构和展向流场结构结合在一起进行综合研究分析，才能得到比较全面的超声速半球绕流流场的结构信息和正确地描述绕流流场结构。

2. 时间演化特征

通过实验对超声速半球绕流流场展向涡结构的时间演化特征进行研究，有助于进一步了解超声速半球绕流流场的动力学特性。利用 NPLS 的跨帧技术，可以获得不同时间间隔条件下具有相关特征的展向涡结构图像，由此可以确定同一涡结构随时间的演化历程。

图 5.18 为不同高度超声速半球绕流 $x-y$ 平面近距流场 NPLS 图像及其局部放大图，图 5.18(a) 中流场 NPLS 图像距离平板高度为 1 mm，图 5.18(b) 中流场 NPLS 图像距离平板高度为 5 mm，两图中上下两幅图的时间间隔均为 5 μs，流动方向均为从左往右，虚框流场区域为相应实框流场区域的局部放大图，局部放

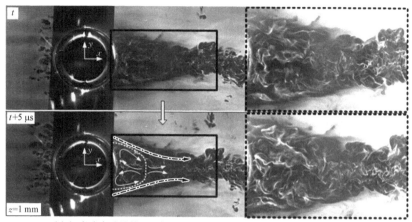

(a) 超声速半球绕流x-$y(z=1\ \text{mm})$平面近距流场NPLS图及局部放大图

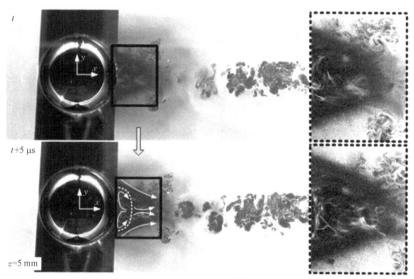

(b) 超声速半球绕流x-$y(z=5\ \text{mm})$平面近距流场NPLS图及局部放大图

图 5.18　不同高度超声速半球绕流 x-y 平面近距流场 NPLS 图及局部放大图

大图能够反映更多的流场细节。由于半球后缘附近流场结构比较复杂,在该区域会出现气流再附、形成回流区和涡结构卷起等复杂流场结构,流场结构变化比较剧烈,并由此导致该区域流场的拟序结构的时间相关性较差。对比观察图5.18(a)和(b)中具有时间相关性的局部放大图,虽然时间间隔只有 5 μs,但该区域的流场精细结构已经发生非常显著的变化,因此很难根据文中具有时间相关性的静态图像来判断同一流体微团随时间的演化特征。但是,通过连续放映具有时间相关性的局部放大图,可以观察到特征流体微团随时间的演化特征。图

5.18(a)和(b)中在半球下游均存在一个膨胀区,膨胀区内的流体垂直纸面向外运动,并向上下游扩散,在膨胀区的上游形成一对逆向反转的回流区,如图中白色实流线标识。结合涡结构沿流向的时空演化特征可知,膨胀区的形成原因在于超声速气流绕过半球体在距半球球心下游再附,1 mm 高度附着线距离 $x=0$ 平面在 $1.3R \sim 2.1R$ 波动,图中距离约为 $2R$,5 mm 高度附着线距离 $x=0$ 平面约1.3R,具有三维特征的弓形再附流面与平板相交,其交线称为附着线(如图中白色虚线所示),超声速气流在该区域再附在平板附近产生较强的剪切流或涡量场,并由此产生不稳定波,随着不稳定波的增长,卷起流体微团形成具有三维特征的旋涡,三维涡结构运动使附着线两侧气流反向向外离开(如图中白色点划线所示),由此在半球后缘附近流场形成流态类似喷泉的"膨胀区"。通过观察连续放映具有时间相关性的局部放大 NPLS 图像可以发现,在半球体后缘近壁面流场区形成回流区,回流区由逆向旋转的涡对组成,如图 5.18(a)和(b)所示。对比观察两图可以发现,回流区的流向长度和展向范围随着所观察流场高度的增加而减小。结合涡结构的展向空间演化特征可知,回流区的高度约为 8 mm。

图 5.19 为不同高度超声速半球绕流 $x-y$ 平面流场 NPLS 图像,时间间隔均为 15 μs,空间分辨率为 0.03 mm/pixel,流动方向均为从左往右,图 5.19(a)流场图像距离平板高度为 5 mm,图像对应实际流场长度 85 mm,宽度 25 mm,图 5.19(a1)对应的流场范围为 $x=11 \sim 96$ mm,图 5.19(a2)对应的流场范围为 $x=87 \sim$

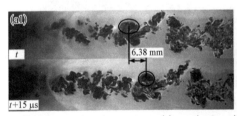
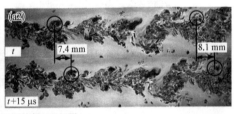

(a) $x-y(z=5 \text{ mm})$ 平面流场NPLS图

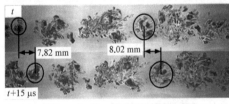

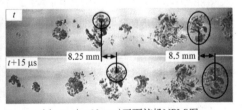

(b) $x-y(z=8 \text{ mm})$ 平面流场NPLS图　　　　(c) $x-y(z=10 \text{ mm})$ 平面流场NPLS图

图 5.19　不同高度超声速半球绕流 $x-y$ 平面流场 NPLS 图像

192 mm；图 5.19(b)和(c)流场图像距离平板高度分别为 8 和 10 mm，图像对应实际流场长度均为 105 mm，宽度 23 mm，流场范围为 $x = 87 \sim 192$ mm。

观察图 5.19(a)可以发现，在 15 μs 的时间间隔内，尾流上游展向流场尺度较小的涡结构形状变化比较明显，且衍生出更多的小尺度涡结构［图 5.19(a1)前半段的流场结构］，此现象与该区域内涡结构沿流向随时间的演化特征一致，该段流场同处于涡结构卷起及其初步发展演化阶段，随着涡结构的卷起并受到较强的剪切、涡结构与涡结构之间相互作用及自诱导运动等多种因素的综合作用下，导致涡结构的形状变化比较快，时间相关性比较差；涡结构在向下游发展演化过程中，其结构尺寸不断增大，形成比较规则的大尺度拟序结构，并不断衍生出小尺度结构；拟序结构的尺度增加及小尺度结构的不断衍生除了可以增加展向涡结构本身随时间演化的尺度外，还有助于三维拟序结构的上升运动；由于大尺度拟序结构还受到两侧高速主流的剪切作用，因此，在相同时间间隔内，与涡结构的形状沿流向随时间的变化相比，涡结构的形状沿展向的变化要更快更明显，但大尺度涡结构的整体特征的变化仍表现出以平动为主；采用互相关方法度量得到拟序结构沿流向的位移，所得结果与涡结构沿流向随时间的演化特征基本一致，其位移随着涡结构沿流向的运动逐渐增大，大尺度涡结构不断被加速。由图 5.19(b)和(c)可以看出，尾流区下游流场（从距离半球球心约 10R 处开始），大尺度涡结构沿流向的位移变化不大，说明该段流场的大尺度涡结构沿流向的运动速度已接近主流速度。

由超声速半球绕流流场沿流向和展向切面时空演化特征的高分辨率测量和分析可知，超声速气流在半球壁面曲率影响下经历如下过程：超声速气流在半球体作用下形成三维弓形激波，激波/边界层相互作用诱导边界层分离；超声速气流穿过弓形激波附着于半球表面，沿半球体表面爬升；在半球曲率的影响下，气流沿半球表面爬升的同时向流向对称面两侧扩散，形成横向流动；气流绕过半球体，在其后缘表面及其下游分别发生分离和再附，在半球后缘附近形成分离区；上游不稳定性作用下，在尾流区形成拟序涡结构，拟序涡结构在沿流向发展演化过程中与超声速主流的相互作用。

5.3　分离区、回流区及尾迹的动力学特性

由于从超声速半球绕流流场拟序结构的时间和空间演化特征无法获得绕流

流场的速度场分布,为获得更多的超声速半球绕流流场的结构信息,本节采用超声速 PIV 系统对超声速半球绕流流场的不同区域、不同截面的速度场进行实验研究。

图 5.20 为超声速半球绕流 $x - z(y = 0)$ 平面流场第一段测量区域的 PIV 粒子图像,对应的实际流场长度为 60 mm,宽度为 22 mm,空间分别率为 0.015 mm/pixel,两帧图像时间间隔 0.3 μs,流场范围为 $x = -16 \sim 44$ mm,流动方向从左向右。从图中可以看出,超声速来流绕过半球,在半球前方形成三维弓形激波,并引起半球前缘近壁面流场的转捩/分离;超声速气流在半球下游再附,并形成复杂的激波结构和拟序结构。

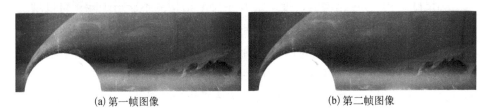

(a) 第一帧图像　　　　　　　　　　　　(b) 第二帧图像

图 5.20　超声速半球绕流 $x - z(y = 0)$ 平面流场第一段测量区域的 PIV 粒子图像

图 5.21 为相应流场区域的速度场,其中图 5.21(a) 为平均合速度云图;图 5.21(b) 为 x 方向速度云图;图 5.21(c) 为 z 方向速度云图;图 5.21(d) 为涡量云图。由平均合速度云图可以看出,弓形激波前主流区域的速度分布比较均匀,主流区的 PIV 测量结果与实验校测得到的真实流场速度基本一致,半球前缘近壁面区域流场基本为零;超声速气流经过弓形激波后气流的速度大小发生明显变化,且在激波较强区域速度变化量更大,即速度变化量随激波强度的逐渐变弱而减小,该图上方流场的速度与主流速度基本一样;超声速气流绕过半球体后,在半球下游形成较强的压缩波,在半球后缘附近流场形成低速区,并出现局部负方向流动区域,说明在该区域出现回流。由 x 方向速度云图可以看出,半球体上游主流区流场比较均匀,速度场测量结果与实际流场速度基本一致,在半球前缘近壁面流场区域速度基本为零,并出现沿 x 反方向的流体微团,说明在该区域出现分离,与流动显示所得结果一致;超声速气流通过弓形激波,x 方向速度分量的变化趋势与合速度云图基本相同;从图中可以看出,超声速气流在半球体下游再附,形成较强的再附激波,在半球体后缘附近流场产生一个较大的 x 反方向流动区域,说明超声速气流绕过半球体在其后缘附近区域形成回流区,该区域流向顶端距半球球心距离约为 $2R$,测量结果与流动显示和数值模拟所得结果一致。

由 z 方向速度云图可以看出,弓形激波上游主流及半球前缘近壁面流场的 z 方向的速度分量很小,超声速气流通过弓形激波 z 方向速度分量的变化量最为明显,超生速气流绕过半球体,产生一个较大的沿 z 负方向的流动区域,向下的最大速度达 180 m/s,向上的最大速度达 60 m/s,由此可以看出,上层流体向下翻转的速度要远远大于下层流体向上卷起的速度,其主要原因在于上层流体密度高、速度快,携带有更高的能量和动量。由涡量云图可以看出,在半球体前缘近壁面流场区域,由于逆压梯度诱使边界层变厚逐渐引起转捩/分离,在高速主流作用下产生较强的剪切涡量;超声速气流绕过半球体,在半球体后缘附近流场形成低压区,在半球体壁面上产生较大的顺压梯度,壁面产生较强涡量并向流体内部扩散,超声速气流在半球后缘表面出现分离与壁面产生的涡量有关;由于超声速气流在半球体下游附近流场区域膨胀,形成较强的压缩波,同时由于半球体后缘附近流场的流动速度较低,超声速主流与该区域低速流场产生很强的剪切作用,导致在该区域形成很强的涡量。随着流动向下游的发展,半球体后缘附近流场的流体不断加速,且压缩波的强度逐渐减弱,从而使对应的涡量减小。

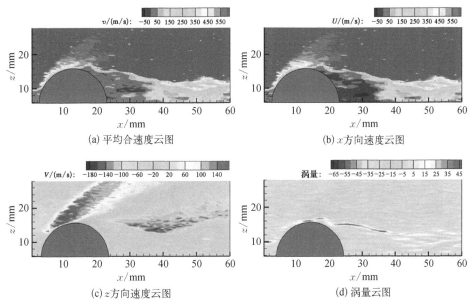

(a) 平均合速度云图　　　　　　　　　(b) x 方向速度云图

(c) z 方向速度云图　　　　　　　　　(d) 涡量云图

图 5.21　第一段测量区域速度场测量结果

由上述速度场分析可知,该段绕流流场 PIV 测量的原始图像与速度场的测量结果较好地反映了超声速半球绕流半球体前后缘附近流场的结构特征。

图 5.22 为超声速半球绕流 x-z(y=0)平面流场第二段测量区域的 PIV 粒

子图像,对应的实际流场长度为 128 mm,宽度为 28 mm,空间分别率为 0.032 mm/pixel,两帧图像时间间隔 0.3 μs,流场范围为 $x = 16 \sim 140$ mm,流动方向从左向右。图 5.23 为相应流场区域的速度场。对比 PIV 粒子图像与 PIV 测量结果可以发现,粒子图像与测量结果具有很强的对应关系。由平均合速度云图可以看出,超声速气流绕过半球体其主流区速度场的速度分布比较均匀,在半球后缘近壁面流场区流场的合速度基本为零,随着尾流区拟序结构向下游发展,出现在低速拟序结构底层的高速流体微团逐渐增多,说明高速主流与低速拟序结构之间的质量、动量和能量的交换逐渐增强,从而使拟序结构逐渐被加速,并不断被抬起,使拟序结构在向下游发展的过程中呈向上升的趋势。由 x 方向速度云图可以看出,x 方向速度分量的速度分布云图与合速度云图非常接近,由此可以说明 x 方向的运动对尾流流场的整体结构起主导作用;在半球体后缘附近低速流场区域出现 x 反方向流动区域,由此可判断超声速气流绕过半球体在其后缘附近区域形成回流区。由 z 方向速度云图可以看出,在该区域上游仍然存在较大沿 z 负方向的速度分量,进一步促进高速主流与底层低速拟序结构不断进行质量、动量和能量交换;在拟序结构底层出现沿 z 方向速度分量比较大的流体微团,底层高速流体微团有助于拟序结构在沿流向发展演化过程中不断被加速

(a) 第一帧图像　　　　　　　　　　　　(b) 第二帧图像

图 5.22　超声速半球绕流 $x - z(y = 0)$ 平面流场第二段测量区域的 PIV 粒子图像

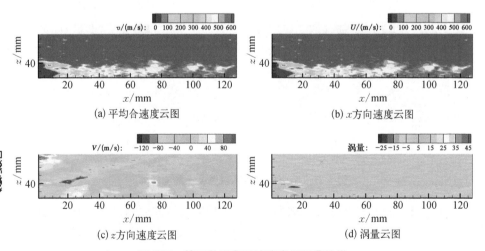

(a) 平均合速度云图　　　　　　　　　　(b) x 方向速度云图

(c) z 方向速度云图　　　　　　　　　　(d) 涡量云图

图 5.23　第二段测量区域速度场测量结果

和抬起；与前一段超声速半球绕流的 z 方向速度场分量相比，涡结构向下翻和向上卷的速度均有所减小。由涡量云图可以看出，该段涡量呈现出带状周期性的结构，与第一段绕流流场的涡量云图相比平均涡量较小，且表现为流体内涡量向壁面扩散，这说明由速度剪切为主的结构已经转变为拟序涡结构旋转为主导的结构；该涡量有助于使展向拟序结构在沿流 x 方向发展过程中呈顺时针方向旋转，并在向下游演化过程中不断向 x 方向倾斜。

图 5.24 为超声速半球绕流 $x-z(y=0)$ 平面流场第三段测量区域的 PIV 粒子图像，对应的实际流场长度为 128 mm，宽度为 26 mm，空间分别率为 0.032 mm/pixel，两帧图像时间间隔 0.3 μs，流场范围为 $x=106\sim234$ mm，流动方向从左向右。图 5.25 为相应流场区域的速度场。对比 PIV 粒子图像与 PIV 测量结果可以发现，粒子图像与测量结果具有很强的对应关系。由平均合速度云图可以看出，在超声速主流中出现大量低速流体微团，沿流向高速气流在低速逆序结构底层所占的比例越来越大，说明随着拟序结构在沿流向发展演化，大量低速流体微团被高速气流夹带到高速主流中，高速主流与低速逆序结构得到充分的质量、动量和能量交换。由 x 方向速度云图可以看出，x 方向速度分量的速度分布云图与合速度云图之间的差别很小，由此可以说明该区域内 x 方向的运动

(a) 第一帧图像　　　　　　　　　　(b) 第二帧图像

图 5.24　超声速半球绕流 $x-z(y=0)$ 平面流场第三段测量区域的 PIV 粒子图像

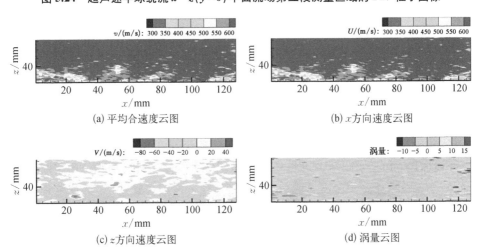

(a) 平均合速度云图　　　　　　　　(b) x 方向速度云图

(c) z 方向速度云图　　　　　　　　(d) 涡量云图

图 5.25　第三段测量区域速度场测量结果

对尾流流场的整体结构起主导作用。由 z 方向速度云图可以看出,在该区域仍然存在沿 z 负方向的速度分量,说明该测量段内高速主流与底层低速拟序结构仍然进行着质量、动量和能量交换;在主流区出现大量的沿 z 方向运动的流体微团,其成因在于底层大尺度涡结构在向下游演化过程中,不断被高速主流夹带到主流并保持着上升趋势。由涡量云图可以看出,该段涡量呈现出反对称性带状周期性的结构,平均涡量明显减小,该现象意味着 PIV 所能分辨的空间尺度内,超声速半球绕流后段流场中的速度剪切强度变弱。

5.4 密度场时空特性

由于可压缩效应使超声速流场密度发生较大改变,传统的阴影法、纹影法和干涉法及 PLIF 和 FRS 等现代流动显示技术,都很难实现对超声速流动的密度场进行高分辨率测量,从而无法更全面地了解超声速流场密度的变化对流动特性的影响,三维瞬态超声速流动的密度场测量仍然是实验流体力研究中亟待解决的难题。由此,本节将利用 NPLS 技术对三维瞬态超声速半球绕流流场的密度场进行高分辨率测量,得到超声速半球绕流流场的瞬态密度场分布,并对密度场的脉动频率特性进行分析。

5.4.1 密度场定量测量

图 5.26(a)和(b)分别为超声半球绕流 $x-z(y=0)$ 平面流场的原始 NPLS 图像及其校正图像。原始 NPLS 图像对应的实际流场长度为 144 mm,宽度为 20 mm,空间分别率为 0.045 75 mm/pixel,流场范围为 $x=14 \sim 158$ mm,流动方向从左向右。根据 NPLS 实验系统的基本原理可知,实验所得到的 NPLS 图像为未校准的密度分布图像。由于在实验中可能存在激光片光强度分布不均匀、激光片光在实验段反射、实验段粒子撒播均匀性等方面因素的影响,这些因素会对密度场测量产生较大的影响。因此,要得到超声速半球绕流流场的密度场结构,首先要对原始 NPLS 实验图像进行校准。由图 5.26 可以看出,原始 NPLS 图像的前段(左侧)及其后端区域较暗,图像中间及靠近壁面区域较亮,玻璃平板近壁面区域较亮主要是由于片光反射引起的,修正后图像的光强度分布比较均匀,图 5.27 为修正曲线。修正曲线图反映了片光强度沿超声速半球绕流流场流向分布的变化规律。基于校正的 NPLS 实验图像,根据超声速流场中斜激波前后的灰

度分布、激波角和来流马赫数所确定的激波前后密度和灰度的对应关系,可以得到超声速半球绕流流场的密度分布云图,如图 5.28 所示。从图中可以看出,由于超声速半球绕流流场尾流区涡结构的卷起、大尺度拟序涡结构的不断发展演化及涡结构的三维运动特性等复杂流动现象,导致绕流尾流区流场密度结构的变化,所得到的密度分布云图较好地反映了超声速半球绕流流场密度场的结构特征。

(a) 原始 NPLS 图像

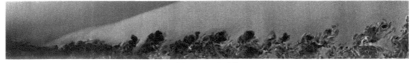

(b) 校正后图像

图 5.26　超声半球绕流 $x - z(y=0)$ 平面流场的原始 NPLS 图像及其校正后图像

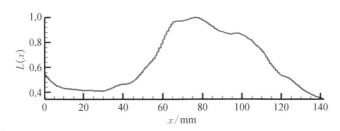

图 5.27　对应的光强分布不均匀修正曲线

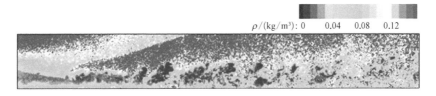

图 5.28　超声速半球绕流流场瞬态密度场云图

5.4.2　半球尾流涡结构对密度脉动的作用效应

图 5.29 为超声速半球绕流流场频谱分析采样线示意图(白色直线为采样线),采样线的高度为 6.4 mm,采样线穿过涡心,以研究涡结构导致的密度变化,NPLS 图像对应的流场参数均与图 5.26 相同。本节研究中将采样线平均分为三

段进行频谱分析,每段长度分别为 48 mm。图 5.30 为不同采样区间所得到的超声速半球绕流流场的密度随时间的脉动曲线,横轴为采样时间。根据 5.3 节研究可知,超声速半球绕流流场尾流区的拟序结构沿流向具有快运动、慢变化的特点,大涡结构运动 48 mm 左右仍维持着其几何结构特征。因此,可根据采样线位置对应绕流尾流区涡结构的平均运动速度换算得到采样时间。从图中可以看出,尾流中拟序涡结构所处区域密度较低,采样曲线贯穿大尺度涡结构的涡心,在涡心所处高度,大尺度涡结构之间彼此分开,尤其在尾流区下游大尺度涡结构出现断裂,涡结构之间为密度较高的气流,因此在涡结构之间的局部采样曲线处于密度较高的气流区,所以密度-时间脉动曲线呈现出波峰和波谷相间分布的现象,说明涡结构的不断卷起、脱落和发展演化导致绕流流场密度的脉动变化。基于此,可以判断不同区间的密度脉动曲线基本反映了涡结构导致相应区间流场密度的变化。图 5.31(a)~(f)为各区间密度脉动对应的频谱和功率谱,各图纵坐标进行了归一化处理。对比各区间的频谱可以发现,随着拟序结构向下游的发展演化,高频分量有所增加,密度脉动频谱随之变宽,但增加量较小,其原因在于拟序涡结构在向下游发展演化过程中,大尺度涡结构不断被加速、拉伸变形,使涡结构之间在下游出现断裂,同时伴随有涡结构的腾起及小尺度涡结构的衍

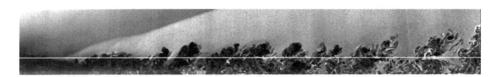

图 5.29　超声速半球绕流流场频谱分析采样线示意图

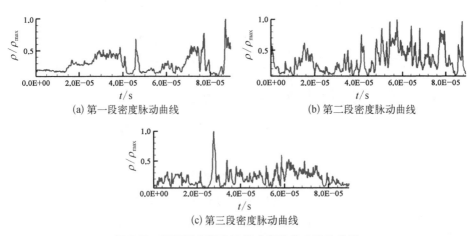

(a) 第一段密度脉动曲线　　　　　　(b) 第二段密度脉动曲线

(c) 第三段密度脉动曲线

图 5.30　不同区间超声速半球绕流密度脉动曲线

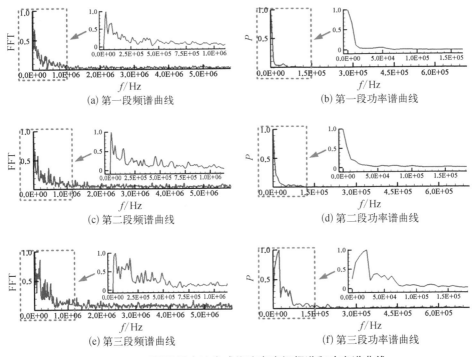

图 5.31　不同段超声速半球绕流密度场频谱和功率谱曲线

生,这些复杂的流动现象使流场的密度脉动频率增加。从图中可以看出,绕流流场密度脉动主要频率在 3×10^4 Hz 左右。对比观察各区间功率谱发现,随着拟序涡结构沿流向向下游的发展,功率谱展现出与密度脉动频率谱相似的规律,其高频分量逐渐增加,脉动频谱变宽。

5.4.3　壁面效应对密度脉动的特性

图 5.32 为超声速半球绕流流场的密度脉动频谱分析采样示意图,通过改变采样曲线的位置研究不同高度超声速半球绕流流场的密度脉动情况,采样线高度采用各采样线距离平板壁面的高度除以半球的半径进行无量纲化,无量纲高度分别为 $h_1 = 0.25$、$h_2 = 0.7$、$h_3 = 1$ 和 $h_4 = 1.7$。

图 5.32　超声速半球绕流流场密度脉动频谱分析采样示意图

图 5.33(a)~(d)分别代表采样曲线距离平板高度为 h_1、h_2、h_3 和 h_4 的密度脉动曲线,图 5.34(a)~(h)为相应的频谱和功率谱。对比观察图 5.33(a)~(d)可以知道,不同高度位置的密度脉动曲线各不相同。图 5.33(a)所示采样曲线高度为 2.6 mm,图像左端距半球后缘 14 mm,从图中可以看出,在曲线前段密度脉动基本为零,其原因主要为该测量区位于再附流面下游近壁面流场区,由 5.3 节涡结构沿流向和展向的分析可知,涡结构还未卷起,流场密度较低且变化不大,随后进入涡结构卷起和快速发展区,高速主流不断与底层低速流体进行质量、动量和能量的交换,由此引起该区域密度的脉动。由图 5.33(b)可以看出,采样线所处位置首先由半球下游低密度区进入高密度主流区,然后进过主流区进入快速发展演化的大尺度拟序结构区,进入大尺度拟序结构区后,由于拟序涡结构的不断发展演化导致密度的脉动,因此形成升高→降低→波峰和波谷相间分布的密度脉动曲线。图 5.33(c)采样曲线首先由低密度流场进入高密度主流区,然后穿过再附激波进入激波后主流区,最后进入大尺度拟序涡结构区,所以形成升高→快速升高(气流通过激波引起密度的升高)→小幅脉动主流区→波峰和波谷相间分布的密度脉动曲线。图 5.33(d)由主流区穿过再附激波进入波后主流区,形成先降低后急升再小幅脉动的密度脉动曲线,密度脉动曲线先降低主要由于再附激波上游的主流受到其上游三维弓形激波的影响,使气流密度沿流向逐渐降低,通过再附激波引起密度迅速升高,然后进入密度基本均匀的主流区。对比观察图 5.34 中的频谱曲线(a)、(c)和(e)可以发现,不同高度位置密度脉动曲线所对应的频谱的高频分量和脉动频谱变宽相似,密度脉动的主要频率在 3×10^4 Hz 左右;频谱曲线(g)主要由于再附激波引起的密度脉动,其主要频

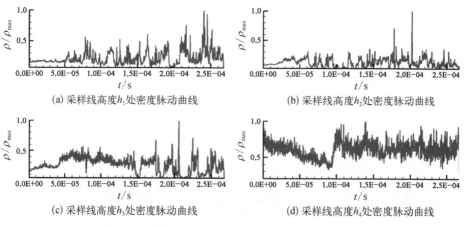

(a) 采样线高度 h_1 处密度脉动曲线　　　　(b) 采样线高度 h_2 处密度脉动曲线

(c) 采样线高度 h_3 处密度脉动曲线　　　　(d) 采样线高度 h_4 处密度脉动曲线

图 5.33　采样线位于不同高度位置的密度脉动曲线

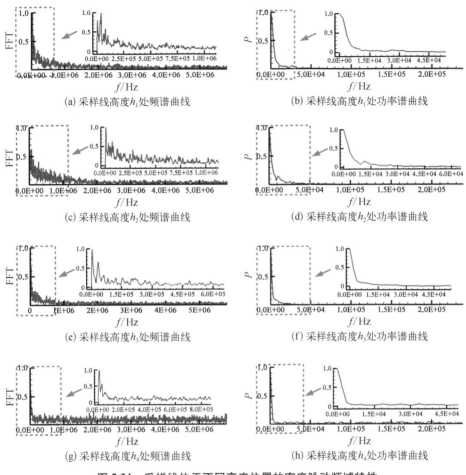

(a) 采样线高度h_1处频谱曲线 　　　　　　(b) 采样线高度h_1处功率谱曲线

(c) 采样线高度h_2处频谱曲线 　　　　　　(d) 采样线高度h_2处功率谱曲线

(e) 采样线高度h_3处频谱曲线 　　　　　　(f) 采样线高度h_3处功率谱曲线

(g) 采样线高度h_4处频谱曲线 　　　　　　(h) 采样线高度h_4处功率谱曲线

图 5.34　采样线位于不同高度位置的密度脉动频域特性

率约为 1×10^4 Hz。比较不同高度的功率谱可以发现,功率谱展现出与频率谱相似的规律,其脉动频率主要集中在低频区,由此说明大尺度涡结构对尾流区密度脉动起着主导作用。

5.4.4　密度脉动非定常性

图 5.35(a)和(b)分别为相同高度不同时刻超声速半球绕流密度脉动频谱分析采样示意图,对应的原始 NPLS 图像不具时间相关性。图 5.36(a)~(f)分别为密度脉动曲线和相应的频谱曲线及功率谱曲线。对比对应的密度脉动曲线、频谱曲线和功率谱曲线可以发现,不同时刻的密度脉动曲线各不相同,密度脉动曲线分别对应的频谱和功率谱也各不相同。

(a) 第一个时刻采样线示意图

(b) 第二个时刻采样线示意图

图 5.35　相同高度不同时刻超声速半球绕流流场频谱分析采样线示意图

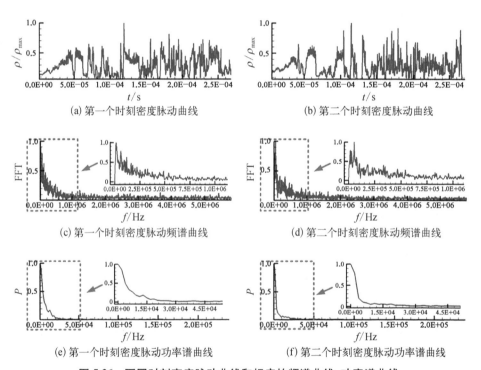

图 5.36　不同时刻密度脉动曲线和相应的频谱曲线、功率谱曲线

5.5　流场拓扑结构实验与数值模拟

5.5.1　实验与数值模拟对比分析

由于超声速半球绕流在半球体前缘和后缘近壁面附近的流场结构变化比较

剧烈,时间相关性较差,无法利用 NPLS 的跨帧技术确定同一涡结构随时间的演化历程。为更好地了解和研究该区域流场的结构特征,本节着重对该区域流场进行数值模拟,通过与实验结果对比,对数值方法进行验证,并为不同尺度超声速半球绕流流场进行数值模拟研究奠定基础。

结合超声速半球绕流复杂流场的结构特征,在墙壁束缚流动和自由剪切流动中 k-ω 模型有广泛的应用范围和精度,本节采用 SST k-ω 模型对该流场进行数值模拟研究。

图 5.37(a)为超声速半球绕流 x-$z(y=0)$ 平面及半球体周围近壁面流场密度场分布云图。根据流线和激波结构显示出绕流流场的特征点,超声速来流经过弓形激波后在半球体前缘中间稍靠下的位置形成驻点 A;超声速气流绕过半球体在其后缘中间稍靠上的位置 B 处开始分离;超声速气流绕过半球体在其下游 C 处再附;激波/边界层相互作用产生逆压梯度并导致边界层在 S 处出现分离,并进行无量纲处理 $S/D,D$ 为半球体直径;由于边界层分离产生诱导激波并于弓形激波在 E 处相交。图 5.37(b)为不同高度 x-y 平面半球体周围流场密度场分布云图,图中 S_1、S_2 和 S_3 分别表示距平板壁面高度分别为 0.1 mm、1 mm 和 2 mm 时半球体上游的分离线,B_1、B_2、B_3 和 B_4 分别表示距平板壁面分别为

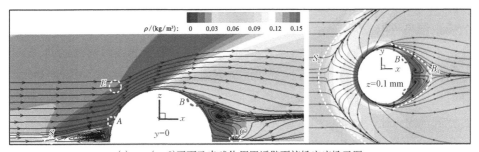

(a) x-$z(y=0)$平面及半球体周围近壁面流场密度场云图

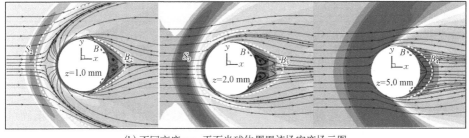

(b) 不同高度x-y平面半球体周围流场密度场云图

图 5.37　超声速半球绕流 x-$z(y=0)$ 平面和不同高度 x-y 平面流场半球体附近密度场云图

0.1 mm、1 mm、2 mm 和 5 mm 时半球体下游的附着线,虚椭圆框内区域表示绕流流体在该处分离。

表 5.1 中给出了这些特征点的实验和数值模拟结果,表中 D 为半球直径;C、S、S_i 和 B_i 的距离是指各特征线远端的 x 向距离(到 $x=0$ 平面的距离);A、B 和 E 分别表示 z 向距离(到 $y=0$ 平面的距离)。根据表中数据,对比图 5.37(a)与实验所得结果可以看出,超声速半球绕流流场在半球体前缘形成的驻点和在半球体后缘产生的分离点位置,及在分离区产生的诱导激波与弓形激波相交位置,采用 SST $k-\omega$ 湍流模型数值模拟结果与 NPLS 实验结果吻合较好;由于在实验过程中,实验段入口气流存在一定的非定常性,导致半球体上游分离区开始分离位置和下游再附位置出现一定的波动,从而使实验所得数据与数值模拟结果存在一定的差异,但通过对多组实验所得数据进行平均,得到上游分离起始位置和下游再附位置的平均值,该平均值与数值模拟结果比较一致。对比图 5.37(b)与实验所得结果,可以看出,流场高度为 1 mm 时,分离线顶点距 $x=0$ 平面的距离约为 $1.5R$,与根据实验所得平均距离一致,下游附着线顶点距 $x=0$ 平面的距离吻合较好;流场高度为 5 mm 时,半球体上游分离线已消失,下游附着线顶点距 $x=0$ 平面的距离实验与模拟结果吻合较好。由于未做流场高度为 0.1 mm 和 2 mm 的实验,该高度的模拟结果无法与实验结果进行对比。对比观察不同高度的模拟结果可以发现,在半球上游分离区内流体反向运动(相对主流方向),与主流汇聚于分离线,以 $y=0$ 平面(对称面)为分界线沿分离线向两侧运动,在半球后缘近壁面流场区域产生反向旋转的旋涡对回流区,且分离区和回流区随着计算流场高度的增加而逐渐减小,由模拟得到的流场结构及其变化趋势与实验观察到的现象比较吻合。由于遮光带的遮挡,根据所得具有时间相关性的展向 ($x-y$ 平面)NPLS 图像无法判断绕流在半球后缘的分离位置。

表 5.1 超声速半球绕流实验数据与模拟结果

模式	A/D	B/D	C/D	E/D	S/D	B_1	B_2	B_3	B_4	S_1	S_2	S_3
实验	0.2	0.4	0.85	0.5	0.9	—	0.85	—	0.65	—	0.85	0.65
模拟	0.2	0.4	0.75	0.5	1.05	0.9	1.0	0.9	0.65	1.1	0.86	0.67

图 5.37 与实验数据对比表明,本节所采用的数值方法和计算模型是正确可行的。因此,本书在后面采用 SST $k-\omega$ 湍流模型对基于平板的不同直径超声速半球绕流流场进行模拟。

5.5.2　不同尺度超声速半球绕流拓扑结构

图 5.38～图 5.42 为基于 SST $k-\omega$ 湍流模型模拟不同直径超声速半球绕流流场的密度场云图,对应直径由小到大,分别为 5 mm、10 mm、15 mm、30 mm 和

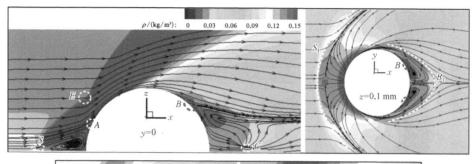

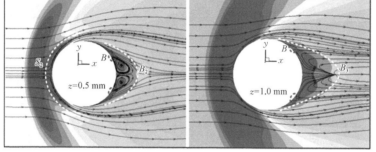

图 5.38　$x-z(y=0)$ 平面及不同高度 $x-y$ 平面半球体周围密度场分布云图($D=5$ mm)

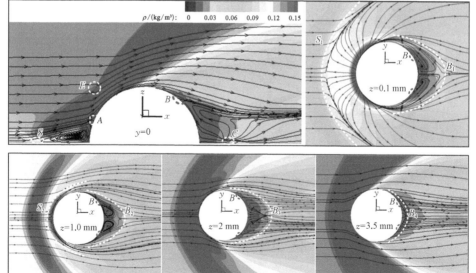

图 5.39　$x-z(y=0)$ 平面及不同高度 $x-y$ 平面半球体周围密度场分布云图($D=10$ mm)

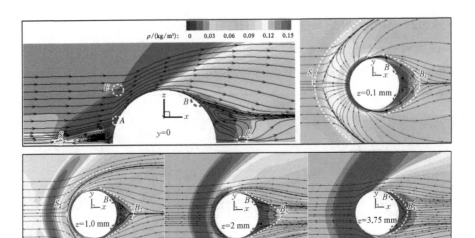

图 5.40　x-$z(y=0)$ 平面及不同高度 x-y 平面半球体周围密度场分布云图（$D=15\,\text{mm}$）

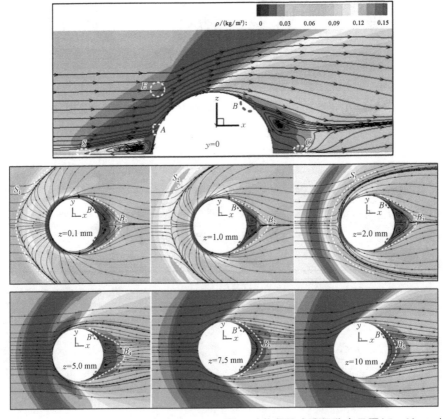

图 5.41　x-$z(y=0)$ 平面及不同高度 x-y 平面半球体周围密度场分布云图（$D=30\,\text{mm}$）

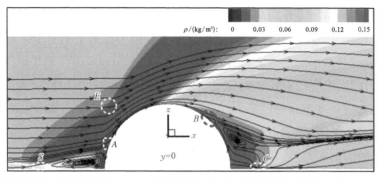

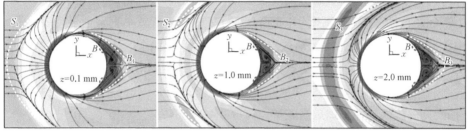

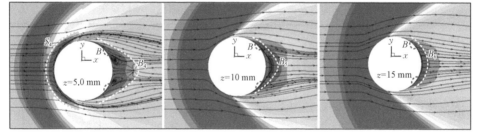

图 5.42　x-$z(y=0)$ 平面及不同高度 x-y 平面半球体周围密度场分布云图($D=40\ \text{mm}$)

40 mm。从各密度场云图可以看出,不同直径的超声速半球绕流流场产生相似的流场结构,在半球上游产生由激波/边界层相互作用诱导产生的分离区,分离区内的流场结构比较相像;超声速气流绕过半球体,在半球后缘近壁面流场区域形成回流区,回流区由反向旋转的旋涡对组成。

根据数值模拟密度场云图得到不同直径半球体附近流场特征点的距离,并将其分别除以半球直径 D 进行无量纲处理,表 5.2 为相应的特征点无量纲结果。从表中可以看出,在 x-$z(y=0)$ 平面(对称面)流场,半球上游分离区的起始点 S、下游再附点 C 到半球球心的距离,及驻点 A、绕流在半球后缘的分离点 B 和诱导激波与弓形激波的交点 E 到平板壁面的距离,随着半球直径的增加而有规律性的增大,当 $D=5\ \text{mm}$ 时,起始点 S 位于球心上游 $0.85D$ 处,驻点 A 位于半球前缘距壁面 $0.24D$ 处,再附点 C 位于半球下游距半球球心 $0.8D$ 处的壁面上;当半

球直径 $D \geqslant 10$ mm 时,分离点 S 基本位于相应半球上游的 $1.05D$ 处,驻点位于半球前缘距壁面 $0.2D$ 处,再附点 C 位于半球下游距半球球心约 $0.76D$ 处的壁面上;诱导激波与弓形激波的交点 E,当直径 $D = 5$ 和 10 mm 时位于半球上游距壁面约 $0.45D$ 处,当直径 $D \geqslant 15$ 时位于半球上游距壁面约 $0.5D$ 处;绕流流场在半球后缘的分离点 B 的规律性更强,均位于相应半球后缘距壁面 $0.4D$ 的位置。根据 $x-y$ 平面(展向)流场中 S_i/D 和 B_i/D 的模拟结果可以看出,S_1 对应的流场高度为 0.1 mm,所得结果基本与 $x-z(y=0)$ 平面流场分离点 S 的无量纲结果一致;针对每个半球模型,其上游分离线远端点 S_i(分离线与对称面流场的交点)距 $x = 0$ 平面的距离随着流场高度(片光高度)的增加而逐渐减小直至消失,从图及表中数据中可以看出,分离区消失流场距壁面高度不超过 $0.2D$;半球附着线远点 B_i(附着线与对称面流场的交点)距 $x = 0$ 平面的距离随着流场高度(片光高度)的增加呈现出先减小后增大再减小的变化趋势,结合 $x-z(y=0)$ 平面流场结构可知,反向旋涡对在半球后缘距壁面高度 $0.4D$ 处消失。

表 5.2　不同直径超声速半球绕流特征点距离的模拟结果

D/mm	A/D	B/D	C/D	E/D	S/D	B_1	B_2	B_3	B_4	S_1	S_2	S_3	S_4
5	0.24	0.4	0.8	0.44	0.85	1.0	0.84	1.0	—	0.8	0.54	—	—
10	0.2	0.4	0.75	0.45	1.0	0.95	0.8	0.9	0.55	1.0	0.52	—	—
15	0.21	0.4	0.77	0.5	1.1	0.87	0.83	0.84	0.67	1.0	0.62	0.51	—
20	0.2	0.4	0.75	0.5	1.05	0.9	0.88	0.95	0.65	1.1	0.85	0.65	—
30	0.2	0.4	0.77	0.5	1.1	0.83	0.77	0.8	0.8	1.1	0.93	0.6	—
40	0.2	0.41	0.75	0.48	1.05	0.85	0.8	0.82	0.82	1.05	0.95	0.7	0.51

5.6　小结

本章创造性地利用具有高动态响应的 NPLS 技术和高品质超声速流动机制研究平台,研究了超声速半球绕流流场的精细结构和运动特征。与圆柱绕流相比,半球体对超声速流场的干扰偏弱,虽然形成类似的三维弓形激波、弱诱导分离激波、三维再附激波和小激波结构组成的复杂波系结构,但在规律上有明显的区别。基于高分辨率 NPLS 图像及速度场和密度场的结构分布,对超声速层流半球绕流流场的相关运动规律进行了深入研究;特别对半球壁面曲率影响下的边界层分离、附着、爬升、横流、再分离和再附的全过程及其与超声速主流的相互作用进行了分析,得到如下结果。

（1）超声速半球绕流形成较强的三维弓形激波,激波边界层相互作用诱导出一系列弱分离激波。超声速气流绕过半球体,在半球下游形成较强的三维再附激波及一系列小激波结构,并根据实验定量数据,重构了半球绕流流场的激波结构模型。

（2）与圆柱绕流相比,半球体对超声速流场的干扰偏弱,在三维弓形激波/边界层相互作用下,形成范围较小的三维弓形转捩/分离区及以反向旋转的旋涡对的形式存在的回流区。拟序涡结构同样具有很强的三维特征,并展现出周期性和相似的几何结构特征,且具有快运动、慢变化的特点。但半球绕流在规律上与圆柱绕流存在明显的区别,超声速层流流场绕过半球体的经历如下过程:首先在激波/边界层相互作用下诱导边界层分离;超声速气流穿过弓形激波附着于半球体,并沿半球体表面爬升,气流沿半球体表面爬升的同时向流向对称面的两侧扩散,形成横流;超声速气流在半球体后缘表面发生再分离,在后缘表面形成弓形的分离线;最后超声速气流绕过半球体并在其下游再附。

（3）分离区、回流区、尾流区的速度场、密度场定量测量及密度脉动特性研究结果表明,本书提出的涡流发生器绕流流场的密度和速度分布测量方案较好地再现了绕流流场不同区域速度和密度的脉动特征。速度场测量结果和密度脉动特征分析表明,尾流区主流和拟序结构之间不断进行着质量、能量交换,且拟序涡结构沿流向演化过程中不断被加速,大尺度涡结构对密度脉动起着主导作用,说明大尺度涡结构是尾流区质量、动量和能量的主要载体,且密度脉动展现出明显的非定常性。

参考文献

［1］《飞机设计手册》总编委会.飞机设计手册第 5 册:民用飞机总体设计［M］.北京:航空工业出版社,2005.

［2］Milholen II W E, Owens L R. On the application of contour bumps for transonic drag reduction［J］. AIAA 2005–0462, 2005.

［3］Ogawa H, Babinsky H. Evaluation of wave drag reduction by flow control［J］. AIAA 2005–1415, 2005.

［4］Herrmann C D, Koschel W W. Experimental investigation of the internal compression of a hypersonic intake［C］. Indianapolis: The 38th AIAA/ASME/SAE/ASEE Joint Propulsion Conference & Exhibit, 2002.

［5］Häberle J, Gülhan A. Experimental investigation of a two-dimensional and a three-dimensional scramjet inlet at Mach 7[J]. AIAA Journal of Propulsion and Power, 2008, 24(5): 1023-1034.

[6] Krishnan L, Sandham N D, Steelant J. Shock-wave/boundary-layer interactions in a model scramjet intake[J]. AIAA Journal, 2009, 47(7): 1680-1691.

[7] Hamstra J W, Mccallum B N, Sylvest T G, et al. Transition shoulder system and method for diverting boundary layer air[P]. US5749542, 1998.

[8] Hamstra J W, McCallum B N, Mcfarlan J D. Development, verification, and transition of an advanced engine inlet concept for combat aircraft application[R]. Lockheed Martin Aerospace Corporation, 2003, Paper MP-121-P-43.

[9] Kim S D. Aerodynamic design of a supersonic inlet with a parametric bump[J]. Journal of Aircraft, 2009, 46(1): 198-202.

[10] 钟易成,余少志,吴晴.凸包(Bump)进气道/DSI模型设计及气动特性研究[J].航空动力学报,2005,20(5): 740-745.

[11] 杨应凯.Bump进气道设计与试验研究[J].空气动力学学报,2007,25(3): 336-338.

第6章

超声速流场自持合成射流精细结构与控制

6.1 引言

在高超声速飞行中,常常需要通过壁面射流来诱导边界层转捩或者抑制流动分离。传统的壁面射流控制方式需要额外的气源或者从燃烧室引气,结构相对笨重复杂。罗振兵等提出了自持合成射流(SDSJ)及其高速流场控制的概念[1]。因此,本章将开展基于自持合成射流的超声速边界层流动控制研究。

基于高速来流能量综合利用思想,自持合成射流激励器利用集气口收集超声速来流自身的能量以形成对能够对高速流场施加控制的射流。由于射流的速度较高且垂直壁面喷注,与声速横向射流极为类似。目前针对横向射流与超声速主流的相互作用的研究较多[2-4],且大多采用的是圆孔形喷注孔,其产生的典型流动拓扑结构如图6.1所示,横向射流从圆形孔喷出以后,会形成一对反转旋涡对,射流周围会产生一道弓形激波,弓形激波逐渐汇聚形成马赫盘后又反射形

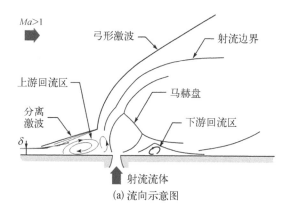

(a) 流向示意图

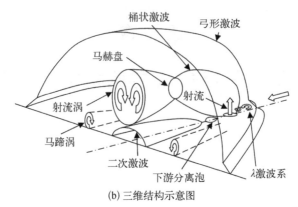

(b) 三维结构示意图

图 6.1　超声速平板边界层与声速横向射流相互作用结构图[2]

成反射激波。由于射流的阻碍作用,在射流前缘会产生流动分离并诱导出分离激波,分离激波与弓形激波相互作用形成"λ"形激波。边界层穿过弓形激波之后,会在绕流区域形成马蹄涡结构。

本章将针对狭长矩形出口的自持合成射流激励器的流场特性,基于 NPLS 精细流场测试技术和高速纹影技术,开展风洞实验研究,在明晰激励器的工作特性以后,开展超声速边界层转捩与前台阶流动分离控制实验。

6.2　自持合成射流超声速流场精细结构

6.2.1　实验装置介绍

平板为碳钢材料制作,表面粗糙度为 Ra3.2,对表面进行喷漆处理并打磨,使表面尽可能对激光片光产生镜面反射。流向长度 320 mm,展向宽度为 197 mm,在两侧开 2 mm 深的槽,填上硅胶垫以防止两侧气流反卷到上表面对边界层造成干扰。为减小前缘激波对观测流场的影响,将前缘设计成尖劈形,尖角为 15°。

图 6.2(a)给出了自持合成射流激励器设计图,通过在激励器的迎风侧开两个进气口,利用来流对射流的能量进行提高,形成高速射流。激励器的两进气口尺寸为 3 mm×15 mm,两出口尺寸为 20 mm×2 mm,两出口中心间距 6 mm。图 6.2(b)给出了自持合成射流与超声速平板边界层相互作用的实验示意图,平板位于试验段中部,上表面距离风洞实验段底板为 102 mm,这样能够保证超声速来

流为层流。激励器安置于平板下方,距平板前缘 120 mm。实验中,拍摄流向图像时,激光片光打在激励器一个出口的中间位置,以观察射流的形成与发展变化情况,拍摄展向图像时,激光与相机调换位置,调节激光高度,用以拍摄不同高度处的展向流场情况。

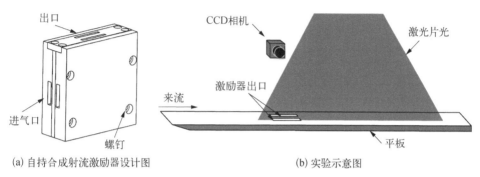

(a) 自持合成射流激励器设计图　　　　　　　(b) 实验示意图

图 6.2　自持合成射流设计图及其实验示意图

在实验过程中发现,由于激励器及其支撑结构的厚度有 30.6 mm,为钝头设计,易导致流场出现堵塞情况,造成风洞不起动。图 6.3 给出了不起动状态下的合成双射流与平板边界层相互作用的图像,图像的拍摄范围为 190 mm,空间分辨率为 0.056 2 mm/pixel。从图中可以看出,在平板前缘除了马赫波以外还产生了一道强度更高的弓形激波,在激波下游可以观察到不太明显的滑移线;在射流区域上方,流场中的一道斜激波与射流激波产生了 Ⅱ 类激波干扰,干扰区后面存在十分明显的混合层流动结构。边界层中并没有明显的层流特征,而是呈现出湍流大尺度微团的间歇性特征。这是由于,在超声速流场中,钝头体外形的激励器前缘会产生一道非常强的正激波,造成下方压力突升,流动发生堵塞,流动转化为亚声速流动,压力扰动又回传到上游,进而对平板上方的流动产生干扰,诱导出弓形激波等结构,造成流动完全成为紊乱状态,影响流场品质。

图 6.3　不起动状态下合成双射流与平板边界层相互作用 NPLS 图像

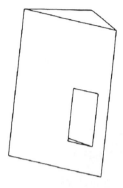

图 6.4　激励器尖劈形进气口设计

同时,从图 6.3 中也可以看出,在 Ⅱ 类激波干扰导致的混合层中,可以明显地分辨出马赫盘、K-H 涡等结构,这说明 NPLS 技术可以捕捉到超声速流场的典型流动结构,并且具有足够高的信噪比。

为了避免钝头体正激波带来的风洞不起动情况,本书在激励器前缘设计加装了一种尖劈形进气口,如图 6.4 所示,该种外形设计能够将前缘正激波转化为两道斜激波,减弱平板下方的激波强度,有效避免流动发生堵塞,实验结果证明该设计切实有效。

6.2.2　自持合成射流流向瞬时流场特性

在实验过程中,由于风洞背压的不稳定及超声速流场本身的非定常性,流场中的由于玻璃和试验件安装带来的干扰激波都有微小振幅的振荡,本章对拍摄的 2 000 张图像做平均化处理,发现平均后的流场图像激波位置与瞬时图像中的激波位置基本重合,因此认为这种激波振荡对流场的干扰较小,可以忽略不计。图 6.5 给出了自持合成射流与超声速平板边界层相互作用瞬时纹影图像。图像测量范围为 200 mm,流动方向从左到右,以激励器的出口前缘为坐标原点。图中激波 S_0 是平板前缘诱导形成的马赫波,延长激波 S_0,其与 x 轴交点位置约为 -127.7 mm,对应的夹角为 19.6°,根据马赫角的定义 $\mu = \arcsin(1/Ma)$,来流马赫数为 2.95 时,马赫角为 19.8°,实验值与理论值相差甚小,可以认为此风洞的流场品质较好,能够满足实验要求。激波 S_1 是上侧玻璃与风洞壁面不平齐导致的膨胀波,与激波 S_0 一样,两者都属于干扰激波。激波 S_2 是射流与主流相互干扰形成的弓形激波结构,激波角度约为 35.6°,激波强度较强,在激波下方,存

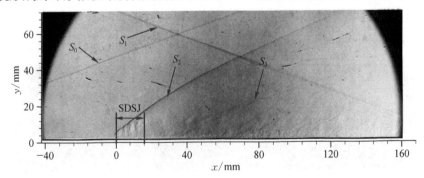

图 6.5　自持合成射流瞬时纹影图像

在着明显的非定常湍流射流结构,但是无法辨析出射流的形态结构。激波 S_3 是由于桶状激波汇聚到马赫盘后形成的反射激波(reflected shock),激波角度约为 17.1°,强度也较弱。

由于纹影图像仅能辨析出由于激波前后密度突变带来的特征结构,无法明晰射流与边界层相互卷吸造成的大尺度涡结构,因此需要采用空间分辨率更高的流场测量技术。图 6.6 为自持合成射流 NPLS 精细流场结构图像,图像的拍摄范围为 260 mm,空间分辨率为 0.056 2 mm/pixel,流动方向为从左到右。定义激励器出口前缘为坐标原点。由 NPLS 的基本原理可知,图像的灰度与粒子对激光的散射强度有关,也就是与流场的密度呈正比关系。因此,可以通过图像中灰度值的变化情况来判断流场中存在的波系结构。与纹影图像一样,S_0 是由于风洞上侧玻璃与风洞上壁面不平导致的膨胀波,激波 S_1 是射流诱导产生的弓形激波结构,激波 S_2 则是反射激波。但与纹影不同的是,NPLS 技术能够清晰地分辨出流场中的典型形态。图像显示,由于流场的良好品质,从平板前缘一直到射流前方,边界层厚度非常薄并且几乎呈现线性增长趋势,表明边界层始终维持在层流状态。在激励器出口前缘区域,由于射流垂直壁面横向喷注进入超声速主流造成射流的阻碍作用,射流前缘会产生一道弓形激波,在弓形激波前缘,由于逆压梯度作用,存在着较小的回流区,并有一道微弱的分离激波(如图 6.7 局部放大图所示),延长分离激波,其与平板的交点坐标为 $x = -4.5$ mm,表明流动从此位置就开始发生分离,分离区的长度为 4.5 mm。分离激波与弓形激波相互作用,构成了“λ”形激波。弓形激波之后,有一道强度很高的桶状激波。而在桶状激波以后,存在清晰的马赫盘(Mach disk)结构,桶状激波汇聚到马赫盘后,会形成两道反射激波 S_2。在激励器出口上方区域,受桶状激波和马赫盘的影响,激波结构会发生明显的变形,会向主流方向倾斜,此时射流与主流之间剧烈的剪切作用会产生大尺度相干结构(也称为射流剪切涡),这种射流涡结构具有明显的

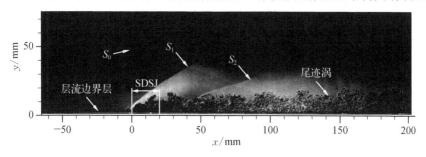

图 6.6　自持合成射流 NPLS 流向精细流场结构

图 6.7 自持合成射流 NPLS 流场结构局部放大

三维效应(6.2.3节将给出流场的展向图片进行说明)。射流与主流之间进行着快速的动量、能量和质量交换。在射流尾迹区域的剪切层中,可以明显地看出系列 K‐H 涡包结构,在流向方向上这些涡包之间的间距逐渐变大,也存在旋转变形,表明在速度梯度带来的强剪切作用下,这些涡包结构被不断地拉伸、加速、旋转、破碎,逐渐转化为更为复杂的多尺度涡结构,甚至在卷起过程中产生系列压缩波系。

　　图 6.8 给出了不同采样时刻的自持合成射流流向 NPLS 图像,图像的拍摄参数与图 6.6 一致。比较三幅图像可以看出,射流与主流相互作用的流动形态基本一致,在射流前缘都存在一道分离激波和一道弓形激波;在射流下游都存在一系列的流向涡包结构,尽管形态各异,都具有共同特征——沿流动方向倾斜。但是由于射流和激波的非定常性,不同时刻的流场图像还是存在细微的差异,例如图 6.8(c)中,射流前缘分离激波更为明显,分离区也相对较长;K‐H 涡的形态

图 6.8 不同采用时刻的自持合成射流 NPLS 流向精细流场结构

结构也各不相同,图 6.8(a)和(c)中存在明显的涡脱落现象。除了流动本身的非定常性以外,上述流动结构的差异也可能来源于平板上游的随机扰动。

6.2.3　自持合成射流展向瞬时流场特性

由于本章实验所用激励器的出口设计的是狭长的矩形外形,射流具有明显的三维效应,因此,需要对展向流场进行拍摄。图像的拍摄范围为流向方向 270 mm、展向方向 120 mm,空间分辨率为 0.050 2 mm/pixel,坐标原点设在激励器两出口前缘的中心位置。图 6.9 给出了片光高度为 1 mm 处的自持合成射流展向精细流场结构。可以看出,在射流前缘的大部分区域,由于流场品质较好,流动保持在层流状态。但在局部区域,从前缘开始就产生了一列扰动涡结构,这是由平板前缘的加工不平整所致。同时,在射流的上游分离区附近区域出现了一些小尺度涡结构,这些涡结构构成了马蹄涡(horseshoe vortex),马蹄涡是由边界层绕过射流及弓形激波后所致的绕流区域。在下半区域,扰动涡与马蹄涡结构相互干扰,导致流动经过马蹄涡之后完全转化为杂乱无章的湍流结构;而在上半区域,则可以看到清晰地马蹄涡结构。与圆柱形喷口横向射流形成近似圆形的马蹄涡结构不同[5,6],对于狭长矩形出口的横向射流,其马蹄涡结构呈现椭圆状分布,包围在矩形出口周边。在激励器出口以及主流的剪切作用下,两股横向射流各自卷积形成两对反向旋转涡对(counter-rotating vortex pair,CVP),在出口附近区域,由于涡对才刚形成,结构尺度较小,因此两对涡对之间互不干扰,涡对之间存在明显的分界线,而到了下游区域,随着与主流的动量、能量交换,以及壁面的剪切作用,涡对结构逐渐拉伸变形,尺度也逐渐增大,两对涡对之间开始相

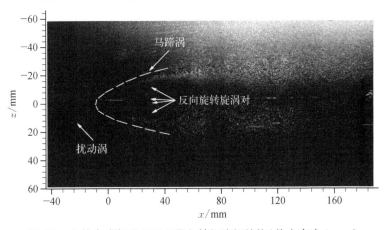

图 6.9　自持合成射流 NPLS 展向精细流场结构(片光高度 1 mm)

互干扰,射流结构呈现出紊乱状态。

图 6.10 给出片光高度为 3 mm 处的自持合成射流 NPLS 精细流场结构,此时壁面豁口带来的扰动效应大大减弱,基本看不到扰动涡结构。同时,在此高度上,马蹄涡结构的前缘已经分辨不出来,但后缘依然清晰存在。在射流前缘出现了明显的弓形激波结构,并且由于两出口存在间隔(5 mm),从流向方向上来看,弓形激波的形状呈现"W"形,区别于圆孔形横向射流前缘形成的椭圆形或者圆形弓形激波结构。在出口附近及下游区域,可以看见清晰的 K - H涡与射流尾迹结构。此时,由于射流剪切涡结构尺度逐渐增大,两股射流之间的涡在激励器出口下游附近区域就已经开始产生卷积干扰作用,在尾迹区域几乎融合成一股射流结构。从流向方向上看,反转旋涡对均是由中心轴线向两侧翻转。

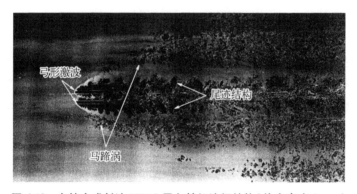

图 6.10   自持合成射流 NPLS 展向精细流场结构(片光高度 3 mm)

随着片光高度的进一步增加,壁面不平整带来的扰动进一步减小,射流剪切涡的结构和激波结构也更加明显。在片光高度为 5 mm 和 7 mm 处,可以明显地看出,除了射流前缘的"W"形弓形激波外,还存在一道强度很高的桶状激波,并且其形状也呈"W"形。在弓形激波与桶状激波之间存在微小的迎风面回流区结构(upstream recirculation),桶状激波后面则是马赫盘结构。从出口前缘到射流尾迹,两股射流的反转旋涡对逐渐融合,形成一股射流,在射流两侧,可以看到清晰的展向涡结构(图 6.11)。

片光高度进一步升高后,如图 6.12 所示,可以看到流场中出现由平板前缘两侧尖角诱导形成的马赫波结构,但对射流结构没有造成太大影响。此高度上的弓形激波结构已经由"W"形转变为圆滑形状,射流剪切涡结构也交替出现,表现出明显的间歇性特征。

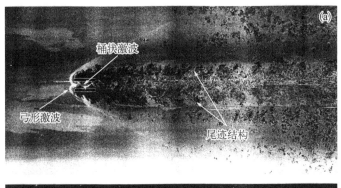

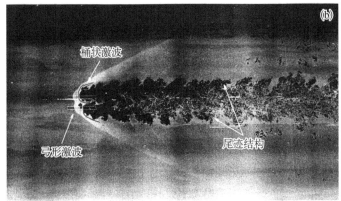

图 6.11　自持合成射流 NPLS 展向精细流场结构
（片光高度分别为 5 mm 和 7 mm）

综合图 6.9~图 6.12 可以发现,在激励器出口的剪切作用下,形成一对反转旋涡对,在向下游的迁移过程中,反转旋涡对结构逐渐破碎,能量也逐渐耗散,射流尾迹区域的特征转化为间歇性大尺度流动微团。

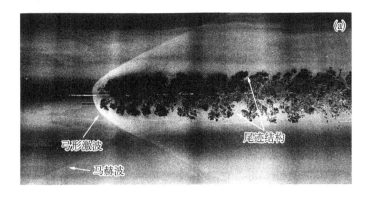

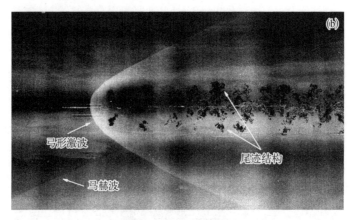

图 6.12 自持合成射流 NPLS 展向精细流场结构
（片光高度分别为 10 mm 和 15 mm）

6.2.4 自持合成射流流向涡的演化特性

NPLS 跨帧技术与 PIV 相同,都能够得到具有一定时间间隔的具有时间相关性的两幅图像。在时间间隔比较短的情况下,尽管前后两幅图片的流场结构发生了一些变化,但依然能够识别出同一流动结构,这样也就可以研究流场特征结构的时空演化特性。尽管囿于现有激光器的局限性,只能得到两幅时间相关的流场图片,但依然能够从中获取流场的有用信息。

为了清晰地说明射流剪切涡的演化特性,下面仅给出射流出口下游区域的图像。图 6.13 是时间间隔为 10 μs 的两个时刻的自持合成射流瞬时流场结构特

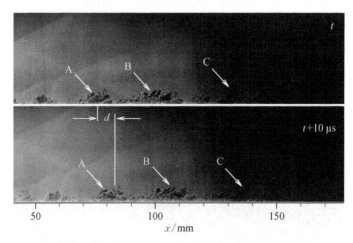

图 6.13 时间间隔为 10 μs 的两个时刻的瞬时流场结构

性。从图中可以看出,射流的拟序结构在 10 μs 时间内形态总体上没有发生太
大变化,就好像在流向方向上整体平移了一定的距离 d。结构 A 在流向方向上
大约移动了 5 mm,对应的流向速度约为 500 m/s,小于主流速度。涡结构 B 和涡
结构 C 的尺度有所增加,并且倾斜角度更小,表明其在流向方向上有一定程度的
拉伸。

图 6.14 给出了时间间隔为 15 μs 的两个时刻的自持合成射流瞬时流场结构
特性。由于时间间隔有所增加,射流剪切涡结构的形态发生了明显的变化。涡
结构 A 除了在流动方向上平移了大约 8 mm(对应的流动速度为 533 m/s)外,也
顺时针旋转了一定的角度。涡结构 B 和涡结构 C 不仅结构尺度有所增加,也可
以观测到明显的拉伸变形。

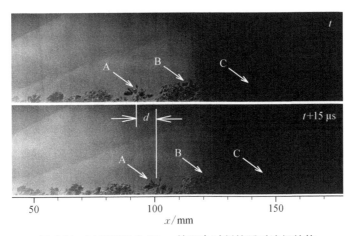

图 6.14　时间间隔为 15 μs 的两个时刻的瞬时流场结构

对比图 6.13 和图 6.14 可以发现,在相同的时间间隔内,位于上游的涡结
构运动速度较低,涡结构变形尺度也较小,位于下游的涡结构不仅运动速度较
高,还存在明显的拉伸变形。分析认为,在上游区域,射流边界上的剪切力较
弱,对应的射流剪切涡变形拉伸程度也较小,在下游区域,随着射流与主流的
充分混合,两者之间的相互作用逐渐增强,射流边界上的剪切力也变大,导致
射流剪切涡结构的变形拉伸程度更剧烈,涡结构的运动速度也更快。对比不
同时间间隔的图像可以发现,射流剪切涡结构均在流动方向上有所旋转倾斜,
这是由于射流的速度要低于主流的速度,在主流的剪切作用下,涡结构在流向
上被拉伸变形。

6.2.5 射流穿透深度与动量通量比

在实验射流穿透深度是衡量射流与超声速主流相互作用特性的重要参量之一,但国内外关于射流穿透深度的定义与说法不一而足,例如采用射流剪切涡的上边界、经过射流孔中心的流线、马赫盘高度等,利用不同经验关系式得到的穿透深度也就不同[7,8]。本文采用射流剪切涡的上边界作为射流穿透深度,并利用 Gruber 等[7]根据大量实验研究得到的超声速来流条件下圆孔形横向射流穿透深度经验关系式

$$\frac{y}{d_j J} = 1.23 \left(\frac{x}{d_j J} \right)^{0.344} \tag{6.1}$$

来对射流穿透深度与动量比之间的关系进行拟合,其中,J 为射流与主流的动量通量比,$J = \rho_j u_j^2 / \rho_\infty u_\infty^2$;$d_j$ 为射流出口的面积等效直径。

由于在 NPLS 实验中射流中的密度较低,射流与主流的灰度值存在显著差异,因此可以根据图像的边缘检测技术来获取图像的射流边界轮廓,如图 6.15 所示。考虑到射流的非定常性,图 6.16 给出了 40 张不同采样时刻的 NPLS 图像的射流上边界轮廓散点图以及对应的拟合关系式。图示表明,采用射流的上边界轮廓能够合理地反映出射流穿透深度,其穿透深度在经历短暂的快速增长以后,基本维持在 10~15 mm;自持合成射流的射流穿透深度与 Gruber 经验关系式相符很好,说明入口尺寸为 3 mm×15 mm、出口尺寸为 20 mm×2 mm 的自持合成射流激励器所产生的射流与马赫数 3 超声速主流的动量通量比约为 0.55,这就表明自持合成射流具有较强的超声速流动控制能力。

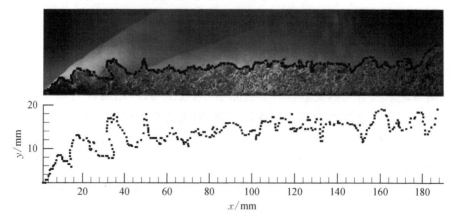

图 6.15　射流穿透轨迹提取示意图及其对应坐标曲线

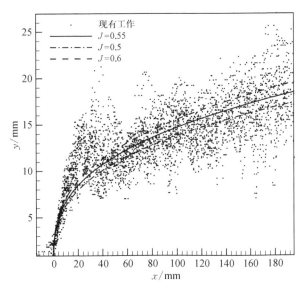

图 6.16　自持合成射流穿透深度与定常射流不同动量通量比拟合值的比较

6.3　自持合成射流超声速边界层转捩控制研究

6.3.1　实验装置介绍

对于高超声速飞行器,由于层流与湍流在壁面摩擦阻力和壁面热流密度上存在较大差异,边界层的流动状态至关重要。层流边界层总是伴随着较低的摩擦阻力和热流密度,湍流边界层具有较强的动量输运优势,可以有效地避免进气道内的流动分离,提高燃烧室的混合能力。因此,近几十年来层流到湍流的转捩及其相应的流动控制引起了人们的广泛关注。流量控制方法包括粗糙元、涡流发生器、壁面加热/冷却、壁面吹吸和壁面射流。这些技术已被研究人员广泛研究。然而,考虑到额外的阻力和能耗,并不是所有这些都是令人满意的。因此,有必要开发一种新的低附加阻力、零能耗的流动控制方法。

本节基于自持合成射流,开展了超声速边界层转捩控制实验研究,实验系统如图 6.17 所示。试验模型为平板,板长 320 mm,板宽 199 mm,平板前缘尖角为 15°[图 6.17(a)]。如图 6.17(b)所示,与合成双射流激励器相比,自持合成射流有两个额外的进口。这种设计的基本思想是振膜在低压环境下效率太低,无法形成合成射流。而自持合成射流能够充分利用来流动能,通过在迎风面设计了两个可变的入口,收集来流的能量,进而在出口实现连续的自持射流。射流强度可以通过调节进口尺寸来控制。它的控制能力已经在马赫数 5 高超声速风洞中得到证实。本文设计的激励器进口尺寸为 1 mm×1 mm,出口尺寸为 20 mm×2 mm。两出口孔口中心距为 7 mm。激励器出口中心位于平板前缘下游 130 mm 处。通过数值模拟研究发现,这种情况下的出口平均流速为 4.53 m/s。拍摄装置如图 6.17(c)所示。激光沿流向打在其中一个孔的中心线区域,可以获得流向方向的图像($x-z$ 平面)。通过改变相机和激光片光的位置,可以得到沿展向方向的图像($x-y$ 平面)。图像大小为 4 000 pixel×2 672 pixel,灰度为 4 096。同步器用于调整激光的时间,保证 CCD 相机在双曝光的帧内准确捕捉两幅图像。双腔 Nd:YAG 激光器的脉冲时间为 6 ns,最大脉冲能量为 350 MJ。

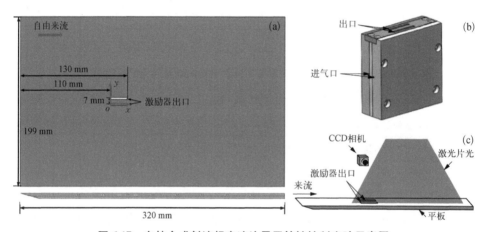

图 6.17　自持合成射流超声速边界层转捩控制实验示意图

6.3.2　自持合成射流超声速边界层转捩流场精细结构

NPLS 技术的基本原理是图像的灰度与流场密度呈正比。由于边界层的内部低于外部主流,图像中的黑色与边界层相对应。对于流向图像,图像的空间分辨率为 57.9 μm/pixel,而对于展向图像,其空间分辨率为 44.6 μm/pixel。NPLS 图像对的最小时间间隔为 6 ns,具有较高的时空分辨率。

时间间隔为 5 μs 的瞬态流向 NPLS 图像对如图 6.18 所示。流动是从左到右的。从图中可以看出,在初始阶段,层流边界层保持良好,其厚度逐渐增加,直至孔口上游。在激励器出口上方,边界层厚度以 5°的坡度增加,出口后,流动仍保持层流状态,并延伸至 $x=35$ mm 左右。然后,由于射流诱导剪切层中的强 Kelvin-Helmholtz(K-H)不稳定性,气流开始突然失稳并破裂成小尺度相干结

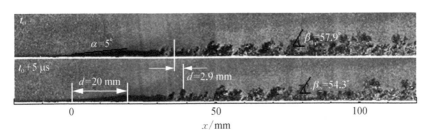

图 6.18　时间间隔为 5 μs 的瞬时流向流场图像

构。最终,流动变得完全紊乱,呈现明显的间歇性。

通过与图像对的比较,我们可以发现,虽然相干结构有一些变化,但它们是沿流方向分布和移动的。涡旋结构在 5 μs 的时间间隔内向下游移动约 2.9 mm,相应的平动速度为 580 m/s,并沿顺时针方向旋转了一定的角度。这说明超声速边界层的相干结构具有快运动、慢变形的特点。

在某种程度上,射流就像两个涡流发生器在孔口上方。它们对边界层产生一定的逆压梯度,迫使边界层厚度增加,增强了原有扰动存在的各种不稳定性。同时,射流还可以将声波、熵波和涡波等多种形式的扰动直接引入边界层。

对于边界层流动,由于与主流的密度差,不稳定条带逐渐分解为不规则的小尺度结构,呈现不规则的曲线。分形维数是描述不规则曲线程度的重要几何量,自 20 世纪 80 年代以来一直被应用于湍流的分析[9]。图 6.19 显示了超声速边界层的分形特征。由于前一部分的要求不明确,因此只有 $x = 20$ mm 之后的区域才有效。从图中可以看出,边界层的分形维数沿流向逐渐增加,然后在 $x =$

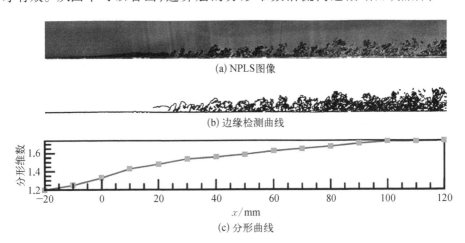

(a) NPLS图像

(b) 边缘检测曲线

(c) 分形曲线

图 6.19　超声速边界层分形特性

100 mm 左右达到一个固定值。这表明射流诱导产生的流向涡结构逐渐变得不稳定,完全转捩为湍流。超声速边界层的分形程度随相干结构尺度的破碎而增大。

图 6.20 显示了 0.5 mm 高度处的瞬时展向 NPLS 图像。为了便于比较,还提供了一个不加控制时的图像。从图中可以看出,对于无控制流场,整个流场保持层流状态,只能观察到一些长的条带结构;而对于自持合成射流控制的边界层,在图像的上游区域,没有观察到流动结构,表明边界层是层流。然而,由于自持合成射流引起的逆压梯度的阻碍,在射流孔的上游形成了马蹄形涡系结构。在马蹄形涡结构之后,出现了几个流向条带(呈现为深色)。观察到马蹄形涡的下游,这些条带结构在展向上变得有组织和交替,流动方向的尺度远大于展向。实际上,边界层转捩常常伴随着这些条带结构。从动力学特性上看,这些条带结构在下游传播过程中不断地发生蜿蜒变形,并在向某一流动方向移动一定距离后分叉形成新的条纹。实际上,这与湍流的自持机制相对应,表明湍流是自生的。在下游,条带结构逐渐失去不稳定性,最终演变为湍流。

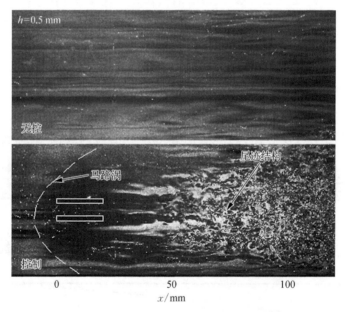

图 6.20　0.5 mm 高度上的瞬时展向流场图像

图 6.21 和图 6.22 分别给出了在高度为 1.5 mm 和 2 mm 时具有 5 μs 时间间隔的瞬态展向 NPLS 图像对。此时,条带结构不再十分清晰。只有在下游湍流区,随着边界层厚度的增加,才能观察到一些不规则的相干结构。在图 6.21 中,

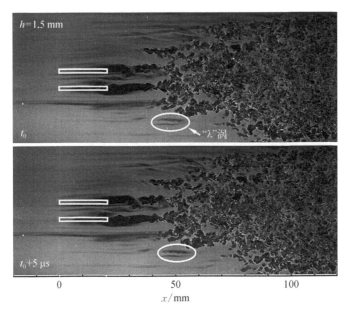

图 6.21　1.5 mm 高度上时间间隔为 5 μs 的瞬时展向流场图像

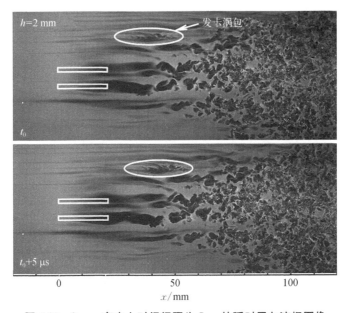

图 6.22　2 mm 高度上时间间隔为 5 μs 的瞬时展向流场图像

观察到一个典型的"λ"涡,其头部朝向流动方向,底部指向上游。它的两条涡腿的强度并不一致。事实上,这种不一致性在边界层中发生的可能性相当高。在图 6.22 中还观察到一束发卡涡包。这些相干结构位于边界层的外层,以基本相同的对流速度共同运动。这一现象证实了 Adrian 等[10]和 Christensen 等[11]在不可压缩流动实验中得出的结论。然而,由于流动是非定常的,这些相干结构并不总是可见或固定在某个位置。

6.4 自持合成射流超声速前台阶流动分离控制研究

6.4.1 实验装置介绍

高超声速飞行器表面不可避免地会出现一些突起结构,例如粗糙元、前台阶、后台阶等,这些突起结构诱导产生的流动分离不仅仅会带来壁面摩阻与热流的剧烈变化,更是会给飞行器的结构安全与可操纵性带来潜在危害,问题严重时甚至会造成飞行器失速、表面烧蚀、振荡解体。

本节针对超声速前台阶流动分离问题,开展自持合成射流二维前台阶流动分离控制与激波控制实验研究,借助 NPLS 技术手段和高速纹影系统,研究了施加控制前后前台阶的瞬态精细流场结构,对比分析射流对激波形态的影响特性,同时借助跨帧技术,分析了流向涡的时空演化特征。

前台阶流动分离及其控制的实验系统与 6.2 节射流实验相同,不同点是在平板上加装了位置可前后移动的台阶模块。图 6.23 所示为超声速前台阶 NPLS 实验示意图,在实验中,激光片光沿流向打在激励器其中一个出口的中心线上,从激励器上游到台阶下游,照亮整个区域。

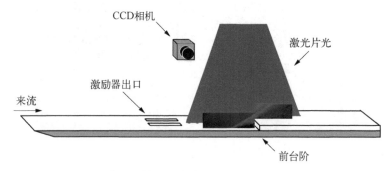

图 6.23 超声速前台阶 NPLS 实验示意图

6.4.2 前台阶瞬时流场特性

本节实验所用的前台阶的高度为 6 mm,流向长度为 200 mm,展向宽度为

197 mm。由于台阶在流向方向上足够长,在展向方向上足够宽,拍摄区域又几乎在流场对称面上,因此可以近似认为流动具有二维特征。NPLS 图片拍摄范围为 255 mm,图像分辨率为 0.056 1 mm/pixel,流动方向从左到右。坐标原点定义为台阶前缘点。

图 6.24 所示为马赫数 2.95 超声速层流条件下的二维前台阶的瞬时 NPLS 精细流场图像,从图中可以清晰地观察到大尺度流动分离与再附、激波等典型流场结构,其中,S_S 是分离激波(separation shock),激波角度约为 32.2°,S_B 是台阶前缘产生的弓形激波,S_R 是再附激波。图像显示,由于流场品质很好,在台阶上游,从平板前缘开始,可以清晰地看到层流边界层,并且边界层厚度几乎是线性增长的,表明流动一直呈层流状态;随着流动逐渐靠近前台阶,由于台阶造成的强逆压梯度作用,大约在 $x = -39$ mm 边界层中出现不规则的大尺度拟序结构,表明流动开始转捩;延长激波 S_S 与壁面相交,交点坐标约在 $x = -32$ mm 处,表明流动从此处就已经开始分离,回流区长度为 32 mm[12];在台阶前缘回流区内,可以看到明显的颜色分层,下边较黑的是回流区,回流区上方则是大量的沿流向倾斜的涡包结构;在台阶前缘上方区域有一道弓形激波 S_B,在前缘点附近,激波的角度约为 58.5°;而在激波 S_S 与激波 S_B 之间,由于边界层大幅度变厚,产生了一系列压缩波系(shocklets);在台阶上部区域,由于流动在台阶表面的再附,产生了一道微弱的再附激波,延长激波到台阶表面,坐标位置约在 $x = 4$ mm 处,即认为边界层的再附点大约在这个位置,也即台阶上表面的回流区长度为 4 mm;边界层再附以后的区域,流动由大量小尺度涡结构组成,与充分发展的湍流边界层的流动特征一致,表明流动已经转捩为湍流。由于本章未开展定量测量实验,因此关于流动在各阶段的发展情况只能做一些定性说明。

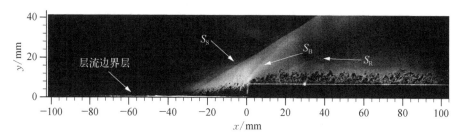

图 6.24　二维前台阶 NPLS 精细流场结构

图 6.25 给出了不同采样时刻的二维超声速前台阶上游 NPLS 精细流场结构图像,图像的拍摄范围与图 6.24 一致。比较 4 幅图像可以看出,尽管流动现象

基本一致,但是转捩发生的位置及其对应的拟序结构都各不相同,图 6.25(a)和 (b)中,转捩很早就发生了,并且呈现很明显的沿流动方向倾斜、较为破碎的大尺度展向涡结构,而图 6.25(c)和(d)中,转捩发生的比较缓慢,对应的展向涡结构尺度也较小。造成这种流动现象的原因除了超声速边界层转捩的本身的非定常性和复杂性以外,也可能来源于流场中的随机扰动。

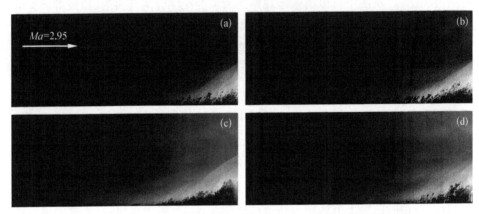

图 6.25 不同采样时刻的二维前台阶上游 NPLS 精细流场结构图像

图 6.26 给出了不同采样时刻的前台阶上表面流场图像,可以看出分离激波与弓形激波相互作用形成的"λ"形激波形状各不相同,三波点位置摆动不定;再附激波的强度也各不相同,图 6.26(a)~(c)中的再附激波强度相对较高,图 6.26 (d)中则相对较弱;流场中破碎的小尺度涡结构也形态各异,但都沿流动方向倾斜,倾斜角约为 45°,并且呈现明显出明显的间歇性。

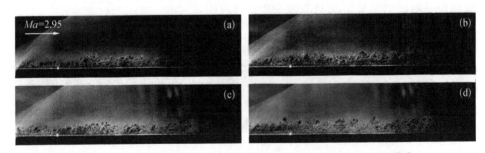

图 6.26 不同采样时刻的二维前台阶上部 NPLS 精细流场结构图像

6.4.3 自持合成射流前台阶流场控制精细结构

图 6.27 给出了激励器不同出口位置控制下的二维前台阶流动分离控制精

细流场图像。定义激励器出口后缘与台阶的前缘点距离为 d_{J-S}。可以观察到，当 $d_{J-S}=20$ mm 时，由于射流的阻碍作用，流场中产生一道弓形激波 S_J；在台阶前缘上方，存在一道激波 S_B，此时并不清楚激波 S_B 的类型，下文将对此进行分析解释；S_E 则是膨胀波入射到台阶上表面后又反射形成的膨胀波（expansion wave）。此时，流场中没有出现流动分离诱导的分离激波与台阶上壁面的再附激波。

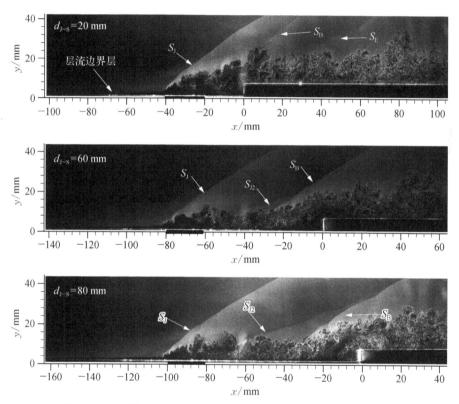

图 6.27　激励器不同出口位置控制下的二维前台阶流动 NPLS 图像

当台阶后移到 $d_{J-S}=60$ mm 时，此时可以激波 S_{J2}，由 6.2 节内容，这是射流桶状激波汇聚到马赫盘后反射形成的反射激波，但由于 S_{J2} 紧邻激波 S_B，仍然可以看成是 S_B 的一部分；延长激波 S_B，其与 x 轴的交点约为 $x=-43$ mm，激波角度约为 32.6°。当 $d_{J-S}=80$ mm 时，上壁面安装误差带来的膨胀波和射流带来的反射激波 S_{J2} 均打在激波 S_B 上，造成 S_B 发生严重的扭曲变形，延长激波 S_B，其与 x 轴的交点约为 $x=-64$ mm，激波角度约为 26.6°。

对此，可以将图 6.27 三个不同控制位置分为三种情况：第一种为在分离区内施加控制，对应于 $d_{J-S}=20$ mm 这一组；第二种为在紧靠分离点施加控制，对应

于 d_{J-S} = 60 mm 这一组；第三种为在远离分离区的上游位置施加控制，对应于 d_{J-S} = 80 mm 这一组。分析认为得到如下结论。

（1）不施加控制时，由于来流为层流，边界层的抗分离能力较弱，很容易在前台阶逆压梯度的作用下发生流动分离，形成一个较长的分离区并诱导产生了分离激波；当流动到了台阶前缘时遇到了阻碍作用，在前缘产生一道脱体的弓形激波，但由于主流的作用，脱体距离很小，弓形激波紧贴模型前缘；流动穿过弓形激波后，又重新再附在台阶上表面，形成再附激波。

（2）施加控制后，当射流出口在分离区内，即在第一种情况下，分离区内不断涌入大量的高动量流体，提高了边界层的抗分离能力，分离仅在台阶前缘的微小三角区内发生；高动量流体沿流向向下游流动到台阶前缘时，堵塞在前缘区域，相当于在台阶上表面区域形成了"虚拟外形"，造成台阶厚度变高，迫使原来的弓形激波结构向上方推移；而抬升后的弓形激波与射流本身产生的反射激波结构相互作用，共同形成了激波结构 S_B；由 6.2 节可知，射流的穿透深度远大于台阶的高度，台阶直接淹没在射流之中，因而不会再有再附激波。

（3）在第二种情况下，由于射流位于分离区外侧，射流横向注入以后，在流向方向和展向方向都有些许发展，到了分离区以后，动量和能量有所耗散减小，台阶前缘的堵塞程度有所减弱，此时相当于在台阶前缘有一个较为陡峭的近似三角形状的"虚拟外形"并产生一道斜激波；相对于弓形激波，此时的斜激波角度相对减小；激波 S_B 则是斜激波与射流本身产生的反射激波 S_{J2} 共同作用的结果。

（4）在第三种情况下，随着射流出口位置进一步远离分离区，射流也向周围耗散了更多的能量，因此三角形状的"虚拟外形"的坡度也进一步平缓，"虚拟外形"诱导产生的斜激波与流向方向的夹角也进一步减小；此时射流本身产生的反射激波 S_{J2} 已经远离斜激波并入射到后者上，导致斜激波发生严重的扭曲变形，两者共同组成了"λ"形激波。

6.4.4 自持合成射流前台阶流场密度脉动特性

无控/有控制状态下的超声速前台阶流场极其复杂，包含着复杂的波系结构和涡波结构，流场中出现很大的速度梯度和密度梯度。传统的测量方法很难准确的测量此类流动的密度信息。但是根据第 2 章的描述，NPLS 可以定量的测量密度场。由于入射激光的强度呈高斯分布，光强不均匀，因此获得的图像的灰度分布也不均匀。因此，需要预先校准图像并消除背景噪声。基于修正后的 NPLS

图像,可以利用图像的时间相关性来获得密度信息。

　　由于流场中存在复杂的激波结构与分离区等,并且低密度的边界层的高密度的主流之间也存在强烈的质量与能量交换,沿着采样线,图像的灰度水平会产生剧烈的波动,也就是,密度存在脉动。为了分别研究前台阶前部和上部的密度特性,以台阶前缘为分割点,将采样分为两个部分。对于每个部分,分别在距离当地壁面 1 mm、7 mm 和 15 mm 的高度处进行了采样(图 6.28)。

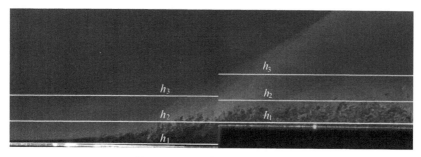

图 6.28　不同高度上的采样线

　　图 6.29 给出了台阶前部不同高度上的密度脉动信号,图中横坐标为时间,采用来流速度和台阶高度进行了无量纲化,纵坐标为无量纲的密度脉动,下文同样作此处理。可以看出,每种情况下的密度脉动都完全不同。在 1 mm 的高度处,密度脉动起先大幅振荡,但进入分离区以后,振幅整体上突然减小但存在一些尖峰现象。巧合的是,这些尖峰正好对应于激波的波足位置。这可能是因为此位置处流场的瞬时压力突变导致流场密度增加,在局部区域内聚集了大量的示踪粒子,从而提高了图像的灰度水平。随着高度的增加,采样线经过激波并带来局部的密度升高。此外,由于流场大尺度结构诱导产生了数道压缩波,在 7 mm 高度上,密度脉动曲线存在许多尖峰[图 6.29(c) 和(d)]。激波之后,密度脉动又恢复到原先的水平。值得注意的是,随着激励器出口与台阶之间距离的增加,这些尖峰结构也跟随着前移,看起来好像是流动整体向上游移动。这种现象表明了施加的自持合成射流改变了流场的密度脉动分布特征。

　　图 6.30 给出了密度脉动对应的频谱分析结果。总体而言,密度脉动主要在低频区域。图 6.30(a) 和(b) 中,频谱曲线彼此相似,这是因为采样线穿过了相似的流动结构。相同的结论也适用于图 6.30(c) 和(d)。比较每种工况在 1 mm 和 15 mm 高度(分别对应于边界层和主流)上的频谱曲线,可以发现,

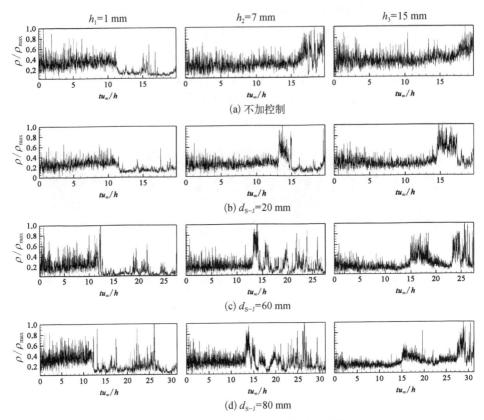

图 6.29　台阶前段不同高度上的密度信号

密度脉动的主频主要在低频区域,高频分量与高频带宽则变化不大。然而在 7 mm 高度上,当自持合成射流工作时,低频区域出现多个峰值,表明自持合成射流产生的大尺度结构与主流之间的相互干扰与剪切作用,是密度产生波动的主要因素。

在台阶上表面,对于不加控制的情况[图 6.31(a)],尽管流场中存在较弱的再附激波和膨胀波,但是密度脉动沿采样线变化并不大。相对而言,尾流中的密度变化较小。施加自持合成射流控制以后,流场中的密度脉动增加,并且出现了很多尖峰。结合图 6.27 中的精细流场结构,可以看出,剪切效应形成的大尺度剪切涡结构,是高/低密度流体之间质量交换和能量交换的主要载体。图 6.32 给出了对应的频谱分析结果。总体而言,密度脉动主要在低频区域。随着采样线高度的增加,频谱曲线的高频分量和振荡带宽略有增加。

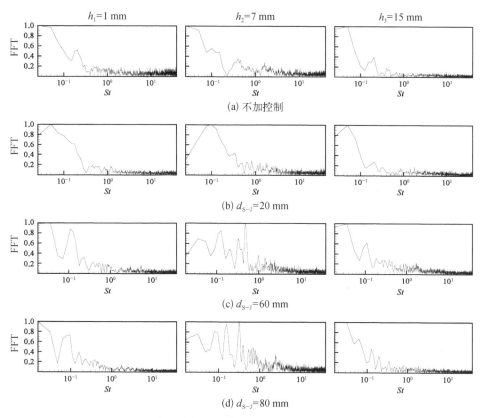

图 6.30　台阶前段不同高度上密度信号的傅里叶变换

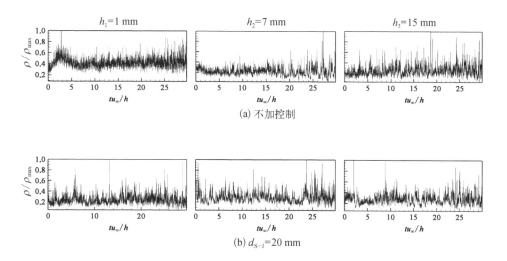

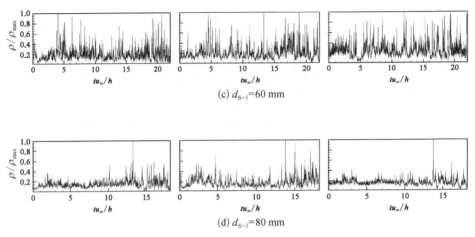

(c) $d_{S-J}=60$ mm

(d) $d_{S-J}=80$ mm

图 6.31　台阶后段不同高度上的密度信号

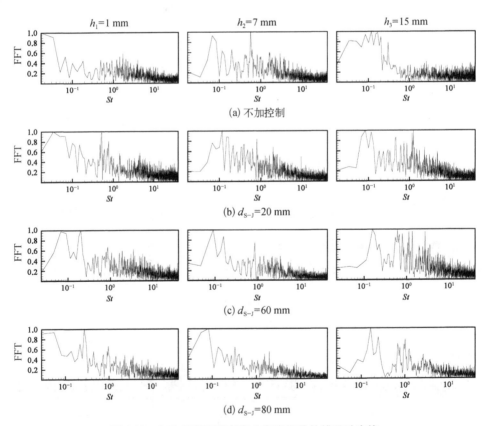

图 6.32　台阶后段不同高度上密度信号的傅里叶变换

6.5　小结

本章提出了自持合成射流的概念,并基于 NPLS 技术和高速纹影技术,在马赫数 2.95 超声速静风洞中,首次研究了自持合成射流与超声速来流相互作用的精细流场特性,并在此基础上,开展了基于自持合成射流的超声速边界层转捩与超声速前台阶流动分离控制实验。

(1) 开展了自持合成射流与超声速层流来流相互作用的高速纹影和 NPLS 精细流场结构实验研究,深入分析了弓形激波、分离激波、桶状激波、再附激波、马赫盘、反向旋转涡对、射流剪切涡、马蹄涡、K－H 涡、分离区等典型流场结构。基于 Gruber 的经验关系式拟合了射流穿透深度与射流的动量通量比之间的关系,得出自持合成射流激励器产生的射流与马赫数 2.95 超声速主流的动量通量比约为 0.55。

(2) 基于 NPLS 技术,开展了自持合成射流诱导马赫数 2.95 超声速平板边界层转捩的实验研究,得到了流向方向和展向方向的 NPLS 精细流场图像,分析了整个转捩过程的精细流动结构。研究结果表明:射流一是通过诱导剪切层在尾流中产生不稳定的 Kelvin-Helmholtz 不稳定性,二是直接在边界层中产生逆压梯度,诱导不稳定的条纹结构,从而促使转捩的发生。

(3) 开展了自持合成射流二维前台阶和有限展宽三维前台阶流动分离控制研究,研究得出,在二维前台阶情况下,激励器出口位于分离区附近或者上游区域,产生的射流都能够在台阶前形成"虚拟外形",使得分离区大大减小,消除了分离激波与再附激波,台阶的弓形激波也被抬升或者转变成斜激波,激波强度降低。

参考文献

[1] 罗振兵,夏智勋,王林,等.高超声速飞行器内外流主动流动控制[M].北京: 科学出版社,2019.

[2] Papamoschou D, Hubbard D G. Visual observations of supersonic transverse jets [J]. Experiments in Fluids, 1993, 14(6): 468－476.

[3] Gamba M, Mungal M G. Ignition, flame structure and near-wall burning in transverse hydrogen jets in supersonic crossflow [J]. Journal of Fluids Mechanics, 2015, 780: 226－273.

[4] Sun M B, Hu Z W. Formation of surface trailing counter-rotating vortex pairs downstream of a sonic jet in a supersonic cross-flow[J]. Journal of Fluids Mechanics, 2018, 850: 551－583.

[5] Kelso R M, Smits A J. Horseshoe vortex systems resulting from the interaction between a laminar boundary layer and a transverse jet[J]. Physics of Fluids, 1995, 7(1): 153－158.

[6] Liu Y, Sun M B, Liang C H, et al. Structures of near-wall wakes subjected to a sonic jet in a supersonic crossflow[J]. Acta Astronautica, 2018, 151: 886－892.

[7] Gruber M R, Nejad A S, Chen Th, et al. Mixing and penetration studies of sonic jets in a Mach 2 free-stream[J]. Journal of Propulsion and Power, 1995, 11(2): 315－323.

[8] Sun M B, Zhang S P, Zhao Y H, et al. Experimental investigation on transverse jet penetration into a supersonic turbulent crossflow[J]. Science China: Technological Sciences, 2013, 56(8): 1989－1998.

[9] André T, Durant A, Fedioun I. Numerical study of supersonic boundary-layer transition due to sonic wall injection[J]. AIAA Journal, 2017, 55(5): 1－18.

[10] Adrian R J, Meinhart C D, Tomkins C D. Vortex organization in the outer region of the turbulent boundary layer[J]. Journal of Fluid Mechanics, 2000, 422: 1－54.

[11] Christensen K T, Adrian R J. Statistical evidence of hairpin vortex packets in wall turbulence [J]. Journal of Fluid Mechanics, 2001, 431: 433－443.

[12] Smits A J, Dussauge J. Turbulent shear layer in supersonic flow[M]. Berlin: Springer, 2006.

第7章

超声速湍流边界层精细结构与控制

7.1 引言

可压缩边界层转捩问题与湍流问题一直是制约高超声速飞行器发展的关键基础问题[1]，吸引了国内外学者的广泛关注。相对于层流边界层，湍流边界层的壁面摩阻与壁面热流要高 5~6 倍。因此，对湍流边界层施加流动控制，在高超声速飞行器的减阻、表面热防护与气动外形优化等方面都具有极高的应用价值，已经成为当前高超声速飞行器设计与可压缩流体力学领域研究的热点问题。

在对湍流边界层施加流动控制以前，需要对其有个详尽的认识。对湍流边界层的研究主要有湍流统计分析与湍流结构分析两大块。研究手段则主要有理论分析、地面实验、数值模拟三种手段。作为湍流边界层模拟的重要手段之一，直接数值模拟(direct numerical simulation, DNS)直接从 N - S 方程出发，不引入任何湍流模型，直接求解所有尺度的湍流结构，得到所有的湍流信息。本章采用直接数值模拟的手段，对马赫数为 2.25 超声速湍流边界层进行研究，开展湍流统计与湍流结构的分析，深入了解湍流边界层的特性，并在此基础上，开展超声速湍流边界层的主动减阻控制研究。

7.2 超声速湍流边界层湍流统计与结构分析

7.2.1 来流条件与数值设置

本章所用的来流条件与 Pirozzoli 等[2] 及李新亮等[3,4] 的来流条件相同，自由来流马赫数为 2.25，基于自由来流条件的单位英寸雷诺数为 $Re/\mathrm{in} = 635\,000$，来

流静温为 $T_\infty = 169.44 \text{ K}$,入口的边界层厚度为 $\delta_{\text{in}} = 0.45 \text{ mm}$,具体的参数条件见表 7.1。壁面设置为等温壁面条件 $T_\text{w} = 1.9 T_\infty$,湍流普朗特数设置为 $Pr_\text{t} = 0.7$。

表 7.1　超声速来流条件

Ma_∞	Re/in	T_∞/K	$\delta_{\text{in}}/\text{mm}$	Re_θ	Re_{δ^*}
2.25	635 000	169.4	0.45	1 145	6 084

在实际数值计算中,为减小计算量,本章先开展了二维的 N‐S 方程求解,获得得到一定发展的层流边界层剖面信息,随后将此剖面作为三维湍流边界层计算的入口条件。本章截取的是流向位置为 4 in 处的层流边界层剖面(图 7.1),此处的边界层厚度适中($\delta_{\text{in}} = 0.485 \text{ mm}$),对应的动量雷诺数属于中等雷诺数范围。

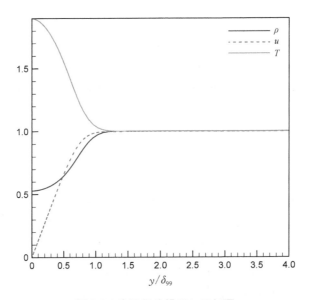

图 7.1　直接数值模拟入口剖面

图 7.2 给出了本章数值计算所用的网格示意图。为清楚地展现网格的分布特征,图中对网格进行了稀疏处理,流向和法向每隔 10 个点显示一个网格,展向每隔 25 个点显示一个网格。如图所示,整个计算域为长方体构型,整体计算区域为 $L_x \times L_y \times L_z = 936\delta_{\text{in}} \times 17.8\delta_{\text{in}} \times 6.8\delta_{\text{in}}$,其中上游为层流入口条件,下游为出口条件,在下游设置缓冲区,防止下游边界上的扰动影响上游的边界层流场,流向方向上有效的计算域范围为 $L_x = 325\delta_{\text{in}}$;同样,壁面设置为等温无

滑移壁面条件,并对壁面网格进行加密,在上边界对网格则进行稀疏化处理且设置为无反射边界层条件,防止边界上的扰动影响流场;展向则采取周期性边界层条件。不失一般性的,在空间发展的湍流边界层直接数值模拟中,流向计算区域需要足够长,以保证上游人工扰动以及后转捩效应的消除,其可以通过壁面摩阻系数进行评估;法向计算区域一般在 5 倍边界层厚度以上,以保证主流对边界层流场没有影响;由于边界层中高低速条带结构的存在,展向区域一般至少需要求解 5 对高低速条带结构的范围,这种取值是后验的,一般可以通过流向脉动速度的展向两点相关性分析进行评估,随着展向距离的增加,两点的相关性系数为 0 时则说明展向区域宽度足够满足湍流边界层的求解要求。本章的计算网格在三个方向上的网格点数分别为 $N_x \times N_y \times N_z = 3\,655 \times 155 \times 256$,其中,在流向方向上对湍流区域进行加密,法向方向上对边界层进行指数型加密,展向则采用等距网格。三个方向的网格分辨率分别为 $\Delta x^+ \times \Delta y^+ \times \Delta z^+ = 7.9 \times 0.76 \times 4.6$,其中“+”表示采用当地壁面黏性尺度进行无量纲化。整体网格量约为 1.45 亿。

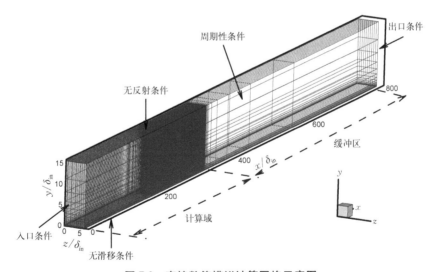

图 7.2　直接数值模拟计算网格示意图

采用中国科学院力学研究所李新亮教授开发的 OpenCFD 直接数值模拟程序[5]进行计算,该程序已经在高超声速边界层转捩与湍流等方面进行了大量的应用。在计算中,对流项采用 Steger-Warming 矢通量技术求解,其中无黏项采用七阶基本无振荡的 WENO 格式,黏性项采用八阶中心差分格式,时间项采用三阶 Runge-Kutta 法进行离散。

7.2.2 瞬时流场特性

涡结构的定义与识别一直是湍流结构领域研究的热点课题,研究人员基于速度梯度张量 $\nabla u = \partial u_i / \partial x_j$ 的不变量分别提出了 $\Delta^{[6]}$、$Q^{[7]}$、$\lambda_2^{[8]}$ 等方法。本节采用的 Hunt 提出的 Q 识别方法,该方法的定义式如下:

$$Q = \frac{1}{2}(\tilde{\Omega}_{ij}\tilde{\Omega}_{ij} - \tilde{S}_{ij}\tilde{S}_{ij}) \tag{7.1}$$

$$\tilde{\Omega}_{ij} = (\partial u_i / \partial x_j - \partial u_j / \partial x_i)/2 \tag{7.2}$$

$$\tilde{S}_{ij} = (\partial u_i / \partial x_j + \partial u_j / \partial x_i)/2 \tag{7.3}$$

式中,$\tilde{\Omega}_{ij}$ 和 $\tilde{S}_{ij}$ 分别是速度梯度张量的反对称项和对称项,也即旋转涡量和剪切应变张量。在 $Q>0$ 的区域,涡量的值大于剪切应变值,流场中转动占主导,即认为 $Q>0$ 的区域为涡所在的区域。图 7.3 给出了 $Q = 0.01$ 的涡结构等值面,图中的涡结构采用流向速度进行着色。图中清晰地展示了边界层从层流、转捩、到湍流的整个过程,大约在 $x = 100\delta_{in}$ 开始产生不稳定的流向涡结构,这些涡结构迅速增长,以涡包结构的形式按一定的对流速度向下游运动。在一起运动的过程中,这些涡结构被拉伸变形,流场中出现了发卡涡结构。发卡涡结构的涡头部分速度较高(呈现红色)、涡腿部分速度较低(呈现绿色),由于速度的差异,随着流动进一步向下游发展,发卡涡结构的涡头与涡腿发生断裂,涡头形成了拱形涡结构,而涡腿则重新发展成了准流向涡结构。

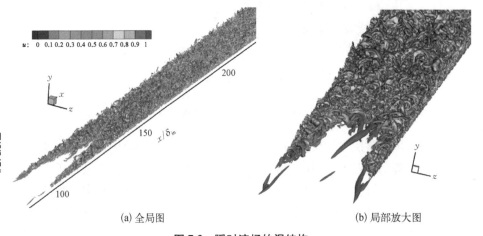

(a) 全局图   (b) 局部放大图

图 7.3　瞬时流场的涡结构

图 7.4 和图 7.5 分别展示了某一瞬时时刻流场中心截面上的流向流场温度云图和不同流向位置处的瞬时流场温度云图,图中同样清晰地展示了超声速平板边界层经历层流、转捩、最终到湍流的过程。由于在入口处施加的是层流边界层,所以从入口到下游的一段距离流动都处于层流状态。随着在上游壁面吹吸扰动的施加,扰动随着流向距离的增加不断发展,并在 $90\delta_{in}$ 左右开始出现不稳定波动,这些不稳定结构在下游的发展过程中不断失稳放大,并最终发展成湍流状态。同时也可以看出平板边界层呈现明显的间歇性,边界层内的黏性流体与外部的无黏流体进行相互卷积、交替,涡结构尺度不断破碎减小,呈现出强烈的褶皱特征。

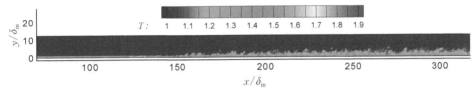

图 7.4　瞬时流向流场温度云图

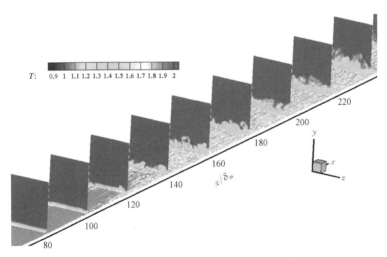

图 7.5　不同流向位置的瞬时流场温度云图($y^+=15$)

图 7.6 给出了瞬时流场的数值纹影图,该图采用的是 Ns 值来反映可压缩湍流边界层流场中瞬时密度梯度的变化。基于该方法,Wu 和 Moin[9] 的数值计算结果与风洞实验得到的阴影图符合得很好。该变量的表达式为 $Ns = C_1\exp\left[-C_2(\phi-\phi_{\min})/\phi_{\max}-\phi_{\min}\right]$,其中 $\phi=|\nabla\rho|$,$C_1=0.8$,$C_2=10$。图 7.6

清晰地展示了边界层从层流转捩到湍流过程中不同尺度湍流结构的空间演化。在边界层中,由于黏性作用,流体与壁面产生摩擦,边界层内的温度较高,导致其密度低于主流的密度值。

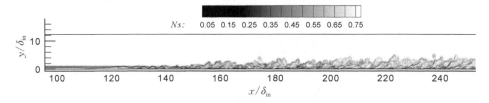

图 7.6　瞬时流向流场数值纹影图

7.2.3　湍流统计分析

由于湍流信号具有强烈的随机性,通常采取平均的方式对其进行统计分析。本书采用的平均方式有两种: 一是 Reynolds 平均,将湍流信号 f 看成平均信号 $\langle f \rangle$ 与脉动信号 f' 的叠加,即 $f = \langle f \rangle + f'$;另一种是考虑了密度修正的 Favre 平均,即 $f = \{f\} + f''$,其中 $\{f\} = \overline{\rho f}/\bar{\rho}$。后文中如没有特殊说明,所用的符号均与此处一致。本章是在经过 26 个无量纲时间(δ/u_∞)后,流场达到统计定常以后再进行采样,采用的时间间隔为 $0.05\delta/u_\infty$,共收集了 1 000 个流动样本。

壁面摩阻是定量评估边界层发展状态的重要参数,这里使用壁面摩阻系数 $C_f = 2\tau_w/(\rho_e u_e^2)$ 对平板边界层转捩过程进行分析。图 7.7 展示了超声速平板边界层壁面摩阻系数随流向距离的变化曲线,同时也给出了本书计算结果与文献的比较,其中实线为本书计算的结果,空心点为李新亮等[4]的 DNS 结果,实心点为 White[10] 给出的充分发展的湍流边界层的理论估计。

$$C_f = \frac{0.455}{S^2}\left\{\log\left[\frac{0.06}{S}(Re_x - Re_{x0})\frac{\bar{\mu}_e}{\bar{\mu}_w}\sqrt{\frac{\overline{T}_e}{\overline{T}_w}}\right]\right\}^{-2} \qquad (7.4)$$

从图中可以看出,在层流阶段,边界层摩阻很小,伴随着转捩的发生,边界层摩阻发生急剧的增加,在转捩完成的初始,壁面摩阻出现一定程度的超调现象,这是由于,一方面,此时的湍流边界层还承受着后转捩效应,未达到平衡状态,另一方面,超调也意味着湍流自维持机制的开始。当湍流边界层充分发展达到平衡状态时,其壁面摩阻系数为层流区域的 5~6 倍;同时也可以看出,转捩大约在 70 个 δ_{in} 范围内完成。

相对于不可压湍流边界层,超声速边界层摩阻测量十分困难,现有定量数据还比较缺乏,因此直接对可压缩边界层摩阻进行验证还不可行。幸运的是,根据 Morkovin 假设[11],当马赫数不超过 5 时,可压缩湍流理论与不可压湍流具有相似性,可以考虑通过密度修正使得两者具有可比性。这其中,最著名的莫过于 van Driest Ⅱ 变换[12],这种变换堪称是将可压缩边界层摩阻系数与动量雷诺数等效为不可压变量[13],具体的表达形式为

$$C_{fi} = F_c C_f, \quad Re_{\theta i} = \mu_\infty / \mu_w Re_\theta \tag{7.5}$$

式中,

$$F_c = \frac{T_w/T_\infty - 1}{\arcsin^2 \alpha}, \quad \alpha = \frac{T_w/T_\infty - 1}{\sqrt{(T_w/T_\infty)(T_w/T_\infty - 1)}} \tag{7.6}$$

变换后的摩阻系数如图 7.7(b)所示,其中横坐标为变换后的动量雷诺数,纵坐标为变换后的摩阻系数。作为对比,我们给出了 Jimenez 等[14]的 DNS 数据,同时也给出了 Smith 等[15]提出的经验公式:

$$C_{fi} = 0.024 Re_{\theta i}^{-1/4} \tag{7.7}$$

可以看出,经过可压缩变换以后,壁面摩阻系数能够与不可压湍流进行比较。在转捩刚结束时,摩阻存在超调现象,随着向下游的发展,摩阻与经验公式之间的差别逐渐减小,湍流边界层逐渐发展至平衡态。

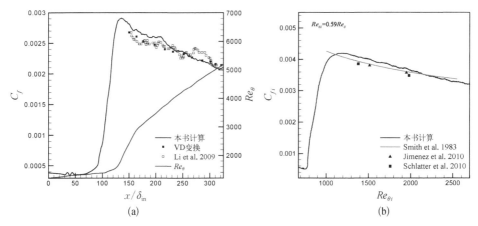

图 7.7　壁面摩阻系数随流向距离的变化(a)及湍流边界层发展状态评估(b)

图 7.8(a)给出了动量雷诺数 Re_θ 与摩擦雷诺数 Re_τ 之间的关系,图 7.8(b)则给出了形状因子 $H_{12} = Re_{\delta^*}/Re_\theta$ 随动量雷诺数 Re_θ 的变化关系,这里的形状因子

也就是位移雷诺数 Re_{δ^*} 与动量雷诺数 Re_θ 的比值,其中, $Re_\tau = \delta_{99}/\delta_\nu$, $Re_{\delta^*} = u_\infty \delta^*/v_\infty$, $Re_\theta = u_\infty \theta/v_\infty$, δ_{99} 为流动速度为99%自由来流速度对应的边界层法向高度,而位移厚度与动量厚度的表达式为

$$\delta^* = \int_0^\infty \left(1 - \frac{\rho}{\rho_\infty}\frac{u}{u_\infty}\right)dy, \quad \theta = \int_0^\infty \frac{\rho}{\rho_\infty}\frac{u}{u_\infty}\left(1 - \frac{u}{u_\infty}\right)dy \tag{7.8}$$

采用遗传算法对充分发展段的湍流边界层的两个雷诺数进行拟合,得到关系式 $Re_\tau = 0.127Re_\theta^{0.966}$,这不同于 Schlatter 和 Örlü[16] 的结果 $Re_\tau = 1.13Re_\theta^{0.843}$ 。这种差别表明超声速湍流边界层的可压缩效应使得壁面摩擦雷诺数减小,可能的原因是超声速湍流边界层与不可压湍流边界层的湍流结构尺度不同。随着动量雷诺数的增加,形状因子不断减小,当动量雷诺数大约到 2 600 时,形状因子达到最低值,速度剖面达到最饱满状态,转捩大致完成。同时,可以看到,可压缩湍流边界层的形状因子比不可压情况下的要大,这是由于超声速湍流边界层中存在着较大的密度梯度。

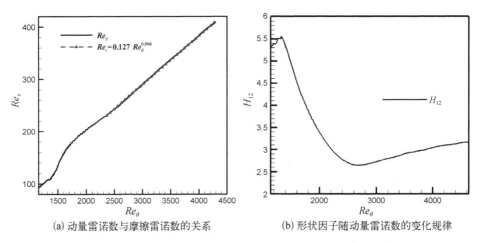

(a) 动量雷诺数与摩擦雷诺数的关系　　　(b) 形状因子随动量雷诺数的变化规律

图 7.8　超声速湍流边界层不同雷诺数与形状因子的变化规律

图 7.9(a)给出了不同流向位置充分发展的平板湍流边界层平均流向速度,图中以边界层位移厚度为标度,从图中可以看出,三个位置处的速度剖面能够很好地融合在一起,表明边界层外层用外禀尺度标度较好。图 7.9(b)给出了以壁面单位为标度的平均速度 van Direst 变换曲线,其中 van Direst 变换的表达式为 $dU_{VD} = (\bar{\rho}/\rho_w)^{1/2}dU$,式中考虑了可压缩效应引起的密度变化。图中"+"号表示采用壁面单位进行的无量纲化,其中 $U_{VD}^+ = U_{VD}/u_\tau$, $y^+ = yu_\tau/v_w$, $u_\tau = \sqrt{\tau_w/\rho}$ 。可

以看到,根据湍流边界层的分层理论,在近壁区线性底层($y^+ \leq 5$),速度剖面符合壁面律 $U_{VD}^+ = y^+$;缓冲区的范围为 $5 < y^+ \leq 28$;在对数区,速度剖面与湍流边界层的普适对数律 $U^+ = \dfrac{1}{\kappa}\ln(y^+) + C$ 十分吻合,这里 Karman 常数为 $\kappa = 0.41$,$C = 5.1$,对数区的范围为 $28 < y^+ \leq 150$;在对数区以外,则为边界层的尾迹层,在不同雷诺数,速度剖面不能完全融合,这是因为外边界层中通常包含大尺度流动结构,这种湍流结构采用外标度进行衡量更为合适。

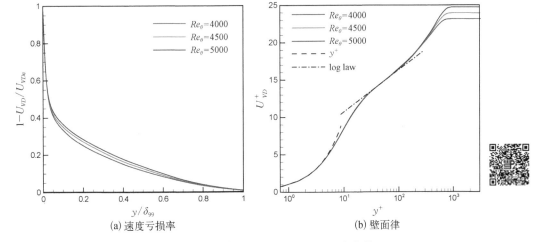

(a) 速度亏损率　　　　(b) 壁面律

图 7.9　超声速平板湍流边界层平均速度分布曲线

间歇性是统计意义上的参量,其含义是大值随机值以较大的概率出现。湍流边界层脉动量的间歇性可以用其高阶统计矩进行表示,即光滑因子和偏斜因子,它们的定义分别为

$$F(u') = \frac{\overline{u'^4}}{(\overline{u'^2})^2}, \quad S(u') = \frac{\overline{u'^3}}{(\overline{u'^2})^{3/2}} \tag{7.9}$$

图 7.10 给出了动量雷诺数 $Re_\theta = 4\,080$ 处边界层脉动速度的平坦因子和光滑因子分布曲线。由于高斯分布的平坦度为 3,一般认为随机变量大于 3 的就具有间歇性。在 $y^+ = 30$ 的区域,边界层流向、法向及展向脉动速度的平坦因子都远偏离 3,随着壁面高度的进一步增加,三者都趋近于 0,表明湍流边界层的强间歇性主要分布在近壁区;同时,法向脉动速度的间歇性远高于流向值与展向值,表明近壁区强脉冲主要是法向速度脉动的间歇运动。而偏斜因子则表示随机量

概率密度函数分布的不对称性。由于流动在展向方向是均匀的,展向脉动速度的偏斜因子为 0;当 $y^+>25$ 的区域,流向脉动速度与法向脉动速度的偏斜因子一负一正,这说明 Q4 事件对雷诺应力的贡献大。

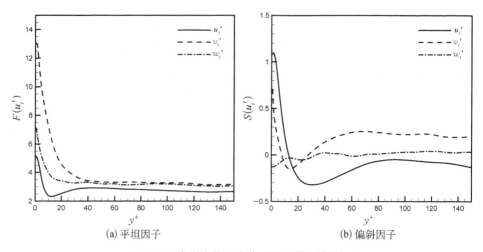

图 7.10　湍流边界层脉动速度的高阶统计矩

　　雷诺应力的标度一直是零压力梯度湍流边界层研究的热点课题。图 7.11 (a)给出了 $Re_\theta = 4\,080$ 处的雷诺正应力分布,图中的"RMS+"表示经过密度加权变换后的无量纲的雷诺应力,即分别为 $\sqrt{\bar{\rho}/\bar{\rho}_{w}}\,\sqrt{\overline{u'^2}}/u_\tau$、$\sqrt{\bar{\rho}/\bar{\rho}_{w}}\,\sqrt{\overline{v'^2}}/u_\tau$、$\sqrt{\bar{\rho}/\bar{\rho}_{w}}\,\sqrt{\overline{w'^2}}/u_\tau$。从图中可以看出流向雷诺应力远高于法向和展向速度脉动强度并在缓冲区达到最大值($y^+ = 13.8$),而法向和展向的最大速度脉动强度却在对数层;对数层的流向速度脉动强度出现急剧下降;而后两者则均出现了平台区。图中也给出了 Schalatter 和 Örlü[16]、Wu 和 Moin[17] 的结果,发现三者吻合较好,表明本章直接数值模拟超声速湍流边界层的可靠性。图 7.11(b)则给出了不同位置处的雷诺正应力,随着 Re_τ 的增加,雷诺应力有微小幅值的增加,也就是说近壁区的湍流能量有所增加,呈现出雷诺数效应。但是这种雷诺数效应在三个方向上并不是同等的,对于流向和展向的雷诺正应力,由于不受壁面的影响,其在缓冲区就会受到外层大尺度结构的影响;而对于法向雷诺正应力,由于受到壁面的阻碍作用,在近壁区,不同雷诺数下的雷诺应力依然能够很好地融合在一起,并且这种相似性一直延伸到 $y^+ = 60$ 附近。

　　涡量是表征壁湍流旋涡结构的重要参量,其与湍流的生成和耗散具有紧密

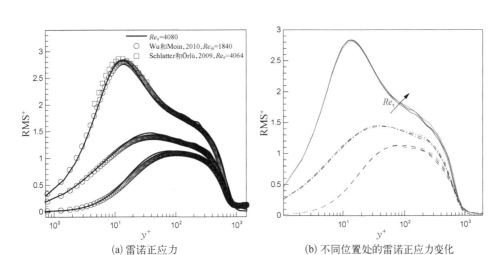

(a) 雷诺正应力   (b) 不同位置处的雷诺正应力变化

图 7.11   超声速平板湍流边界层雷诺正应力分布

联系,对涡量的脉动强度分布进行统计对于认识壁湍流的湍流结构具有重要的作用。图 7.12 展示了超声速平板湍流边界层的脉动涡量均方根 $\Omega_{i,\mathrm{rms}}^{+} = \overline{(\omega_i'^2)}^{1/2} v_w/u_\tau^2$ 分布($Re_\theta = 4\,080$),这里"+"表示采用壁面黏性尺度和壁面摩擦速度进行无量纲化。从图中可以看出,三个方向的脉动涡量呈现出较大的差异性:流向涡量的脉动强度呈现先减小后增加再减小的形状,在 $y^+ = 6$ 处存在局部极小值,在 $y^+ = 18$ 处存在局部极大值,从湍流结构的角度来说,这就表明流场中存在一个平均流向涡,其涡核位置位于 $y^+ = 18$,平均半径为 $r^+ = 12$;法向涡量也是呈现先增大后减小的趋势,其最大值位置位于 $y^+ = 12$ 的缓冲层,这是由于近壁区的条带结构主要分布在缓冲层,其中的高低速条带结构的相互交替造成了法向涡量脉动强度的增加;展向涡量的脉动强度最大,这是因为边界层中主要承受

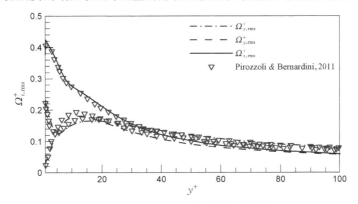

图 7.12   超声速平板湍流边界层涡量脉动强度分布($Re_\theta = 4\,080$)

的是主剪切作用,随着壁面距离的增加,其值逐渐减小;在远离壁面的区域,三个方向的涡量脉动强度逐渐减小并趋于一致,表明在边界层外层,小尺度的湍流结构运动是各向同性的。

7.2.4 湍流结构分析

湍流边界层近壁区的高低速条带结构最早是由 Kline 等[18]于 1969 年在水洞中用氢气泡显示法发现的,首次证实了湍流边界层有组织湍流结构的存在。Kline 的实验开启了对湍流结构研究的先河,随后研究人员针对湍流边界层的湍流结构开展了大量的数值模拟与流动显示实验研究。图 7.13 给出了法向高度分别为 $y^+ = 15$ 和 $y/\delta_{99} = 0.2$ 处的两个平面流向脉动速度云图,图中脉动速度的显示范围是 $-0.3 < u'/u_\infty < 0.3$。从图 7.13(a)中可以清楚地看出流场在展向方向存在着高低速相间的条带结构,其平均流向尺度 $\Delta x^+ \approx 1\,000$,平均展向宽度 $\Delta z^+ \approx 100$,流向方向尺度远大于展向尺度。这些条带结构在流向方向上蜿蜒交错,并且不断地发生分叉、融合现象。图 7.13(b)的结果则显示了边界层外层的超级结构,其结构尺度通常以当地边界层厚度 δ 进行标度。

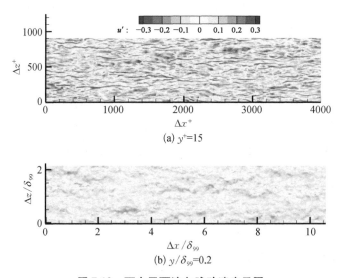

(a) $y^+=15$

(b) $y/\delta_{99}=0.2$

图 7.13 两个平面流向脉动速度云图

而对于脉动温度,可以通过其与流向脉动速度的联合概率密度分布看出其特性,图 7.14 给出不同法向高度处的结果。对于近壁区($y^+ = 5$、15),脉动温度和脉动速度主要分布在第二象限,表明两者之间呈现明显的负相关关系;在对数区也呈现同样相似的规律;进一步远离壁面时($y^+ = 150$),脉动温度在各个象限的概率已经趋于相同。

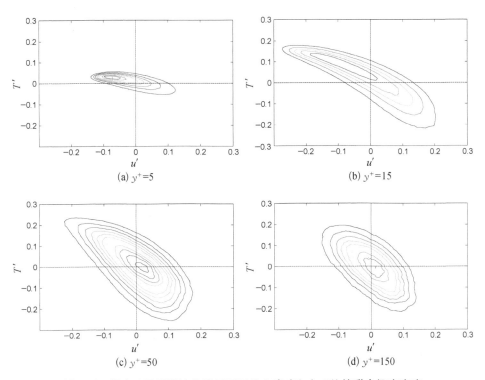

图 7.14　超声速平板湍流边界层不同法向高度(u', T')的联合概率密度

　　为了进一步认识超声速湍流边界层近壁区条带结构的尺度特征,采用两点自相关函数对流动速度脉动在展向平面上的空间相关性进行了定量的描述,其表达式为

$$R_{uu}(x_0 + \Delta x, y_0, z_0 + \Delta z) = \frac{\overline{u'(x_0, y_0, z_0) \cdot u'(x_0 + \Delta x, y_0, z_0 + \Delta z)}}{\sqrt{\overline{u'(x_0, y_0, z_0)^2}} \cdot \sqrt{\overline{u'(x_0 + \Delta x, y_0, z_0 + \Delta z)^2}}}$$

$$(7.10)$$

式中,上划线表示在时间维度上进行平均。

　　图 7.15 给出了超声速平板湍流边界层在两个高度展向平面上的空间相关性系数分布,参考点的流向位置为 $x = 275\delta_{\text{in}}$。从图中可以看出,不论是在边界层内层还是外层,空间相关系数均是沿流向分布,表明流向脉动速度主要在流向方向上传播。而在不同的法向高度上,相关区域又呈现不同特征:当法向高度为

$y^+ = 15$ 时,相关区域较为狭长,其流向尺度 $\Delta x^+ \approx 1\,000$;而在法向高度为 $y/\delta_{99} = 0.2$ 时,相关区域的流向尺度变短而展向尺度增加。但需要说明的是,这里求解出来的结构尺度并不一定能准确反映湍流边界层相干结构的真实尺度,这是因为这些条带结构通常都是蜿蜒交错,结构十分复杂,使得求解出来的相关系数在流动方向上存在一定的衰减。实际上,湍流边界层中条带结构的长度要远大于空间相关函数的求解结果。

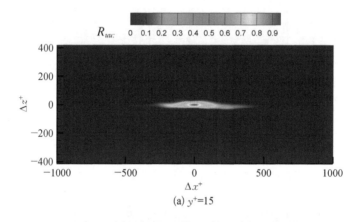

(a) y^+=15

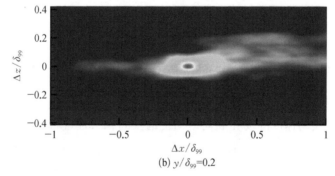

(b) y/δ_{99}=0.2

图 7.15　两个平面的空间相关分布

　　由于在不同法向高度上,空间相关性的展向尺度也不同,也就是说条带结构的宽度随高度增加而增加。为了对不同法向高度上的条带结构宽度有更直观的认识,计算了流向位置为 $x = 275\delta_{in}$,法向高度 y^+ 分别为 5、10、12、15、20、31、51、100、160 等位置上空间相关系数在展向方向上的分布,其计算公式为

$$R_{uu}(x_0,\,y_0,\,z_0 + \Delta z) = \frac{\overline{u'(x_0,\,y_0,\,z_0) \cdot u'(x_0,\,y_0,\,z_0 + \Delta z)}}{\sqrt{\overline{u'(x_0,\,y_0,\,z_0)^2}} \cdot \sqrt{\overline{u'(x_0,\,y_0,\,z_0 + \Delta z)^2}}} \quad (7.11)$$

图 7.16 给出了计算结果。结果表明不同法向高度上的自相关函数值分布呈现很大不同。根据图中相关函数曲线极大值与极小值之间的差值可以推断出该高度上条带结构在展向方向上的特征间距。当法向高度为 y^+ 为 5 时,极值的差值约为 $50\Delta z^+$,也就是正负条带之间的展向间距为 $50\delta_\nu$,对应的条带结构的展向尺寸为 $100\delta_\nu$。随着法向高度的增加,条带结构之间的宽度也逐渐增加,当 y^+ 为 51 时,条带结构的宽度约为 $300\delta_\nu$。进一步远离壁面时,相关函数曲线值的波动已经不再明显,此时已经很难确定条带结构的特征尺度。实际上,条带结构属于边界层近壁区湍流的特征行为,其通常以

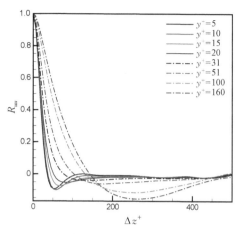

图 7.16　湍流边界层流向速度脉动空间相关性沿展向的分布

壁面黏性尺度进行标度。而到了边界层外层,存在着具有 δ 维度的超级结构,这种超级结构是属于外禀尺度标度的大尺度结构,湍流特性很强,条带结构的特征会受到很大程度的削弱。

同时,可以发现,超声速湍流边界层近壁区条带结构的特征尺度与不可压缩湍流的结构类似,也就是说密度梯度的存在并没有改变近壁湍流的动力学特性,表明低马赫数条件下,可压缩湍流与不可压缩湍流具有一定的相似性。另外,当展向宽度增加时,自相关函数都趋于 0,此时在展向方向湍流结构具有无关性,这就验证了本章展向计算区域足够大,足以捕捉湍流边界层的特征结构。

事实上,在边界层外层,用外禀尺度进行标度其实更为合适。图 7.17 给出了法向高度为 $y/\delta_{99} = 0.2$(对应的 y^+ 为 31)的展向自相关函数结果,其横坐标以边界层厚度进行无量纲化。结果显示其自相关系数同样也是呈现正负交替的特征,其最小值出现在

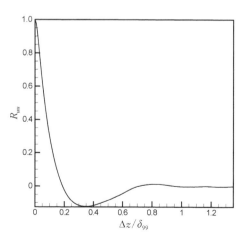

图 7.17　法向高度为 $y/\delta_{99} = 0.2$ 的展向自相关函数

$\Delta x/\delta_{99}\approx0.3$,这一结果与 Hutchins 和 Marusic[19] 开展的不可压湍流边界层的结果相一致。这也说明了超声速湍流边界层的弱可压缩性。

而在流向方向上,不同高度位置的湍流结构同样具有不同的尺度特征。采用同样的方法,对法向位置分别为 $y^+=15$ 和 $y/\delta_{99}=0.2$ 处的两个平面的速度脉动的两点自相关系数进行了计算。图 7.18 给出了计算结果。图 7.18(a) 的结果表明,随着流向位置的增加,自相关系数不断减小,到达 $1\,000\Delta x^+$ 左右时,其自相关系数趋于 0。图 7.18(b) 的结果则表明在边界层外层的超级结构的流向长度约为 5δ,事实上,图 7.13(b) 展示的结果显示这种超级结构的流向尺度常常能够达到十几倍的 δ,但是由于其在流向方向上呈现蜿蜒弯曲的分布特征,导致通过相关性计算出来的结构尺度偏小。

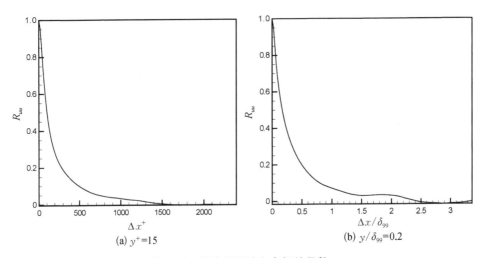

图 7.18　两个平面流向自相关函数

而在流向平面上,由于流向涡、发卡涡等湍流结构的形成、发展、破碎过程是具有三维的,产生的湍流脉动信息不仅在流向方向传播,也会在法向方向传播。图 7.19 给出了 $x-y$ 平面内的自相关分析结果,图中参考点的流向位置同样为 $x=275\delta_{in}$、法向高度分别为 $y^+=15$ 和 $y/\delta_{99}=0.2$。仔细观察可以发现:云图分布主要呈椭圆状,并且与 x 轴存在一定的夹角;在近壁区,相关系数较为扁平,相关性在流向方向上维持了大约 500 个黏性尺度;随着壁面高度的增加,相关区域在法向上变得更宽,面积增加,同时其与 x 轴的夹角也有所增加,表明湍流结构的尺度随法向高度的增加而增加;远离壁面的湍流结构与近壁区仍然存在着一定的相关性,对近壁区施加了一个脚印,这其实也可以从图 7.13(a) 中的脉动速度云图中看出来,近壁区的条带结构常常是一簇一簇分布,这正是外层的超级结构影响内层湍流结构的印记;近壁区湍流结构与主流区域没有直接影响。造成相关系数云图差异的主要原因是不同高度对应的湍流结构不同。在近壁区,流动结构以流向涡为主,其与壁面的夹角也较小,而随着壁面高度的增加,流场中存在着大量的发卡涡与发卡涡包,其结构尺度变大,相关区域自然也相应有所增加。

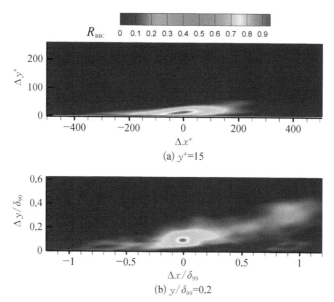

图 7.19　流向位置为 $x = 275\delta_{in}$ 处的不同法向高度 $x-y$ 平面空间相关系数分布

7.2.5　湍流摩阻分析

从图 7.7 中可以看出,超声速湍流边界层的摩阻约为层流状态下的 5 倍以上,因此对湍流摩阻的研究一直是流体力学研究的热点与难点。已有的研究表明,湍流摩阻与近壁区湍流结构密切相关,雷诺应力的一个重要来源就是流向涡结构的上喷下扫活动。下面将从湍流结构的角度对湍流摩阻的产生机制进行分析,并对摩阻系数进行分解,为 7.3 节的减阻控制奠定基础。

由瞬时流场可以看到,湍流边界层中涡结构的运动常常伴随着涡结构的上喷下扫活动,通常认为这种活动是雷诺应力的主要来源,这里根据脉动速度的正负,采用象限分析法将脉动速度分解到 4 个象限,分别对应 4 个事件,即 Q1($u' > 0$, $v' > 0$)、Q2($u' < 0$, $v' > 0$)、Q3($u' < 0$, $v' < 0$)、Q4($u' > 0$, $v' < 0$)。图 7.20 中给出了充分发展段的超声速平板湍流边界层速度脉动象限分析各事件的占比,可

以看出,Q2 事件和 Q4 事件对雷诺应力具有很大的正贡献(尤其是在边界层内层),其分别对应边界层湍流结构的上喷和下扫运动,即湍流的雷诺应力主要来自上喷和下扫活动的贡献,同时两者也占据了很大的体积分数,而 Q1 和 Q3 事件则对雷诺应力的产生有负的贡献,对应的体积分数也较小。同时,在 $y^+ <$ 10 的区域,也就是在壁面附近,下扫的贡献要高于上喷活动;而随着壁面高度的增加,湍流的脉动逐步增强,迫使低速流体向外快速运动,上喷活动对雷诺应力的贡献要高于下扫活动,并且在 $y^+ \approx 30$ 处,上喷活动最强,对雷诺应力的贡献最大。

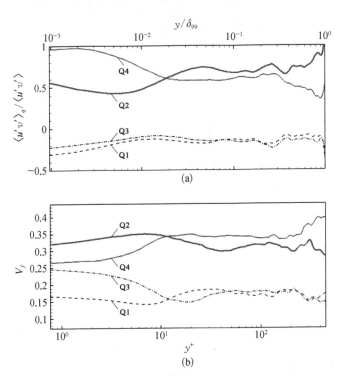

图 7.20 超声速平板湍流边界层速度脉动象限分析各事件
对雷诺应力的贡献率以及体积分数

对不同法向高度平面上的流场脉动速度 u' 和 v' 开展联合概率密度分析(图 7.21),发现:在黏性底层($y^+ = 5$),主要呈现的是 Q2 事件和 Q4 事件,并且对应的法向脉动速度非常小;而位于缓冲层时($y^+ = 15$),尽管此时依然是 Q2 事件和 Q4 事件占主导,但此时对应的脉动速度较大,表明此区域存在较强的上喷事件和下扫事件;进一步远离壁面时,脉动速度减小,且 Q1 事件和 Q3 事件的数量逐

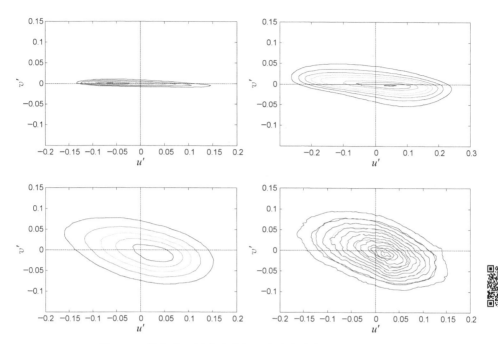

图 7.21　超声速平板湍流边界层速度脉动象限分析各事件
对雷诺应力的贡献率及体积分数

渐增加,Q2 和 Q4 事件的主导地位不再凸显。

　　对充分发展段的湍流边界层不同法向高度上的速度脉动信息进行概率密度分析发现(图 7.22),所有的速度脉动大致符合高斯分布,但是速度脉动随法向高度的变化其分布呈现出较大的差别,在靠近壁面的线性底层($y^+=5$),无论是

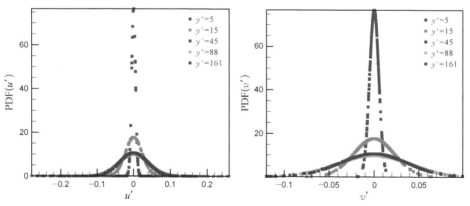

图 7.22　不同法向高度上流向速度脉动与法向速度脉动概率密度分布($x/\delta_{in}=281$)

流向速度脉动还是展向速度脉动,其分布都十分靠近 0,随着法向高度的增加 ($y^+ = 15$),速度脉动大幅偏离 0,表明速度脉动主要分布在缓冲层,超出缓冲层以后($y^+ = 45$、88、161),速度脉动的概率分布基本不再随着法向高度的增加而发生变化。

壁面摩阻的产生不仅仅与近壁区的湍流行为有关,也与对数区以及边界层外层中的大尺度含能运动息息相关。因此,壁面摩阻可以用边界层各层的湍流特性评估并分解成相对应的贡献项。最著名的摩阻分解方式莫过于 FIK 分解[20],这种分解方式将摩阻系数 C_f 分为四项,分别为边界层厚度贡献项 $C_{f,\delta}$、雷诺应力项 $C_{f,T}$、平均对流项 $C_{f,C}$ 及空间发展项 $C_{f,D}$,其表达式为

$$C_f(x) = \underbrace{\frac{4(1-\delta_d)}{Re_\delta}}_{C_{f,\delta}(x)} + \underbrace{2\int_0^1 2(1-y)(-\overline{u'v'})\,\mathrm{d}y}_{C_{f,T}(x)} + \underbrace{2\int_0^1 2(1-y)(-UV)\,\mathrm{d}y}_{C_{f,C}(x)}$$

$$\underbrace{-2\int_0^1 (1-y)^2\left(\frac{\partial UU}{\partial x} + \frac{\partial \overline{u'u'}}{\partial x} - \frac{1}{Re}\frac{\partial^2 U}{\partial x \partial x}\right)\mathrm{d}y}_{C_{f,T}(x)} \tag{7.12}$$

式中,δ_d 表示边界层位移厚度,所有变量均以自由来流速度 U_∞ 和 99% 边界层厚度 δ_{99} 进行无量纲化。这种分解方式在不可压领域得到了广泛的应用与推广。但是这种分解方式是仅仅从数学上的推导,各项的实际物理意义其实并不明确,对于线性平均的雷诺应力更是没有物理含义[21]。后来 Renard 和 Deck 提出了 RD 分解方法[21],这种分解方法从动能方程中推导而来,它将壁面摩擦阻力看成壁面与流体之间通过黏性耗散以及湍动能的产生而造成的能量输运结果,对于零压力梯度湍流边界层,其表达式为

$$C_f = \underbrace{\frac{2}{u_b^3}\int_0^\infty v\left(\frac{\partial \langle u \rangle}{\partial y}\right)^2 \mathrm{d}y}_{C_{f1,RD}} + \underbrace{\frac{2}{u_b^3}\int_0^\infty (-\langle u'v' \rangle)\frac{\partial \langle u \rangle}{\partial y}\mathrm{d}y}_{C_{f2,RD}}$$

$$+ \underbrace{\frac{2}{u_b^3}\int_0^\infty (\langle u \rangle - u_\infty)\left(\langle u \rangle\frac{\partial \langle u \rangle}{\partial x} + \langle v \rangle\frac{\partial \langle u \rangle}{\partial y}\right)\mathrm{d}y}_{C_{f3,RD}} \tag{7.13}$$

式中,$C_{f1,RD}$ 表示分子黏性耗散的贡献;$C_{f2,RD}$ 表示湍动能产生的贡献;$C_{f3,RD}$ 表示流动的空间增长项。RD 分解是从能量生成与耗散的角度对摩阻进行分解,物理

意义更加明确。通过考虑可压缩密度修正,李伟鹏等[22]将 RD 分解推广到了可压缩湍流边界层中,具体公式如下:

$$C_f = \underbrace{\frac{2}{\rho_\infty u_\infty^3} \int_0^\infty \langle \tau_{yx} \rangle \frac{\partial \{u\}}{\partial y} \mathrm{d}y}_{C_{f,V}} + \underbrace{\frac{2}{\rho_\infty u_\infty^3} \int_0^\infty \langle \rho \rangle \{-u''v''\} \frac{\partial \{u\}}{\partial y} \mathrm{d}y}_{C_{f,T}}$$

$$+ \underbrace{\frac{2}{\rho_\infty u_\infty^2} \int_0^\infty (\{u\} - u_\infty) \left[\begin{array}{l} \langle \rho \rangle \left(\{u\} \dfrac{\partial \{u\}}{\partial y} + \{v\} \dfrac{\partial \{u\}}{\partial y} \right) \\ - \dfrac{\partial}{\partial x}(\langle \tau_{xx} \rangle - \langle \rho \rangle \{-u''u''\}) \end{array} \right] \mathrm{d}y}_{C_{f,G}} \quad (7.14)$$

$C_{f,V}$ 又可进一步分解为

$$C_{f,V} = \underbrace{\frac{2}{\rho_\infty u_\infty^3} \int_0^\infty \langle \mu \rangle \left(\frac{\partial \langle u \rangle}{\partial y} + \frac{\partial \langle v \rangle}{\partial y} \right) \frac{\partial \{u\}}{\partial y} \mathrm{d}y}_{C_{f,V,m}} + \underbrace{\frac{2}{\rho_\infty u_\infty^3} \int_0^\infty \left\langle \mu' \frac{\partial u'}{\partial y} + \mu' \frac{\partial v'}{\partial y} \right\rangle \frac{\partial \{u\}}{\partial y} \mathrm{d}y}_{C_{f,V,f}}$$

$$(7.15)$$

式中,$\langle \tau_{yx} \rangle$ 和 $\langle \tau_{xx} \rangle$ 表示流向方向上的正应力和切应力;$C_{f,V}$ 表示黏性耗散贡献项;$C_{f,T}$ 表示湍流脉动诱导产生的湍动能产生贡献项;$C_{f,G}$ 表示流动的空间增长项。

这里采用李伟鹏等的方法,对湍流边界层的摩阻进行分解,图 7.23 给出了

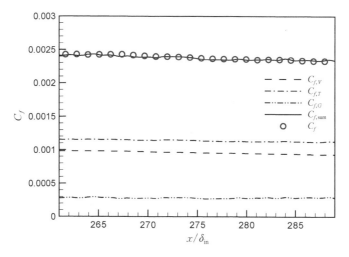

图 7.23　充分发展段的湍流边界层摩阻系数分解

分解结果。从图中可以看出,在超声速湍流边界层中,壁面摩阻主要是 $C_{f,V}$ 和 $C_{f,T}$ 占主导,而 $C_{f,G}$ 的贡献很小;三者的累加结果与实际的 C_f 值几乎完全重合,表明摩阻分解的准确性;特别的,不同于不可压边界层,超声速湍流边界层中的 $C_{f,V,f}$,其值几乎为零,表明热力学脉动量带来的黏性耗散几乎可以忽略。

7.2.6 湍动能平衡方程

对于可压缩流动 N-S 方程,利用 Favre 平均,将湍流信号 f 分解为平均量 $\tilde{f}$ 和脉动量 f'',再代入连续方程和动量方程对其进行改写,可以得到

$$\frac{\partial \bar{\rho}}{\partial t} + \frac{\partial}{\partial x_j}(\bar{\rho}\tilde{u}_j) = 0 \tag{7.16}$$

$$\frac{\partial}{\partial t}(\bar{\rho}\tilde{u}_i) + \frac{\partial}{\partial x_j}(\bar{\rho}\tilde{u}_i\tilde{u}_j) = -\frac{\partial \bar{p}}{\partial x_i} + \frac{\partial}{\partial x_j}(\overline{\sigma_{ij}} - \overline{\rho u_i''u_j''}) \tag{7.17}$$

式中,σ_{ij} 为黏性应力张量,其表达式为

$$\sigma_{ij} = \mu\left(\frac{\partial u_i}{\partial x_j} + \frac{\partial u_j}{\partial x_i}\right) - \frac{2}{3}\frac{\partial u_k}{\partial x_k}\delta_{ij} \tag{7.18}$$

采用 Favre 平均后的动量方程,令 $i=k$,并乘上 $\tilde{u}_l$,取 $i=l$,并乘上 $\tilde{u}_k$,两式相加,得到

$$\frac{\partial}{\partial t}(\bar{\rho}\tilde{u}_k\tilde{u}_l) + \frac{\partial}{\partial x_j}(\bar{\rho}\tilde{u}_k\tilde{u}_l\tilde{u}_j) = -\tilde{u}_l\frac{\partial \bar{p}}{\partial x_k} - \tilde{u}_k\frac{\partial \bar{p}}{\partial x_l} + \tilde{u}_l\frac{\partial}{\partial x_j}(\overline{\sigma_{ij}} - \overline{\rho u_k''u_j''})$$
$$+ \tilde{u}_k\frac{\partial}{\partial x_j}(\overline{\sigma_{ij}} - \overline{\rho u_l''u_j''}) \tag{7.19}$$

采用 N-S 方程中的动量方程,令 $i=k$,并乘上 u_l,再令 $i=l$,乘上 u_k,将两式相加得到

$$\frac{\partial}{\partial t}(\rho u_k u_l) + \frac{\partial}{\partial x_j}(\rho u_k u_l u_j) = -u_l\frac{\partial p}{\partial x_k} - u_k\frac{\partial p}{\partial x_l} + u_l\frac{\partial \sigma_{kj}}{\partial x_j} + u_k\frac{\partial \sigma_{lj}}{\partial x_j} \tag{7.20}$$

对式(7.20)进行 Reynolds 平均,然后将方程中的 u_l 进行质量加权分解并代入 Reynolds 平均后的方程,化简可得

$$\frac{\partial}{\partial t}(\bar{\rho}\tilde{u}_k\tilde{u}_l + \overline{\rho u_k''u_l''}) + \frac{\partial}{\partial x_j}(\bar{\rho}\tilde{u}_k\tilde{u}_l\tilde{u}_j + \tilde{u}_l\overline{\rho u_k''u_j''} + \tilde{u}_k\overline{\rho u_l''u_j''} + \tilde{u}_j\overline{\rho u_k''u_l''} + \overline{\rho u_k''u_l''u_j''})$$

$$= -\tilde{u}_l\frac{\partial \bar{p}}{\partial x_k} - \overline{u_l''\frac{\partial p}{\partial x_k}} - \tilde{u}_k\frac{\partial \bar{p}}{\partial x_l} - \overline{u_k''\frac{\partial p}{\partial x_l}} + \tilde{u}_l\frac{\partial \bar{\sigma}_{kj}}{\partial x_j} + \overline{u_l''\frac{\partial \sigma_{kj}}{\partial x_j}} + \tilde{u}_k\frac{\partial \bar{\sigma}_{lj}}{\partial x_j} + \overline{u_k''\frac{\partial \sigma_{lj}}{\partial x_j}} \quad (7.21)$$

用式(7.21)减去式(7.19),并令 $k=l$,就可以得到可压缩湍流的湍动能输运
方程:

$$\frac{\partial}{\partial t}\left(\frac{1}{2}\overline{\rho u_k''u_k''}\right) + \frac{\partial}{\partial x_j}\left[\tilde{u}_j\left(\frac{1}{2}\overline{\rho u_k''u_k''}\right)\right]$$

$$= -\overline{u_k''\frac{\partial p}{\partial x_k}} + \overline{u_k''\frac{\partial \sigma_{kj}}{\partial x_k}} - \overline{\rho u_k''u_j''}\frac{\partial \tilde{u}_k}{\partial x_j} - \frac{\partial}{\partial x_j}\left[\overline{u_j''\left(\frac{1}{2}\rho u_k''u_k''\right)}\right] \quad (7.22)$$

此式也可以写成

$$\frac{\partial(\bar{\rho}\tilde{k})}{\partial t} + \frac{\partial(\bar{\rho}\tilde{k}\tilde{u}_j)}{\partial x_j} = P + T + \Pi + M + D + \varepsilon \quad (7.23)$$

其中,

$$\tilde{k} = \frac{1}{2}\frac{\overline{\rho u_k''u_k''}}{\bar{\rho}}$$

$$P = -\overline{\rho u_k''u_j''}\frac{\partial \tilde{u}_k}{\partial x_j}$$

$$T = -\frac{\partial}{\partial x_j}\left(\overline{\frac{1}{2}\rho u_k''u_k''u_j''}\right)$$

$$\Pi = -\overline{u_k''\frac{\partial p}{\partial x_k}}$$

$$M = \overline{u_k''}\frac{\partial \overline{\sigma}_{kj}}{\partial x_j}$$

$$D = \frac{\partial}{\partial x_j}(\overline{u_k''\sigma_{kj}'})$$

$$\varepsilon = -\overline{\sigma_{kj}'\frac{\partial u_k''}{\partial x_j}}$$

P 为湍动能的输运项,负责将从平均流动中获取能量并输运到边界层内层,从表达式上看只与平均速度梯度和雷诺应力相关,此项一般大于零,表示平均运动项脉动运动输入能量;T 为湍流扩散项,又称为输运项,从定义式上可以看出此项是速度脉动的三重相关项,表征边界层内由速度脉动引起的湍动能的对流变化;Π 为速度-压力梯度张量,也称为压力做功项,此项将湍流动能在三个方向上进行再分配,使得湍流趋于各向同性,该项本身不产生任何能量;M 为脉动速度所导致的平均流黏性应力的扩散项,代表了可压缩效应通过质量扩散效应对湍动能的影响,而在可压缩湍流中,根据 Morkovin 假设,当湍流马赫数不高时,可压缩性主要是影响的是平均流动性质而非其脉动信息,因此可以预料 M 项在整个湍流边界层内实际上并不高;D 为黏性扩散项,反映了湍流能量在不同流场区域间的传递;ε 为黏性耗散项,这一项的作用是通过分子黏性将湍动能耗散为热能,其又可进一步分解为膨胀-耗散项 ε_d 和螺旋耗散项 ε_s,并且后项占据主导作用。

图 7.24 给出了充分发展段的超声速湍流边界层湍动能分布曲线,从图中可以看出,湍动能主要分布在边界层内层,其中产生项的最大值位于 $y^+ = 12$ 左右,而耗散项的最大值则在壁面处,黏性扩散项和湍流输运项则负责将产生的能量向壁面和对数区进行输运。压力项的贡献则十分微弱,但其作用却并不可忽略,事实上,其作用反而十分重要,使得湍流能量在三个方向上区域各项同性,具有湍动能再分配的作用。

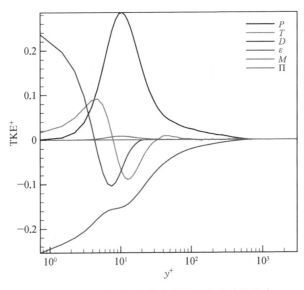

图 7.24　充分发展段的湍流边界层的湍动能分布

7.3　基于流向条纹壁面吹气控制的超声速湍流边界层统计与结构分析

7.3.1　控制思路与数值设置

在湍流减阻的主动控制措施中,壁面吹吸是最重要的技术手段之一。与在整个展向上均匀吹气控制不同,本章提出的流向条纹壁面吹气方法是通过在壁面上设计的多个流向条纹来进行吹气控制的(图 7.25)。这些条纹彼此距离相等。两个相邻条纹之间的距离等于条纹的宽度。吹气可以是稳定吹气,也可以是周期吹气。本章采用定常吹气方式,设计了 6 个槽,间距约为 $52\Delta z^+$。将吹气的振幅设为自由流速度的 0.1% 和 0.2%。为了比较流向条纹吹气的控制特性,还研究了振幅为 0.1% 的均匀吹气。

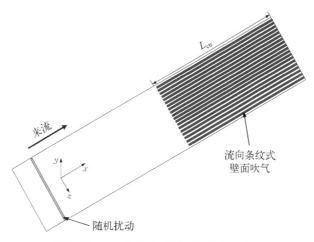

图 7.25　流向条纹式壁面吹气控制示意图

来流参数与网格尺度如表 7.2 所示。来流马赫数为 2.25,雷诺数为 635 000/in。首先对二维层流平板进行了直接数值模拟,得到了层流入口条件。采用 $x = 100$ mm 处的边界层剖面进行三维计算,动量雷诺数 $Re_\theta = 1\,205$,边界层厚度 $\delta_{\mathrm{in}} = 0.485$ mm。将壁设为等温条件 $T_w = 1.9 T_\infty$。引入壁面随机吹吸扰动,使边界层快速从层流转换为湍流,扰动区为 $x = [26\delta_{\mathrm{in}}, 52\delta_{\mathrm{in}}]$。计算区域的整体尺寸为 $(L_x, L_y, L_z) = (936\delta_{\mathrm{in}}, 17.8\delta_{\mathrm{in}}, 6.8\delta_{\mathrm{in}})$,相应的网格点 $(N_x, N_y, N_z) = (3\,655, 155, 256)$。流向方向和展向方向的网格间距分别为 $\Delta x^+ = 7.2$ 和 $\Delta z^+ =$

4.2(以黏性尺度为单位)。在法向上,靠近壁面的最小间距为 $\Delta y_w^+ = 0.76$。需要指出的是,使用的壁面尺度是根据无控状态下的情况进行计算的。通过改变三个方向网格尺度对计算网格进行了测试,发现计算结果具有很好的一致性。控制区位于充分发展的湍流区,其流向范围为 $x = [210\delta_{in}, 320\delta_{in}]$。

表 7.2 超声速来流条件以及无控条件下的网格尺度

Ma_∞	Re/in	$(L_x, L_y, L_z)/\delta_{in}$	(N_x, N_y, N_z)	Δx^+	Δy_w^+	Δz^+
2.25	635 000	(936, 17.8, 6.8)	(3 655, 155, 256)	7.2	0.76	4.2

为了考察施加控制以后的展向计算域是不是足够,采用流向脉动速度的展向相关性进行评估,图 7.26 给出了计算结果。可以看出各个情况下相关性结果都能够衰减到零,表明展向区域的大小对于壁面吹气控制依然是合适的。

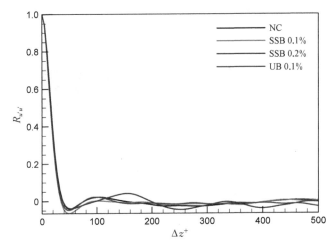

图 7.26 流向脉速度的展向相关性

7.3.2 湍流统计分析

同 7.2 节所述相同,本章同样采用 Reynolds 平均和 Favre 平均两种方式对变量进行统计平均。在本章中,经过 30 个无量纲时间(δ/u_∞)后,流场达到了统计定常状态,随后开始采样,采用的时间间隔为 $0.06\delta/u_\infty$,共采集了 1 500 个样本进行平均。

图 7.27 给出了不同控制方式下壁面摩阻系数 $[C_f = 2\tau_w/(\rho_e u_e^2)]$ 沿流向的变化曲线(图中黑色曲线表示不加控制的算例,绿色曲线表示算例 SSB 0.1%,蓝色

曲线表示算例 SSB 0.2%,红色曲线表示 UB 0.1%,本节下文同样做此处理,不再赘述),图中也给出了李新亮等[23]的计算结果。从图中可以看出,无控状态下的计算结果与李新亮等的结果能够很好地吻合。在层流阶段,摩阻系数很小;随着转捩的发生,壁面摩阻急剧上升;湍流状态下的摩阻为层流状态下的 5~6 倍。随着流向条纹式壁面吹气控制和均匀壁面吹气控制的施加,壁面摩阻系数减小;并且吹气的幅值越高,摩阻减小量越高。

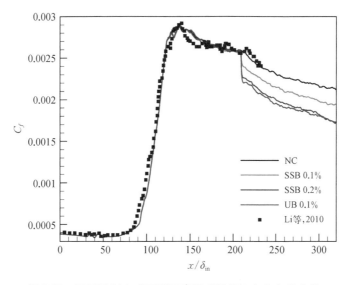

图 7.27　不同控制方式下壁面摩阻系数沿流向方向的变化

为了定量的评估减阻效果,采用整个控制区域下的全局摩阻系数来计算减阻率(drag reduction rate,DR),其定义如下:

$$DR = \frac{C_{f, \text{nc}} - C_{f, \text{ctr}}}{C_{f, \text{nc}}} \tag{7.24}$$

其中,

$$C_f = \frac{1}{L_{\text{ctr}}} \int_0^{L_{\text{ctr}}} c_f(x)\,\mathrm{d}x \tag{7.25}$$

下标 nc 和 ctr 分别表示不加控制和施加控制情况;L_{ctr} 表示施加控制区域的流向长度。表 7.3 给出了不同控制方式下的减阻率。可以发现,SSB 的吹气幅值越高,减阻率越大,对于 SSB 0.1%,减阻率为 7.4%,而对于 SSB 0.2%,减阻率几乎为其两倍。这也暗示了减阻率与吹气幅值之间可能存在线性关系。

表 7.3   不同控制方式下的减阻率

Case	SSB 0.1%	SSB 0.2%	UB 0.1%
DR	7.4%	14.5%	15.7%

图 7.28 给出了不同控制方式下流向位置为 $x = 310\delta_{in}$ 处的平均密度、温度和流向速度剖面,随着吹气幅值的增加,边界层中的平均温度增加、平均密度减小,而主流却没有影响。平均流向速度的变化趋势与平均密度类似。同时,可以发现,在边界层外层,不同控制方式下的平均流向速度剖面能够重合,这就说明此时采用外标度不能表征出湍流边界层尾迹区的差异。

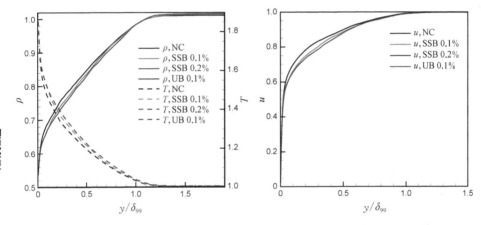

图 7.28   不同控制方式下流向位置为 $x = 310\delta_{in}$ 处的平均密度、温度和流向速度剖面

图 7.29 给出了不同控制方式下流向位置为 $x = 310\delta_{in}$ 处的平均流向速度壁面律。图 7.29(a)采用的是当地摩擦速度进行无量纲化,可以看出,不加控制算例的壁面律与湍流边界层的经典分层理论一致,斜率 κ 为 0.41、截距 C 为 5.1。施加控制后,对数区的斜率增加,截距减小。图 7.29(b)给出了采用不加控制状态下的摩擦速度进行无量纲化的结果,可以清晰地看出,施加控制以后,平均速度剖面的黏性底层和缓冲层变厚,对数区往外移动。这是因为在可压缩边界层中,热力学变量的变化会直接导致平均流动特性的变化,平均密度的减小和平均温度的增加,导致了缓冲层区域的增加。

图 7.30 给出了不同控制方式下边界层位移厚度 δ^* 和动量雷诺数 Re_θ 沿流向的发展,随着控制幅值的增加,壁面吹气使得边界层变厚,动量雷诺数增加。边界层厚度的增加表明吹气使得平均速度剖面向外推,这与图 7.28 的结论一致。

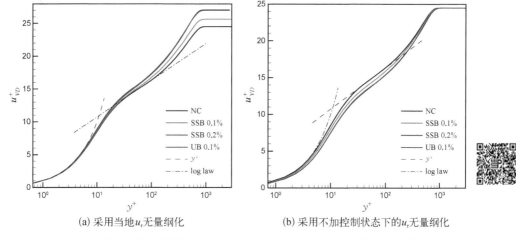

(a) 采用当地 u_τ 无量纲化 (b) 采用不加控制状态下的 u_τ 无量纲化

图 7.29 不同控制方式下流向位置为 $x = 310\delta_{in}$ 处的平均流向速度壁面律

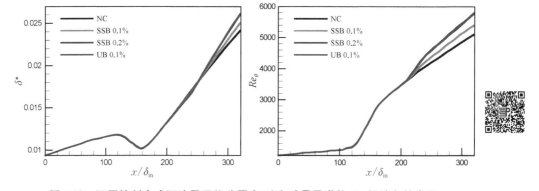

图 7.30 不同控制方式下边界层位移厚度 δ^* 和动量雷诺数 Re_θ 沿流向的发展

图 7.31 给出了不同控制方式下 $x = 310\delta_{in}$ 处的边界层雷诺正应力的分布曲线,其中实线为 $\sqrt{\rho/\rho_w}\, u'^+_{rms}$、虚线为 $\sqrt{\rho/\rho_w}\, v'^+_{rms}$、点虚线为 $\sqrt{\rho/\rho_w}\, w'^+_{rms}$。可以看出三个方向的分量都随着壁面吹气幅值的增加而增大,特别是对数区,其幅值增加更为明显。分开来看,对于流向方向的雷诺正应力,其最大值固定在缓冲层 $y^+ \approx$ 13,增量分别为 2.6%(Case SSB 0.1%)、8.1%(Case SSB 0.2%)和 9.5%(Case UB 0.1%);对于展向方向的雷诺正应力,其最大值约在对数区 $y^+ \approx 40$,增量分别为 6.8%(Case SSB 0.1%)、17.0%(Case SSB 0.2%)和 16.4%(Case UB 0.1%);至于法向方向的雷诺正应力,其最大值在对数区 $y^+ \approx 90$,增量分别为 8.4%(Case SSB 0.1%)、16.7%(Case SSB 0.2%)和 19.5%(Case UB 0.1%)。

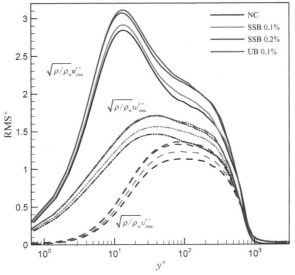

图 7.31 不同控制方式下 $x = 310\delta_{\text{in}}$ 处的边界层雷诺正应力的
分布曲线（实线为 $\sqrt{\rho/\rho_{\text{w}}}\, u'^{+}_{\text{rms}}$，虚线为 $\sqrt{\rho/\rho_{\text{w}}}\, v'^{+}_{\text{rms}}$，
点虚线为 $\sqrt{\rho/\rho_{\text{w}}}\, w'^{+}_{\text{rms}}$）

图 7.32 展示了不同控制方式下流向位置为 $x = 310\delta_{\text{in}}$ 处的边界层平均黏性

剪切应力 $\bar{\mu}(\partial \bar{u}/\partial y)$（mean viscous shear stress, VSS）和雷诺剪切应力 $(\rho/\rho_{\text{w}})\overline{u'v'}^{+}$

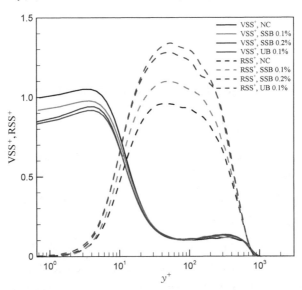

图 7.32 不同控制方式下 $x = 310\delta_{\text{in}}$ 处的边界层平均黏性
剪切应力（实线）和雷诺剪切应力（虚线）

（Reynolds shear stress，RSS）的分布曲线，尽管壁面吹气控制大大增强了对数区的雷诺切应力，但是线性底层的平均黏性剪切应力得到大幅地减小，并且后者是造成壁面摩阻系数减小的重要原因。这一结论与文献[24]的结论一致。

　　近壁区的涡量是表征小尺度湍流结构的重要参量，其与湍动能的生成耗散具有重要关系。图 7.33 给出了不同控制方式下 $x = 310\delta_{\mathrm{in}}$ 处的边界层涡量脉动强度 $\left[\Omega_{i,\mathrm{rms}}^+ = \overline{\left(\omega_i'^2 \right)^{1/2}} \upsilon_\mathrm{w} / u_\tau^2 \right]$ 分布，其采用了当地壁面黏性尺度与摩擦速度进行无量纲化。首先，可以看出施加控制以后，三个方向的涡量脉动强度都不同程度地增加，并且控制幅值越高，增幅越大。展向方向的涡量脉动强度最强，这是因为其承受着边界层的主剪切作用。而流向方向的涡量脉动强度则依然呈现出先减小后增加再减小的走势，也就是说存在局部极小值和极大值；在无控状态下，局部极小值位于 $y^+ = 5$，局部极大值位于 $y^+ = 17$，从湍流结构的角度来看，这

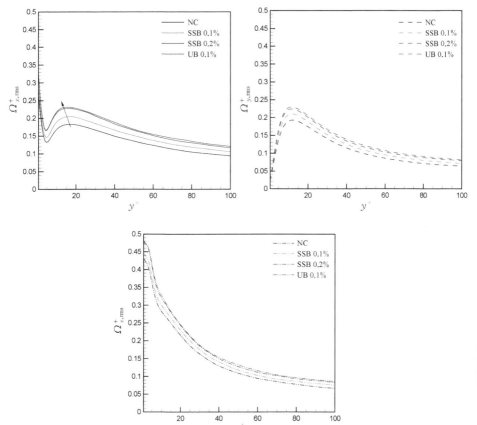

图 7.33　不同控制方式下 $x = 310\delta_{\mathrm{in}}$ 处的边界层涡量脉动强度分布

暗示着在此处存在一个平均流向涡,其涡核位于 $y^+=17$,平均半径为 $r^+=12$;而施加了控制以后,局部极大值的位置逐渐趋于壁面;因此,可以认为施加控制以后,近壁区平均流向涡的尺度减小,并且更加靠近壁面。对于法向涡量,无控状态下其约在 $y^+=13$ 处出现极大值,这是因为此处的高低速条带结构活动最为活跃;而施加了控制以后,其极大值略往外推移。

图 7.34 给出了不同控制方式下 $x=310\delta_{in}$ 处的边界层湍动能分布变化,图中采用了壁面尺度进行无量纲化。从图中可以看出,随着壁面吹气控制的施加,湍动能的产生项和耗散项都大幅增加。注意到 SSB 0.2% 和 UB 0.1% 之间的差别仅出现在近壁区($y^+<10$),在边界层外层,两者的曲线基本能够重合。

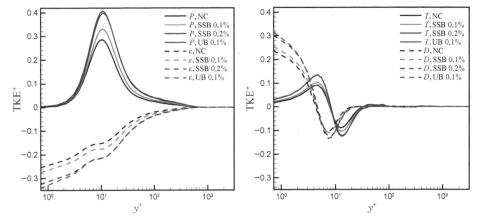

图 7.34　不同控制方式下 $x=310\delta_{in}$ 处的边界层湍动能分布

7.3.3　湍流结构分析

采用基于速度梯度张量第二不变量的 Q 识别方法,对施加前后边界层中的拟序结构进行显示。图 7.35 给出了不同控制方式下的边界层拟序结构($Q=2$,采用流向速度进行着色),图中给出的流向范围是 $x=[280\delta_{in},310\delta_{in}]$。明显看出,相对于不加控制状态,施加壁面吹气控制以后,边界层的拟序结构得到增强,这与其湍流强度增加的结论相一致;吹气幅值越高,湍流放大效应越强,湍流结构也越丰富。这与 Kametani 和 Fukagata[24] 在不可压流动中得到的结果相一致。

高低速条带是壁湍流中重要的拟序结构。采用流向速度脉动($-0.4<u'<0.4$),图 7.36 给出了不同控制方式下 $y^+=15$ 处边界层中的流向脉动速度云图。在无控状态中,可以看到交替分布的高低速条带,流向长度约为 $1\,000\Delta x^+$,展向间距约为 $100\Delta z^+$,这些条带结构在流动方向上相互蜿蜒交错,当到达一定的流

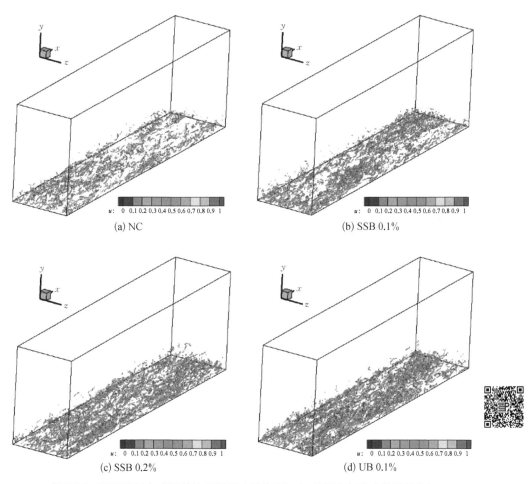

图 7.35　不同控制方式下的边界层拟序结构($Q=2$,采用流向速度进行着色)

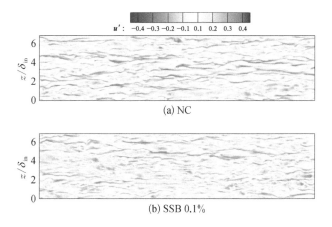

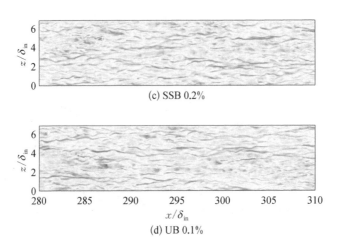

(c) SSB 0.2%

(d) UB 0.1%

图7.36　不同控制方式下 $y^+=15$ 处边界层中的流向脉动速度云图（$-0.4<u'<0.4$）

向尺度时,又分叉形成新的条带结构。然而可以明显看出,相对于无控状态,施加控制以后,近壁区的负速度脉动明显减少,同时,流场中出现了大量的正的速度脉动微团,并且这些微团的结构尺度相对于条带结构有一定程度的减小。这种现象可能是由于施加控制以后,外层的大尺度流动结构增加,并且对近壁区施加了脚印作用。也就是说,壁面吹气控制造成了湍流放大效应,边界层中拟序结构增加,近壁区出现大量正的速度脉动微团。

为了印证这一结论,图7.37给出了不同控制方式下 $x=310\delta_{in}$ 处边界层中

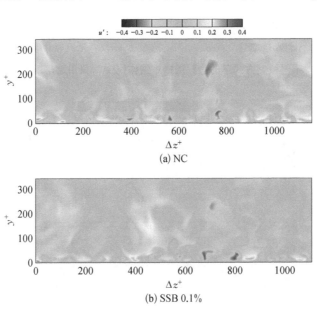

(a) NC

(b) SSB 0.1%

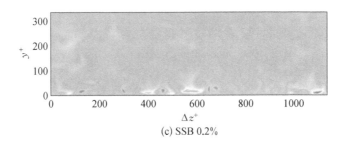

(c) SSB 0.2%

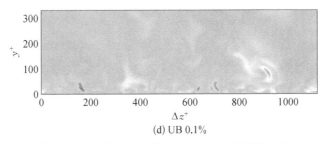

(d) UB 0.1%

图 7.37　不同控制方式下 $x=310\delta_{in}$ 处边界层中的
流向脉动速度云图 $(-0.4<u'<0.4)$

$x-y$ 平面的流向脉动速度云图,图中的速度脉动范围是 $-0.4<u'<0.4$。可以直观地看出,不加控制时,近壁区的流向脉动速度在展向方向上交替分布;而施加了壁面吹气控制以后,负的脉动明显减少,与之相反的是,近壁区出现了一些较大的正的脉动速度微团。

为进一步了解吹气控制对近壁区湍流拟序结构的影响,图 7.38 不同控制方式下的湍流边界层 $u/u_\infty=0.4$ 等值面,其采用了当地密度进行着色。可以看出,壁面吹气控制使得原有的沿流向分布很长的拟序结构发生失稳,大量的尺度较小的流动结构充斥于边界层中;同时,壁面吹气也使得速度条带结构的抬升过程得到加强。

为了定量地评估施加控制以后湍流拟序结构的尺度变化特性,采用两点相关性函数对流向脉动速度进行了计算。图 7.39 给出了不同控制方式下 $y^+=15$ 处流向脉动速度的两点相关性结果。可以明显地看出,施加控制以后,湍流拟序结构的流向尺度减小。但是需要说明的是,这里求解出来的尺度并不一定能够准确地反映出湍流结构的真实尺度。这是因为拟序结构通常在流动方向蜿蜒交错,这会导致求解出来的尺度有一定的减小。事实上,拟序结构的真实尺度要高于两点相关性的求解结果。

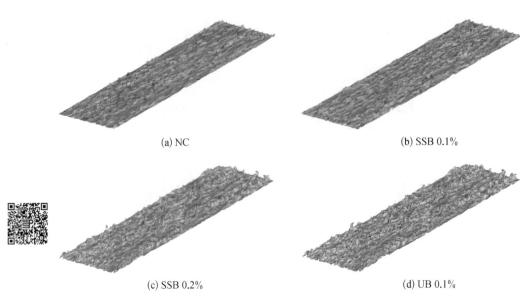

(a) NC　　　　　　　　　　　　　　　　(b) SSB 0.1%

(c) SSB 0.2%　　　　　　　　　　　　　(d) UB 0.1%

图 7.38　不同控制方式下的边界层 $u/u_\infty = 0.4$ 等值面(采用当地密度进行着色)

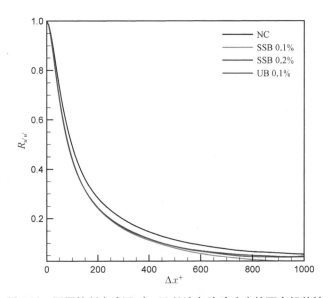

图 7.39　不同控制方式下 $y^+ = 15$ 处流向脉动速度的两点相关性

图 7.40 展示了不同控制方式下的 $x - y$ 平面流向脉动速度两点相关性云图结果(参考高度为 $y^+ = 150$),图中展示的相关性范围为 $0.3 \leqslant R_{u'u'} \leqslant 1$。不加控制时,其流向尺度约为 $900\Delta x^+$,倾角约为 $10.5°$,这个值与在不可压平板边界层中

得出的结果相一致。随着控制幅值的增加,相关性云图的流向尺度和法向尺度都逐渐减小。对于 SSB 0.2%,其流向尺度仅为 $720\Delta x^+$,减小了大约 20%。同时,相关性云图与 x 轴之间的夹角也随控制幅值的增加而逐渐减小,分别为 8.3°(SSB 0.1%)、5.2°(SSB 0.2%)和 4.7°(UB 0.1%)。这就表明,施加控制以后,湍流边界层中准流向涡的倾角有所减小。

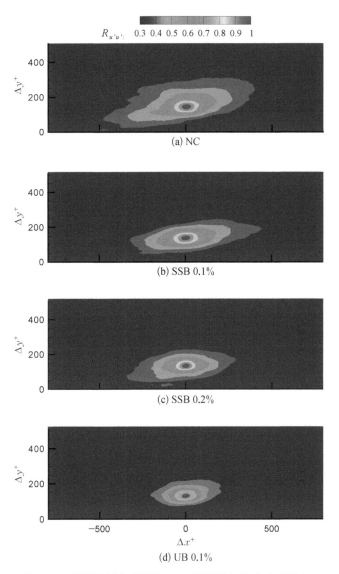

图 7.40　不同控制方式下的 x − y 平面流向脉动速度两点
相关性云图(参考高度为 $y^+ = 150$)

7.3.4 壁面摩阻分析

为了更好地理解壁面吹气控制对近壁区湍流事件的影响,对流向脉动速度和法向脉动速度开展了联合概率密度分析。图7.41和7.42分别给出了不同控制方式下$y^+=15$平面和$y^+=50$平面上u'和v'的象限分析结果。正如预期的那样,由于施加控制以后边界层内密度减小、温度增加,在近壁区($y^+\leqslant50$),喷射事件的发生概率大幅增加而下扫事件减少;Q1事件和Q3事件的变化则并不明显。而随着壁面高度的进一步增加,各个事件的变化情况未能观察到明显的规律。

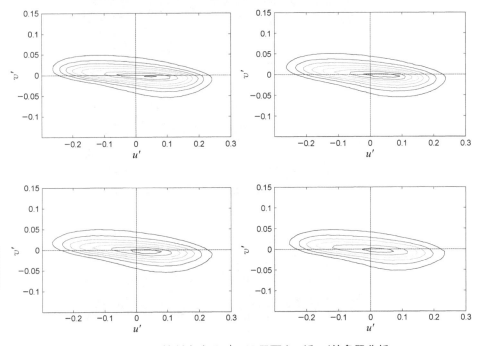

图7.41 不同控制方式下$y^+=15$平面上u'和v'的象限分析

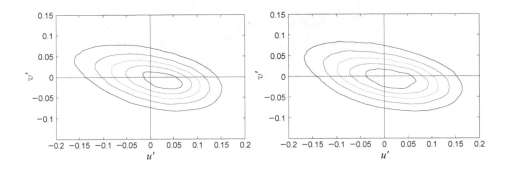

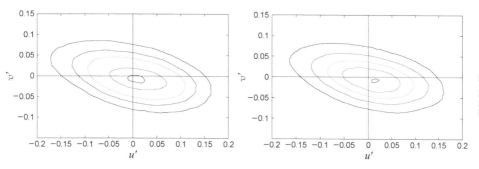

图 7.42　不同控制方式下 $y^+ = 50$ 平面上 u' 和 v' 的象限分析

采用李伟鹏等推导出的公式对充分发展段的壁面摩阻系数进行了分解,分解结果如图 7.43 所示。为了更为直观地进行对比,图 7.44 给出了相应的柱状图

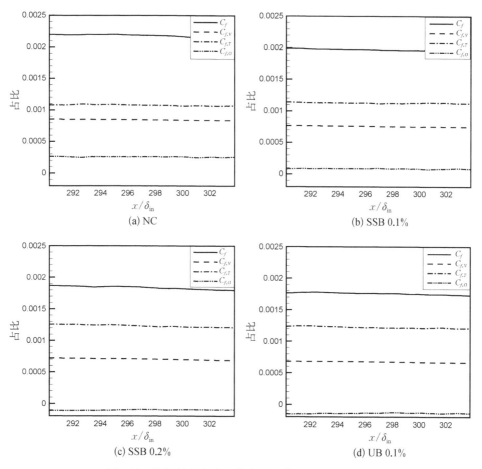

图 7.43　不同控制方式下的边界层摩阻系数分解结果

表示。可以看出,尽管 $C_{f,T}$ 有所增加,但是其对摩阻变化的贡献较弱;相对而言,$C_{f,G}$ 的减小占据了主导作用。这就表明,不像在高超声速湍流边界层的 FIK 分解中是平均对流项占据主导作用[25],在超声速湍流边界层摩阻系数的 RD 分解中,是空间增长项占主导。

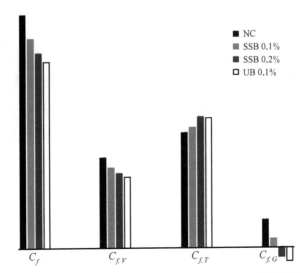

图 7.44　不同控制方式下边界层摩阻系数分解各贡献项的柱状图分布

7.4　基于速度-温度耦合控制的超声速湍流边界层统计与结构分析

7.4.1　控制思路与数值设置

传统的减阻控制方法多数是单一的速度型控制,例如沟槽、波纹壁、壁面吹气等,或者单一的温度型控制,例如壁面局部加热。在本节中,我们提出了基于速度-温度耦合控制的可压缩湍流边界层减阻控制方法,这种方法结合壁面吹气和壁面加热/冷却的优点,通过在壁面上吹热气/冷却,对边界层同时施加速度型控制和温度型控制,打破湍流结构的自治过程,实现对湍流的抑制,进而实现对湍流边界层的减阻。本节的控制示意图如图 7.45 所示,在壁面上设计了 6 个等间距的条纹孔,条纹的展宽为 $52\Delta z^+$,与近壁区的高低速条带距离相近。

在本节中,我们开展了 7 组算例,分别考察速度幅值和温度幅值对控制效果的影响,具体参数如表 7.4 所示。对控制区域施加了定常的吹气控制,其速度幅

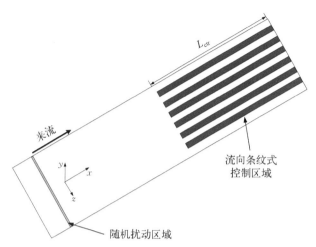

图 7.45　超声速湍流边界层速度-温度控制示意图

值为来流速度的 0.1%；而对于温度参数，采用绝热壁温作为参考，加热情况下，温度设为 1.01 和 $1.02T_{\text{strip}}/T_{\text{w}}$，而冷却情况下则设为 $0.99T_{\text{strip}}/T_{\text{w}}$。

表 7.4　控　制　参　数

Case	Ma	T_∞/K	T_{w}/T_∞	Δv	ΔT
NC	2.25	169	1.9	0	0
B1H1	2.25	169	1.9	0.1%	1%
B1H2	2.25	169	1.9	0.1%	2%
B1C1	2.25	169	1.9	0.1%	−1%
B1	2.25	169	1.9	0.1%	0
H1	2.25	169	1.9	0	1%
C1	2.25	169	1.9	0	−1%

在计算中，来流为二维的层流入口，入口边界层厚度为 $Re_\theta = 1\,205$，雷诺数为 $Re_\theta = 1\,205$。壁面为绝热无滑移壁面，壁温为 $T_{\text{w}} = 1.9T_\infty$。在计算域的上部和下游设置缓冲区，通过稀疏网格来增加耗散，防止扰动对边界层产生影响。展向方向则设为周期性边界条件。湍流普朗特数为 0.72。

计算域的范围是 $(L_x, L_y, L_z) = (936\delta_{\text{in}}, 17.8\delta_{\text{in}}, 6.8\delta_{\text{in}})$，对应的网格点数分别是 $(N_x, N_y, N_z) = (3\,655, 155, 256)$，整体网格量约为 1.45 亿。对充分发展段的网格进行加密，流向间距为 $\Delta x^+ = 7.2$，展向间距为 $\Delta z^+ = 4.2$，法向方向第一

层网格为 $\Delta y_w^+ = 0.76$，足以满足直接数值模拟的要求。

合理的湍流入口生成条件是准确模拟真实湍流的前提条件，这里采用 Pirozzoli 和 Grasso[2] 提出的随机壁面吹吸扰动来诱导转捩的发生，从而快速生成湍流边界层。扰动的幅值设为 0.04，频率为 75 kHz，起止范围是 $26\delta_{in}$ 到 $52\delta_{in}$。

采用中国科学院力学研究所李新亮教授研发的 OpenCFD 直接数值模拟软件进行计算。采用 Steger-Warming 矢通量分裂方法对通量进行分裂，其中黏性项采用八阶中心差分进行离散，无黏项采用七阶 WENO 格式进行离散，时间项采用三阶 Runge-Kutta 法进行求解。

7.4.2 湍流统计分析

分别采用 Reynolds 平均和 Favre 平均两种方式对湍流信号进行平均。在经过 30 个无量纲时间后对数据进行采样，采样的时间间隔为 $0.06\delta/u_\infty$，共采集了 1 500 个样本。

不同控制方式下的超声速湍流边界层摩阻系数 $\left[C_f = 2\tau_w/(\rho_e u_e^2) \right]$ 变化曲线如图 7.46 所示。需要注意的是，这里计算 τ_w 时采用的是 $\left\langle \mu \dfrac{\partial u}{\partial y} \Big|_w \right\rangle$，而不是 $\left\langle \mu \right\rangle \dfrac{\partial \left\langle u \right\rangle}{\partial y} \Big|_w$，这是因为 μ 和 $\partial u / \partial y$ 之间可能存在相关性。为了更直观的进行比较，引入减阻率，其定义式为

$$\mathrm{DR} = \frac{C_{f,\,nc} - C_{f,\,ctr}}{C_{f,\,nc}} \tag{7.26}$$

其中，

$$C_f = \frac{1}{L_{ctr}} \int_0^{L_{ctr}} c_f(x)\,\mathrm{d}x \tag{7.27}$$

nc 和 ctr 分别表示无控和控制，L_{ctr} 表示控制区域的流向长度。也就是说这里减阻率是采用整个控制区域内的全局摩阻系数进行计算的。表 7.5 给出了各个控制方式下的减阻率。可以明显地看出，壁面冷却可以显著地增加超声速湍流边界层的摩阻(22.1%)，这与 Kametani 和 Fukagata[26] 在不可压湍流边界层中得到结果相反；吹冷气控制时，阻力增幅有所减小，这就表明壁面吹气可以在一定程度上缓解壁面冷却的"负面"作用。相反，壁面加热的减阻率能够达到 14.1%，几乎是壁面吹气控制的两倍。令人兴奋的是，当对边界层施加吹热气控制时，壁面

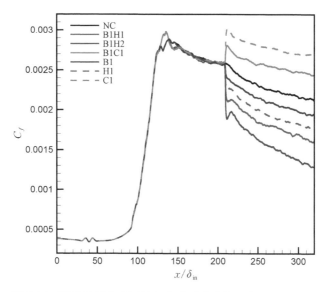

图 7.46　不同控制方式下的超声速湍流边界层摩阻变化曲线

摩阻可以大幅度减小：对于 B1H1,摩阻的降幅几乎是单纯的壁面吹气和单纯的壁面加热带来的降幅之和,表明速度-温度耦合控制方法能够充分利用单纯的速度型和温度型控制的优点。这就告诉我们,对于利用壁面吹气进行可压缩湍流边界层减阻控制,可以通过适当增加吹气的温度,达到更好的减阻效果。

表 7.5　不同控制方式下的减阻率

Case	B1H1	B1H2	B1C1	B1	H1	C1
DR	20.1%	31.1%	−12.2%	7.4%	14.1%	−22.1%

　　图 7.47 给出了不同控制方式下的边界平均密度与平均温度曲线,图中横坐标以边界层厚度 δ_{99} 进行无量纲化。从图中可以看出,相对于无控状态,吹热气时,边界层的内层平均密度及其梯度有所增加,而吹冷气时,则出现相反的效果;而在 $y/\delta_{99}=0.65$ 附近,则出现了一个拐点,在边界层外层,呈现相反的趋势。这一现象并没有被 Hadjadj 等[27,28]在不同壁温下的超声速湍流边界层中注意到,可能的原因是本节所给的温度幅值非常小。

　　图 7.48(a)给出了不同控制方式下的平均流向速度,可以看出,平均温度剖面的变化与平均密度呈现相反的特征,局部壁面加热(冷却)使得平均速度剖面及其梯度出现法度的减小(增加),其中速度梯度的减小是边界层摩阻减小的重

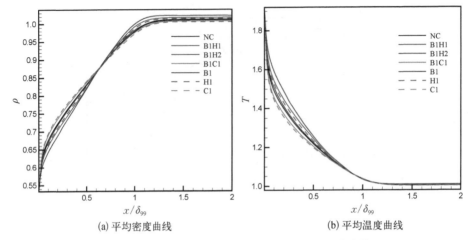

(a) 平均密度曲线　　　　　　　　(b) 平均温度曲线

图 7.47　不同控制方式下的平均密度与平均温度曲线

要原因。图 7.48(b)给出了相应的 van Driest 变换：

$$dU_{VD} = (\bar{\rho}/\rho_w)^{1/2}dU \tag{7.28}$$

式中，$U_{VD}^+ = U_{VD}/u_\tau$，$y^+ = yu_\tau/v_w$，$u_\tau = \sqrt{\tau_w/\rho}$。需要指出的是,这里的速度都是采用当地的摩擦速度 u_τ 进行无量纲化。可以看到,施加壁面加热或者吹热气控制,壁面律的斜率 κ 减小而截距 C 增加,而对于壁面冷却或者吹冷气控制,则具有相反的效果,这一点可以从图 7.49 给出的速度剖面的指示函数 $y^+\,dU_{VD}^+/dy^+$ 更加直观地看出。这几表明,施加吹热气控制后,边界层的缓冲层增大,对数区向边界层外层移动。

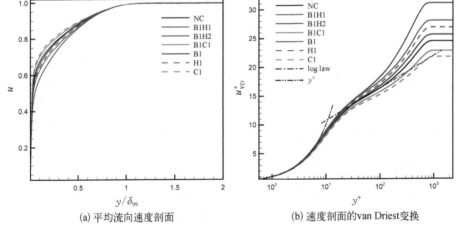

(a) 平均流向速度剖面　　　　　　　(b) 速度剖面的van Driest变换

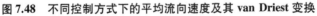
图 7.48　不同控制方式下的平均流向速度及其 van Driest 变换

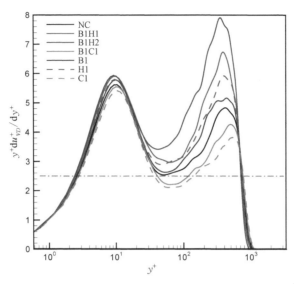

图 7.49　不同控制方式下的平均流向速度剖面的指示函数

平均速度与平均温度之间的关系常常用 Walz 方程[29]来描述,其定义为

$$\frac{T}{T_{\infty}} = \frac{T_{w}}{T_{\infty}} + \frac{T_{r} - T_{w}}{T_{\infty}}\left(\frac{u}{u_{\infty}}\right) + \frac{T_{\infty} - T_{r}}{T_{\infty}}\left(\frac{u}{u_{\infty}}\right)^{2} \qquad (7.29)$$

式中,T_r是流体的绝热恢复温度 $T_r = T_{\infty}\left(1 + r\dfrac{\gamma - 1}{2}Ma^2\right)$。图 7.50 给出了不同

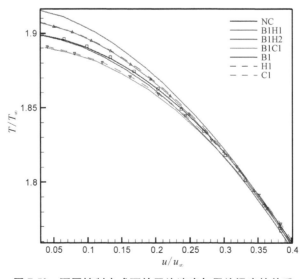

图 7.50　不同控制方式下的平均速度与平均温度的关系

控制方式下的平均速度与平均温度之间的关系,Walz 方程也采用符号的形式标注在图中。基本上,直接数值模拟的结果与 Walz 方程吻合很好。另外,也可以发现,壁面吹气的施加并没有对 Walz 方程产生太大的影响。

图 7.51 展示了不同控制方式下的边界层位移厚度 δ^* 与动量雷诺数 Re_θ 的变化,可以发现,在受热的控制方式下,边界层的位移厚度和动量雷诺数都增加。并且,值得注意的是,这种增长在后期几乎都是线性的,然而在施加控制的初始阶段,边界层厚度有一个变薄的过程,这可能是由于边界层中突然出现逆压梯度,流动尚未恢复到平衡态。

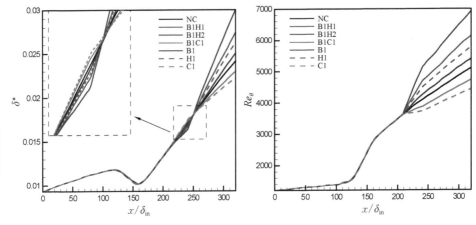

图 7.51　不同控制方式下的边界层位移厚度与动量雷诺数的变化

图 7.52 给出了平均黏性剪应力 $\bar{\mu}(\partial \bar{u}/\partial y)$ 与雷诺切应力 $(\rho/\rho_w)\overline{u'v'^+}$ 的变化曲线。可以看出,平均黏性剪应力只出现在近壁区,其强度随着壁面距离的增加迅速减弱,这一现象是由湍流边界层的速度型决定的。而对于雷诺切应力,其峰值则位于对数区,并呈现出一个平台区,表明在此区域内,湍流活动占主导。值得注意的是,在壁面吹气和壁面加热情况下,平均黏性剪应力大幅降低,与此同时,雷诺剪应力却升高并且其峰值有远离壁面的趋势;而在壁面冷却及吹冷气情况下,则出现相反的现象。因此,我们可以认为,尽管雷诺切应力升高,但其并没有决定性的作用,平均黏性剪应力的减小是湍流摩阻降低的直接原因。

不同控制方式下的雷诺正应力变化情况绘制在图 7.53 中,图中的 RMS$^+$ 表示经过密度加权变换后的雷诺应力,分别是 $\sqrt{\rho/\rho_w}\,u'^+_{rms}$、$\sqrt{\rho/\rho_w}\,v'^+_{rms}$、$\sqrt{\rho/\rho_w}\,w'^+_{rms}$。在壁面加热和吹热气情况下,三个方向的雷诺正应力都得到增强,而在冷却情况下则相反。这就表明,在加热情况下,边界层中出现了湍流增强效应;而在冷却情

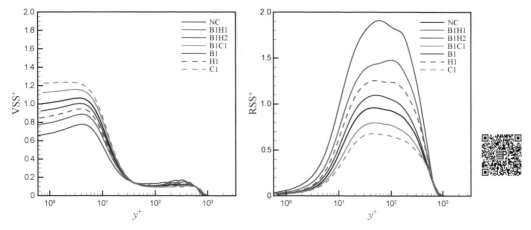

图 7.52 不同控制方式下的边界层平均黏性剪应力与雷诺正应力的变化

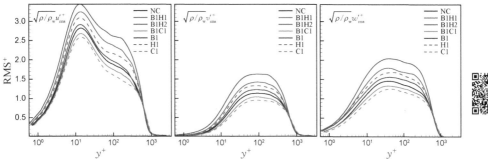

图 7.53 不同控制方式下的边界层雷诺正应力的变化

况下,则出现了湍流衰减效应。

同时也可以注意到,法向和展向的雷诺正应力的最大值分布在对数区,并且呈现出平台状分布。流向的雷诺正应力最高,并且在缓冲层($y^+ = 13.5$)达到最大值,而施加了加热控制以后,在对数区出现了第二峰值,这一现象在 Kametani 和 Fukagata[24] 开展的壁面吹气控制中并没有观察到。

涡量是表征壁湍流涡结构的重要参量,其与湍动能的产生和耗散密切相关。不同控制方式对湍流边界层涡量脉动强度的影响如图 7.54 所示,图中的 $\Omega_{i, \mathrm{rms}}^+ = \overline{(\omega_i'^2)}^{1/2} v_\mathrm{w}/u_\tau^2$ 表示采用了黏性单位和摩擦速度进行了无量纲化。同样,三个方向的涡量脉动强度在吹热气情况下都得到了增强。对于展向方向的分量,在 B1H2 情况下,近壁区几乎增长了 50%。同时我们注意到,展向分量在三个方向上的值最高,这是因为流动主要承受的是占主导作用的平均黏性剪应力。流向分量则出现先减小后增加再减小的形状,在不加控制时其局部最小值位于 $y^+ = 5$,局部最大值位于 $y^+ = 17$,从湍流结构的角度看,这是在此处存在一个平均流向涡,其涡核位于 $y^+ = 17$,平均半径为 $r^+ = 12$。而施加了加热(冷却)控制以后,涡核的位置更加趋于(远离)壁面。对于 B1H2 算例,其涡核的位置位于 $y^+ = 13$,平均半径仅为 $r^+ = 8$。因此,我们可以认为,施加了加热控制以后,近壁区平均流向涡的尺度减小并且更加靠近壁面;而施加冷却控制,则会出现相反的趋势。另外,在加热控制下,法向方向的涡量脉动也有靠近壁面的趋势。

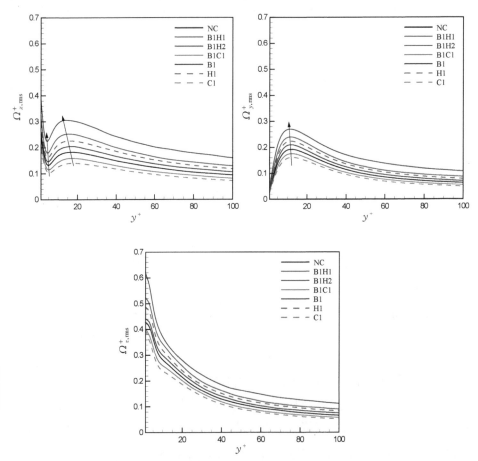

图 7.54　不同控制方式下的边界层涡量脉动强度的变化

根据 Morkovin 假设,当来流马赫数不超过 5 时,湍流马赫数不会超过 0.3,可压缩效应可以忽略。湍流马赫数定义为

$$Ma_t = \frac{\sqrt{\overline{u_i' u_i'}}}{\bar{a}} \tag{7.30}$$

式中，$\bar{a}$ 是当地平均声速。图 7.55 给出了不同控制方式对湍流马赫数的影响。如图所示，各个工况下的湍流马赫数最大值都没有超过 0.24，表明 Morkovin 假设依然成立。值得注意的是，加热控制情况下，对数区出现了第二峰值，并且控制力度越高，峰值越明显。而在冷却情况下，趋势恰好相反。这一现象与图 7.52 中湍流强度的增强/衰减相一致。

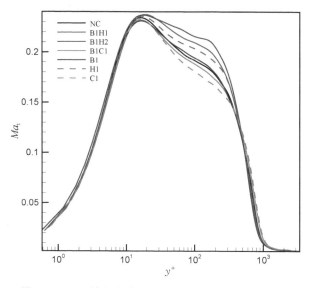

图 7.55　不同控制方式下的边界层湍流马赫数的变化

由于吹热(冷)气时，边界层的湍流强度会发生变化，下面对强雷诺比拟进行校验。针对可压缩湍流边界层，Morkovin 提出了 5 个强雷诺比拟关系式，下面是其中两个：

$$\frac{T_{\text{rms}}'' / \tilde{T}}{(\gamma - 1) Ma^2 (u_{\text{rms}}'' / \tilde{u})} \approx 1 \tag{7.31}$$

$$Pr_t = \frac{\overline{\rho u'' w''}(\partial \tilde{T} / \partial y)}{\overline{\rho T'' w''}(\partial \tilde{u} / \partial y)} \approx 1 \tag{7.32}$$

式中，$Ma^2 = \tilde{u}^2 / \gamma R \tilde{T}$ 是当地马赫数。后来，又有研究者将壁面热流考虑进去，提出了修正的强雷诺比拟关系式，例如，Cebeci 和 Smith 推导了 ESRA：

$$\frac{T''_{\mathrm{rms}}/\tilde{T}}{(\gamma - 1)Ma^2(u''_{\mathrm{rms}}/\tilde{u})} \approx -\left(1 + c_p\frac{\tilde{T}_{\mathrm{w}} - \tilde{T}_{\mathrm{t\infty}}}{\tilde{T}}\frac{\tilde{u}}{\tilde{u}_\infty}\right) \quad (7.33)$$

式中,$\tilde{T}_t$ 表示总温,由 $\tilde{T}_t = \tilde{T} + \tilde{u}_i\tilde{u}_i/2c_p$ 计算得到。Huang 提出了修正的 HSRA,表达式为

$$\frac{T''_{\mathrm{rms}}/\tilde{T}}{(\gamma - 1)Ma^2(u''_{\mathrm{rms}}/\tilde{u})} \approx \frac{1}{c[1 - (\partial\tilde{T}_t/\partial\tilde{T})]} \quad (7.34)$$

式中,$c = Pr_t$。若 Morkovin 假设依然成立,那么上述关系式将在 1 附近。图 7.56 给出了 B1H1 和 B1C1 工况下的强雷诺比拟关系,可以看出,在吹冷气和吹热气的情况下,强雷诺比拟的关系式依然在 1 附近,表明 Morkovin 假设依然满足。这可能是因为本文采用的控制方式的幅值非常小,壁面温度依然接近于恢复温度。图 7.57 给出了不同控制方式下的湍流普朗特数分布。其值仍然在 1 附近,对施加的控制并不敏感。

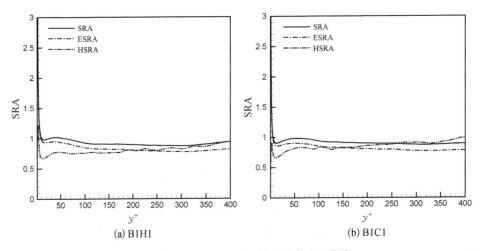

图 7.56　不同控制方式下的强雷诺比拟曲线

图 7.58 给出了不同控制方式下的湍动能平衡,各项采用了当地壁面尺度 $\rho_w u_\tau^4/\upsilon_w$ 进行了无量纲化。可以很明显地看出,施加壁面加热或者吹热气控制后,所有的分量都增长;而施加冷却控制,则出现相反的效果。湍动能的产生、湍流输运、黏性扩散和耗散项都分布在近壁区,其中,产生项的最大值位于缓冲层 ($y^+ = 12$),事实上这一位置恰好也是平均黏性剪应力与雷诺正应力相等的地方 (图 7.52);耗散项的最大值位于壁面上;通过湍流输运项和黏性扩散项,将湍动能一部分输运到近壁区,一部分输运到对数区。

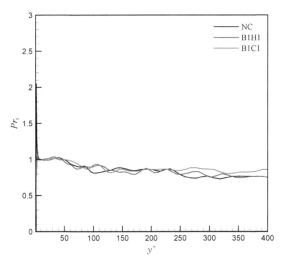

图 7.57　不同控制方式下的湍流普朗特数分布曲线

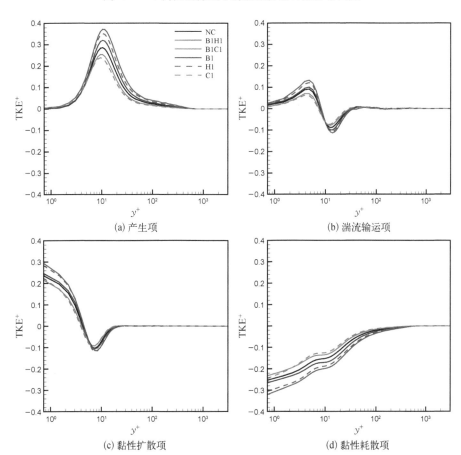

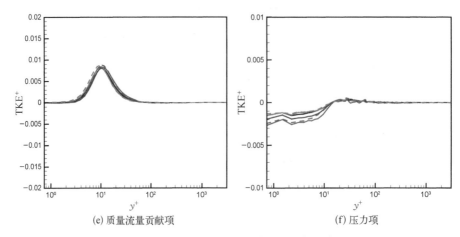

(e) 质量流量贡献项   (f) 压力项

图 7.58　不同控制方式下的湍动能平衡项变化

7.4.3　湍流结构分析

在本小节,我们只关注 B1H1 和 B1C1 情况下边界层拟序结构的变化特性。图 7.59 和图 7.60 分别给出了 $x-y$ 平面和 $y-z$ 平面的瞬时流向速度场。在 B1H1 算例下,边界层明显变厚,而在 B1C1 算例下则变薄。吹热气控制时,在近壁区会出现较厚的低速区,近壁区低密度的流体"喷射"入外层的高速区,而外层的高密度流体则"扫射"入内层,这一现象被称为湍流猝发,其使得内外边界层发生大量的能量交换。这也解释了前文中湍流强度与雷诺应力得到增强这一现象。

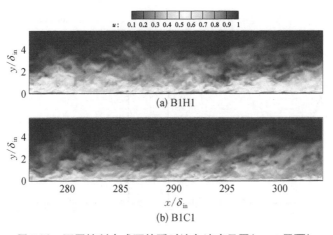

(a) B1H1

(b) B1C1

图 7.59　不同控制方式下的瞬时流向速度云图($x-y$ 平面)

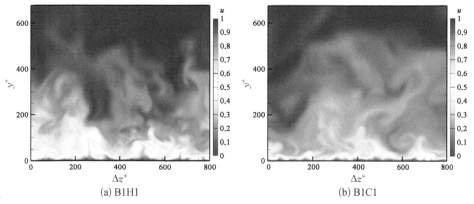

图 7.60　不同控制方式下的瞬时流向速度云图(y-z 平面)

　　为了更为直观地展示流场的变化,采用基于速度梯度张量第二不变量的 Q 识别方法对流场中的涡结构进行提取,图 7.61 给出了不同控制方式下的流场涡结构等值面 $Q=2$,图中采用流向速度进行着色。可以很明显地看出,施加吹热气控制时,流场中的涡结构更为丰富,出现湍流增强效应;而在吹冷气时,涡结构减少,出现了湍流衰减效应。这种湍流增强效应与 Kametani 和 Fukagata[24]、Chen 等[25] 开展的基于壁面吹气控制的超声速/高超声速湍流边界层减阻控制结果相一致。重新观察图 7.59,可以看到在 B1H1 中,流场中存在很多小尺度脉动结构,而在 B1C1 中,则相对"安静"。这就表明,吹热气呈现的是壁面吹气控制与壁面加热控制相互叠加的效果,而吹冷气时,壁面冷却的作用则被吹气控制抵消了一部分。

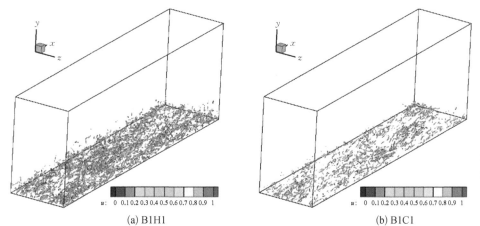

图 7.61　不同控制方式下的瞬时流场涡结构($Q=2$,以流向速度进行着色)

为了看出湍流结构的变化细节,图 7.62 展示了不同控制方式下的瞬时流向速度等值面 $u/u_\infty = 0.4$,图中以当地密度进行着色。大体上,在 B1H1 算例中,高低密度流体之间的湍流运动更加强烈,流场中的大尺度微团也更加具有"侵入性"。因此可以推断,在 B1H1 中流场中大量的低密度流体侵入到边界层外层,导致了湍流增强效应的发生。

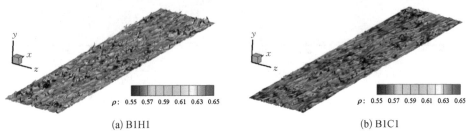

(a) B1H1 (b) B1C1

图 7.62 不同控制方式下的瞬时流向速度等值面($u/u_\infty = 0.4$,以当地密度进行着色)

Kline 等发现了湍流边界层近壁区的高低速条带结构,揭开了对湍流结构研究的先河。图 7.63 展示了不同控制方式下的不同高度上的流向速度场,其速度范围是 $-0.4 \leqslant u' \leqslant 0.4$,其中(a)和(b)的高度是 $y^+ = 15$,(c)和(d)的高度是 $y^+ = 45$,(a)和(c)对应的是 B1H1,(b)和(d)对应的是 B1C1。可以看出,在 $y^+ = 15$ 平面上,存在明显的高低速条带结构,其中正的速度脉动(呈红色)是高速条带、负的速度脉动(呈蓝色)是低速条带,高低速条带在展向方向上交替分布。不难注意到,在 B1C1 算例中,条带结构的平均流向尺度要长于 B1H1 算例,这一行为

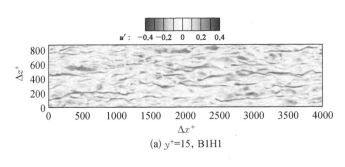

(a) $y^+=15$, B1H1

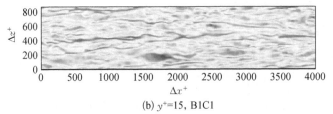

(b) $y^+=15$, B1C1

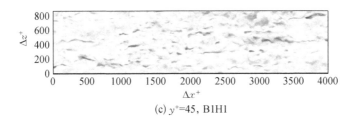

(c) y^+=45, B1H1

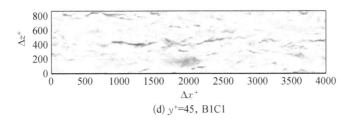

(d) y^+=45, B1C1

图 7.63　不同控制方式下的不同高度上的流向速度场

与 Duan 等[30] 开展的不同壁温下的超声速湍流边界层结果相一致。Duan 等认为这是因为在壁温较低的情况下,湍动能的输运减弱[30]。显然,冷却控制增强了湍流拟序结构的相干性。这种现象在 $y^+ = 45$ 的高度上依然清晰可见,尽管此时的拟序结构已经团聚成较大尺度的外层条带。事实上,这也说明了外层的大尺度结构对内层施加了脚印作用。

另外,注意图中解析出来的高低速条带结构的数目,我们可以认为展向计算域已经充分足够来解析湍流的含能尺度。

采用流向脉动速度的空间两点相关性来计算湍流结构尺度的变化,其定义式为

$$R_{ff}(x_0, y_0, z_0; x_0 + \Delta x, y_0 + \Delta y, z_0)$$

$$= \frac{\overline{f'(x_0, y_0, z_0) \cdot f'(x_0 + \Delta x, y_0 + \Delta y, z_0)}}{\sqrt{\overline{f'(x_0, y_0, z_0)^2}} \cdot \sqrt{\overline{f'(x_0 + \Delta x, y_0 + \Delta y, z_0)^2}}} \quad (7.35)$$

式中,下标"0"表示参考点。图 7.64 给出了展向平面上高度为 $y^+ = 15$ 的两点速度相关性云图。显然,B1C1 算例中的流向尺度更长,几乎是 B1H1 中的两倍。这与图 7.63 中得到的结果一致。而在展向方向上,结构尺度并没有太大的变化。但是需要指出的是,这里求解出来的尺度并不代表拟序结构的真实尺度,事实上,由于拟序结构的蜿蜒交错特征,其空间尺度更长。

图 7.65 展示了流向平面上的空间两点相关性,选取的参考点高度为 $y^+ = 15$。

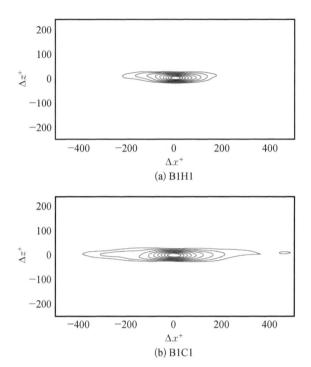

图 7.64　不同控制方式下的展向平面两点相关性云图($y^+ = 15$)

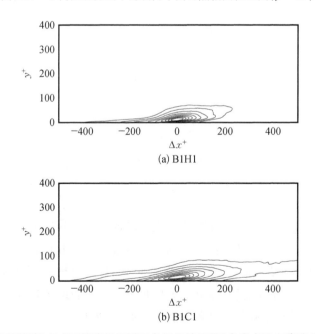

图 7.65　不同控制方式下的流向平面两点相关性云图(参考点法向高度为 $y^+ = 15$)

可以看出,两种情况下,云图均呈现向前倾的椭圆状分布,这与 Spina 等[31] 的结果一致。与图 7.64 中的结果类似,这里 B1C1 展现的相关性区域也要大于 B1H1 的结果。同时,B1H1 中前倾角更小,大约减小了 1°。需要指出的是,这里的倾角表征了发卡涡包的增长角,因此,可以认为 B1H1 中发卡涡的涡角得到了一定程度的抑制。可能的原因是在加热控制下,边界层的可压缩性增强(图 7.55)。

7.4.4　湍流摩阻分析

首先采用脉动速度的象限分析法来分析吹热气和吹冷气控制对近壁区湍流猝发事件的影响。象限分析将速度脉动分为了四个象限,分别是 Q1 事件($u'>0$, $v'>0$)、Q2 事件($u'<0$, $v'>0$)、Q3 事件($u'<0$, $v'<0$)和 Q4 事件($u'>0$, $v'<0$)。图 7.66 给出了 $y^+=15$ 和 $y^+=50$ 高度上速度脉动的象限分析结果。可以看到,在 B1H1 控制下,联合概率分布云图向第二象限移动。表 7.6 给出了 $y^+=15$ 上速度脉动的象限贡献率。在 B1H1 算例中,由于近壁区的温度升高、密度降

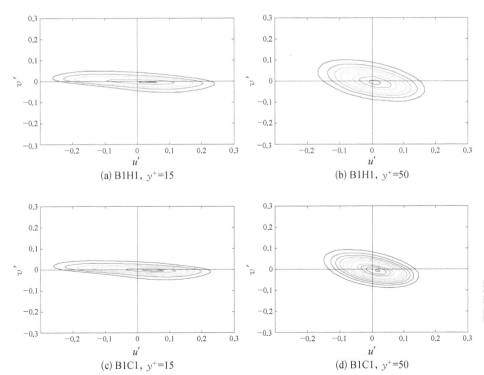

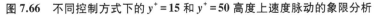

图 7.66　不同控制方式下的 $y^+=15$ 和 $y^+=50$ 高度上速度脉动的象限分析

低,Q2 喷射事件显著增加,Q4 扫射事件减少,表明正的法向脉动速度 v' 发生的概率增加;而对于 B1C1 算例,情况则恰好相反,喷射事件增加而扫射事件减小。而对于 Q1 事件和 Q3 事件,未见太大的变化。

表 7.6　不同控制方式下速度脉动的象限占比

Case	Q2(喷射)	Q4(扫射)	Q1 和 Q3
NC	32.4%	34.7%	32.9%
B1H1	33.8%	33.2%	33.0%
B1C1	30.8%	36.3%	32.9%

基于可压缩 Renard-Deck 摩阻分解公式,图 7.67 给出了充分发展段的摩阻分解结果,图 7.68 给出了相应的柱状图分布。从图中可以看出,每一个贡献项

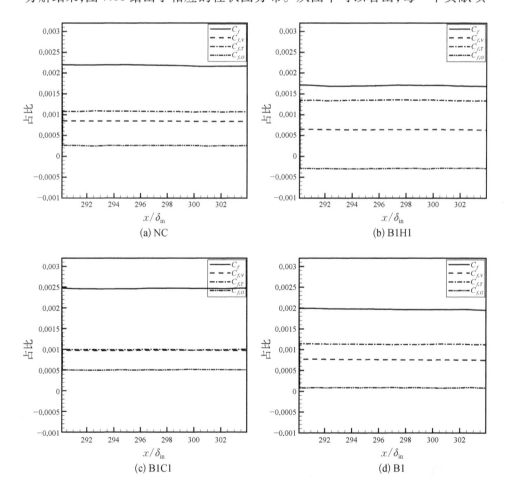

(a) NC　　　　　　　　　　　　　(b) B1H1

(c) B1C1　　　　　　　　　　　　(d) B1

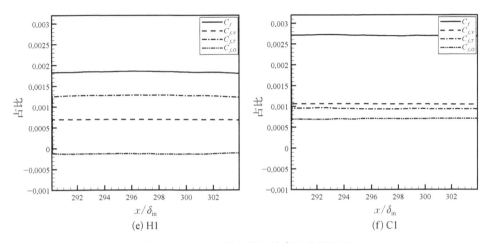

图 **7.67**　不同控制方式下的摩阻分解结果

都展现出不同的变化行为：施加壁面加热或者吹热气控制后，$C_{f,V}$ 和 $C_{f,G}$ 被大幅度减小，特别是后者，减小的更多；而 $C_{f,T}$ 则得到了一定程度的增加，但是这种增加对于摩阻的整体减小没有决定性作用；而施加冷却控制后，这三项呈现出恰好相反的行为。因此我们可以认为，与高超声速湍流边界层中开展的可压缩 FIK 分解不同（其是平均对流项占据主导作用），在超声速湍流边界层摩阻系数的可压缩 RD 分解中，是黏性耗散项和空间发展项占据主导作用。

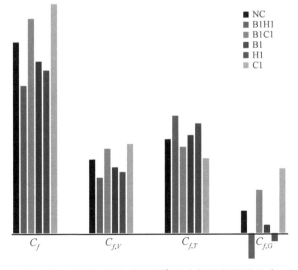

图 **7.68**　不同控制方式下的摩阻分解的柱状图分布

7.5 小结

本章对马赫数 2.25 超声速湍流边界层开展了直接数值模拟研究,对充分发展段的湍流进行了湍流统计与结构研究,包括形状因子、壁面律、平坦因子与偏斜因子、雷诺应力、脉动涡量等,得到了剪切雷诺数与动量雷诺数之间的关系式,分析了湍流边界层壁面律的分层特性,发现了湍流的间歇特性主要分布在 $y^+ <$ 30 的区域并且法向速度脉动的间歇性远高于另外两者,三个方向上的雷诺应力分布和涡量分布都存在较大差异。通过两点相关性分析,对近壁区湍流结构进行了分析,包括流向平面和展向平面,发现流向脉动速度的相关区域流向尺度较长,呈现狭长的特性,并且流向平面的相关系数与壁面存在一定的夹角;而在边界层外层,流向速度脉动相关区域的流向尺度变短而展向尺度增加,呈现宽胖型。

在此基础上,分别开展了基于流向条纹壁面吹气控制和基于速度-温度耦合控制的超声速湍流边界层减阻控制研究。条纹在展向上等距,其宽度约为 $52\Delta z^+$。结果表明,在控制幅值较弱的情况下,SSB 0.1% 和 SSB 0.2% 的减阻率分别为 7.4% 和 14.5%。与 UB 相似,SSB 使边界层变厚,黏性子层变厚,对数区向外边界层移动。湍流强度和湍流相干结构增强,但后者的流向尺度减小。而施加吹热气控制后,减阻率能够在 SSB 0.1% 的基础上进一步提高到 20.1%,表明基于速度-温度耦合的超声速湍流减阻方法的优越性。

参考文献

[1] 周恒,张涵信.有关近空间高超声速飞行器边界层转捩和湍流的两个问题[J].空气动力学学报,2017,35(2):151-155.

[2] Pirozzoli S, Grasso F. Direct numerical simulation and analysis of a spatially evolving supersonic turbulent boundary layer at M = 2. 25[J]. Physics of Fluids, 2004, 16(3): 530-545.

[3] Gao H, Fu D X, Ma Y W, et al. Direct numerical simulation of supersonic turbulent boundary layer flow[J]. Chinese Physics Letters, 2005, 22(7): 1709-1712.

[4] Li X L, Fu D X, Ma Y W, et al. Acoustic calculation for supersonic turbulent boundary layer flow[J]. Chinese Physics Letters, 2009, 26(9), 094701.

[5] 傅德薰,马延文,李新亮,等.可压缩湍流直接数值模拟[M].北京:科学出版社,2010.

[6] Chong M S, Perry A E, Cantwell B J. A general classification of three-dimensional flow fields

[J]. Physics of Fluids, 1990, 2(5): 765 - 777.

[7] Hunt J C R, Wray A A, Moin P. Eddies, stream, and convergence zones in turbulent flows [C]. Proceedings of the 1988 Summer Program, 1988.

[8] Jeong J, Hussain F. On the identification of a vortex[J]. Journal of Fluid Mechanics, 1995, 285: 69 - 94.

[9] Wu M, Moin M P. Direct numerical simulation of supersonic turbulent boundary over a compression ramp[J]. AIAA Journal, 2007, 45(4): 879 - 889.

[10] White F M. Viscous fluid flow[M]. New York: McGraw-Hill, 1974.

[11] Morkovin M V. Effects of compressibility on turbulent flow [R]. In Mécanique de la Turbulence (ed. A. Favre), 1962: 367 - 380.

[12] van Driest E R. The problem of aerodynamic heating[J]. Aeronautical Engineering Review, 1956, 15: 26 - 41.

[13] Hopkins E J, Inouye M. An evaluation of theories for predicting turbulent skin friction and heat transfer on flat plates at supersonic and hypersonic Mach numbers[J]. AIAA Journal, 1971, 9(6): 993 - 1003.

[14] Jimenez J, Hoyas S, Simens M P, et al. Turbulent boundary layers and channels at moderate Reynolds numbers[J]. Journal of Fluid Mechanics, 2010, 657: 335 - 360.

[15] Smith A J, Matheson N, Joubert P N. Low-Reynolds-number turbulent boundary layers in zero and favourable pressure gradients[J]. Journal of Ship Research, 1983, 27(3): 147 - 157.

[16] Schlatter P, Örlü R. Assessment of direct numerical simulation data of turbulent boundary layers[J]. Journal of Fluid Mechanics, 2010, 659: 116 - 126.

[17] Wu X H, Moin P. Transitional and turbulent boundary layer with heat transfer[J]. Physics of Fluids, 2010, 22(8), 085105.

[18] Kline S J, Moffatt H K, Morkovin M V. Report on the AFOSR-IFP-Standford conference on computation of turbulent boundary layers[J]. Journal of Fluid Mechanics, 1969, 36(3): 481 - 484.

[19] Hutchins N, Marusic I. Evidence of very long meandering features in the logarithmic region of turbulent boundary layers[J]. Journal of Fluid Mechanics, 2007, 579: 1 - 28.

[20] Fukagata K, Iwamoto K, Kasagi N. Contribution of Reynolds stress distribution to the skin friction in wall-bounded flows[J]. Physics of Fluids, 2002, 14(11): L73 - L76.

[21] Renard N, Deck S. A theoretical decomposition of mean skin friction generation into physical phenomen across the boundary layer[J]. Journal of Fluid Mechanics, 2016, 790: 339 - 367.

[22] Li W P, Fan Y T, Modesti D, et al. Decomposition of the mean skin-friction drag in compressible turbulent channel flows[J]. Journal of Fluid Mechanics, 2018, 854: 449 - 473.

[23] Li X L, Fu D X, Ma Y W, et al. Direct numerical simulation of compressible turbulent flows [J]. Acta Mechanica Sinica, 2010, 26: 795 - 806.

[24] Kametani Y, Fukagata K. Direct numerical simulation of spatially developing turbulent boundary layers with uniform blowing or suction[J]. Journal of Fluid Mechanics, 2011, 681: 154 - 172.

[25] Chen Z, Yu C P, Li L, et al. Effects of uniform blowing or suction on hypersonic spatially

developing turbulent boundary layers[J]. Science China Physics, Mechanics & Astronomy, 2016, 59(6): 664702.

[26] Kametani Y, Fukagata K. Direct numerical simulation of spatially developing turbulent boundary layer for skin friction drag reduction by wall surface-heating or cooling[J]. Journal of Turbulence, 2012, 13(34): 1 – 20.

[27] Hadjadj A, Ren-Nasr O, Shadloo M S, et al. Effect of wall temperature in supersonic turbulent boundary layers: A numerical study[J]. International Journal of Heat and Mass Transfer, 2015, 81: 426 – 438.

[28] Shaloo M S, Hadjaji A, Hussain F. Statistical behavior of supersonic turbulent boundary layers with heat transfer at $M_\infty = 2$[J]. International Journal of Heat and Fluid Flow, 2015, 53: 113 – 134.

[29] Walz A. Boundary layers of flow and temperature[M]. Cambridge: MIT Press, 1969.

[30] Duan L, Beekman I, Martin M P. Direct numerical simulation of hypersonic turbulent boundary layers. Part 2. Effect of wall temperature[J]. Journal of Fluid Mechanics, 2010, 655: 419 – 445.

[31] Spina E F, Smits A J, Robinson S K. The physics of supersonic turbulent boundary layers [J]. Annual Review of Fluid Mechanics, 1994, 26(11): 287 – 319.